AF356964

TABLEAUX COMPARATIFS

DES

MESURES, POIDS ET MONNAIES

MODERNES ET ANCIENS

Paris.-Imp. PAUL DUPONT, 41, rue Jean-Jacques-Rousseau.

TABLEAUX COMPARATIFS

DES

MESURES, POIDS ET MONNAIES

MODERNES ET ANCIENS

COURS DES CHANGES, USAGES DU COMMERCE

De tous les États du monde

Comparés avec le Système métrique Français et les Poids et Mesures Anglais

PAR **HERCULE CAVALLI**

DEUXIÈME ÉDITION, CORRIGÉE ET AUGMENTÉE

PARIS

LIBRAIRIE ADMINISTRATIVE DE PAUL DUPONT

11, RUE JEAN-JACQUES-ROUSSEAU

1874

A M. J. DOSSE

Vérificateur des Poids et Mesures.

Monsieur,

Les dédicaces emphatiques et pompeuses ne sont plus de mode, mais donner publiquement un témoignage sincère de reconnaissance sera, je le crois, de tous les temps.

Avec votre assistance, et à l'aide des indications si précieuses que vous m'avez fournies, j'ai réussi à compléter et à publier mon travail ; aussi, par un sentiment de gratitude que vous apprécierez, je vous le dédie, quoique ce soit un faible témoignage d'estime. Recevez-le, je vous prie ; le cœur vous l'offre, le cœur l'acceptera, j'espère !

Hercule CAVALLI.

Paris, 26 décembre 1873.

PREMIÈRE PARTIE

NOTICE HISTORIQUE DU SYSTÈME DÉCIMAL

TABLEAUX COMPARATIFS

DES

MESURES, POIDS & MONNAIES

MODERNES

COURS DES CHANGES, USAGES DU COMMERCE

de tous les États du Monde

NOTICE HISTORIQUE

DU

SYSTÈME DÉCIMAL

Les anciennes mesures de France n'appartenaient à aucun système, ou, à proprement parler, ce système était très-défectueux. Rien ne portait l'empreinte de la méthode ; tout était arbitraire.

Deux mesures de longueur, d'un rapport difficile à saisir, l'aune et la toise, étaient en usage à Paris, tandis que tout le Midi mesurait par cannes.

Les mesures agraires étaient d'une variété, d'une bizarrerie telles, que souvent, dans le même village, on rencontrait deux ou trois mesures différentes. On comptait une infinité d'arpents, d'acres, de journaux, de perches, etc.

Le nombre de mesures de capacité était si considérable, que la seule énumération en serait presque impossible ; les mêmes noms servaient pour exprimer deux choses différentes.

La multiplicité des poids était telle, que le négociant le plus exercé n'en pouvait facilement saisir les rapports.

Parmi tant de confusion et de difficultés, le système métrique a été sans doute le plus estimable présent que l'on ait pu faire à la France ; système précieux dans lequel les longueurs, les superficies, les capacités, les pesanteurs sont exactement liées entre elles et garanties l'une par l'autre : tout y est simple, facile, clair, beau comme la nature, qui en a fourni la base.

Des prérogatives aussi précieuses ne se trouvent pas dans les autres systèmes de mesures, et tout l'honneur en revient à la France, qui en a fait les recherches et l'application.

L'idée de substituer un type unique aux diverses mesures, dont la valeur variait suivant les localités, remonte à Charlemagne; près de dix siècles s'écoulèrent avant qu'elle fût mise à exécution. On pensa d'abord à généraliser pour toute la France les mesures de Paris, dites *royales*; mais les seigneurs, tout-puissants dans leurs domaines, opposèrent constamment à cette utile innovation toute la résistance de la routine; puis on songea à organiser un nouveau système basé sur les dimensions de la terre, et pouvant dès lors être adopté par toutes les nations.

A l'occasion des disputes sur la théorie de l'aplatissement du globe, imaginée par l'immortel Newton, le grand Colbert, ministre sous le règne de Louis XIV, donna l'ordre de mesurer le méridien de Paris à travers toute la France. Cette vaste opération, commencée en 1683, ne fut terminée qu'en 1718, c'est-à-dire en trente-cinq ans, sous la direction de Cassini fils, lequel proposa l'adoption d'une nouvelle mesure égale à la 60,000ᵉ partie du degré. Dès 1670, Mouton avait émis une opinion analogue. Malgré ces recherches, qui en avaient provoqué de semblables sur divers points du globe, on n'en était encore arrivé, en 1766, qu'à faire distribuer aux procureurs généraux des parlements des toises construites sur le modèle de celle qui avait servi à mesurer les degrés au Pérou. Les anciens usages étaient trop enracinés pour céder devant une simple invitation de l'Administration.

Dans les assemblées de bailliages, réunies en 1789, pour les élections des députés aux États généraux, Paris, Lyon, Orléans et plusieurs autres villes demandèrent l'uniformité des poids et mesures, vœu du commerce de la France. Les savants appuyèrent cette demande de tout leur crédit; et, sur la proposition de M. de Talleyrand, l'Assemblée constituante rendit son décret du 8 mai 1790, d'après lequel le roi de France devait engager le roi d'Angleterre à réunir aux académiciens français un pareil nombre de membres de la Société royale de Londres, dans le but de choisir un type de mesure d'un commun accord, et à le propager dans tous les États civilisés.

L'Académie des sciences de Paris, consultée sur l'unité naturelle qui devait être adoptée pour base du nouveau système, après avoir entendu les plus savants astronomes, proposa la grandeur du quart du méridien terrestre de préférence à la longueur du pendule et au quart du cercle de l'équateur.

La proposition de l'Académie fut adoptée dans la séance du 26 mars 1791.

Le décret fut rédigé en ces termes :

« L'Assemblée nationale, considérant que, pour parvenir à établir l'unifor-

« mité des poids et mesures, conformément à son décret du 26 mai 1790, il
« est nécessaire de fixer une mesure naturelle d'unité invariable, et que le seul
« moyen d'étendre cette uniformité aux nations étrangères et de les engager à
« suivre un même système de mesures, serait de choisir une unité qui, dans sa
« détermination, ne renfermât rien d'arbitraire ni de particulier à aucune nation
« du globe ; considérant, de plus, que l'unité proposée dans l'avis de l'Académie
« des sciences du 19 mars de cette année, réunit toutes les conditions, a dé-
« crété et décrète qu'elle adopte la grandeur du quart du méridien terrestre
« pour base du nouveau système de mesures ; qu'en conséquence, les opérations
« nécessaires pour déterminer cette base, et notamment la mesure d'un arc du
« méridien depuis Dunkerque jusqu'à Barcelone, seront incessamment exé-
« cutées ; le roi chargera l'Académie des sciences de nommer des commis-
« saires qui s'occuperont sans délai de cette opération, et de se concerter avec
« l'Espagne pour celles qui devront être faites sur son territoire. »

L'Académie confia ce travail à MM. Delambre et Méchain. Delambre fut
chargé de la partie septentrionale, c'est-à-dire de Dunkerque à Rhodes ; Méchain de l'intervalle de Rhodes au Montjouy, montagne et forteresse à l'ouest
de Barcelone. L'Espagne favorisa cette belle entreprise ; toutes les difficultés
que présentait la partie située sur le territoire espagnol furent surmontées ; le
roi d'Espagne nomma des savants géomètres qui devinrent les collaborateurs
de M. Méchain. Cet infatigable académicien s'étant proposé de prolonger le
méridien jusqu'aux îles Baléares, avait déjà conduit ses triangles depuis Barcelone jusqu'à Tortose ; mais la mort le surprit à Castellon de la Plana, près de
Valence. MM. Arago et Biot continuèrent cette opération jusqu'à l'île Formen-
tara.

En 1793, la convention nationale ordonna qu'il lui fût fait un rapport pour
réaliser le projet de réforme, ce que M. Arbogast exécuta le 1er août 1793.

D'après ce rapport, la longueur du mètre fut fixée provisoirement à 3 pieds
11 lignes et 44 centièmes ; mais les lois qui l'ordonnèrent furent révoquées
par celle du 19 frimaire an VIII. La méridienne entre Dunkerque et le château
de Montjouy, qui sous-tend un arc céleste de 0 degrés $\frac{6758}{10000}$, fut trouvée de
551.584 toises 72 centièmes ; sur cette base on évalua le quart du méridien
terrestre, supposé au niveau de la mer et comptant l'aplatissement de la terre
pour un 334e du diamètre de l'équateur, à 5,130,740 toises, dont la dix-millionième partie est de 3 pieds 0 pouces 11 lignes $\frac{293056}{3000000}$ de ligne ; mais sa valeur
légale, adoptée comme étalon définitif, a été établie à 443.296 lignes, en
supprimant trois décimales (loi 16 frimaire an VIII, — 10 décembre 1799), ou
3 pieds 0 pouce 11 lignes 296 millièmes de ligne. Suivant ce dernier rapport.

le quart du méridien ferait $51307 \frac{20}{27}$ toises, ce qui offre une différence si légère, qu'elle devient imperceptible dans la pratique la plus ordinaire. Depuis l'établissement du système métrique, de nouvelles et nombreuses mesures du méridien, faites avec soin, ont fait reconnaître que le chiffre fondamental de ce système n'est pas absolument exact, et que la valeur réelle du quart du méridien terrestre est de 5.131.800 toises de Paris. D'après cela, la longueur véritable du mètre serait 443.39 lignes et supérieure d'environ un dixième de ligne à celle fixée par la loi.

Ceux qui voudront s'en tenir à la valeur légale du mètre la feront, sans erreur sensible, 443.3 lignes, et ceux qui voudront la valeur réelle, s'arrêteront à 443.4, c'est-à-dire à 3 pieds 11 lignes et 4 dixièmes. C'est cette erreur de moins d'un dixième de ligne qu'invoque l'Angleterre pour justifier son refus d'adopter notre système métrique.

En 1798, lorsque les opérations touchaient à leur terme, l'Institut national invita les nations neutres et alliées à suivre l'exemple de la France. L'état de guerre, ou plutôt la susceptibilité nationale de l'Angleterre, ne lui a pas permis de répondre à l'invitation de la France.

La commission française était composée des citoyens Borda, Brisson, Coulomb, Darcet, Delambre, Hauy, Lagrange, Laplace, Lefèvre-Gineau et Prony. Les commissaires étrangers furent, Aeneac et Van Swiden, députés bataves; Balbo, de la Savoie; Bugge, du Danemark; Ciscar et Pedrages, d'Espagne; Fabbroni, de Toscane; Franchini, de la République romaine; Mascheroni, de la République cisalpine; Multedo, de la République ligurienne, et Trallès, de la République helvétique, la seule qui adopta le système métrique en 1803.

Une nouvelle nomenclature, qui a une analogie parfaite avec les objets qu'elle désigne, fut adoptée pour la loi du 18 germinal an III, comme nous verrons dans le tableau ci-après.

La base fondamentale du nouveau système de mesures est donc le mètre destiné au toisé, tiré du mot grec *metron*, qui signifie mesure. Le mètre est divisé en 10 parties égales, appelées décimètres; le décimètre en 10 centimètres, et le centimètre en 10 millimètres.

Les mots dérivés du latin déci, centi, milli, indiquent les sous-multiples décimaux d'une unité donnée. Les multiples décadiques de l'unité sont indiqués par les mots dérivés du grec :

Déca, qui signifie.	10 fois.	
Hecto,	—	100 —
Ki'o,	—	1,000 —
Myria,	—	10,000 —

Quelques-uns des multiples du mètre sus-énoncés sont indiqués par les dénominations suivantes :

Décamètre, qui signifie . . . . 10 mètres.
Hectomètre,   —   100   —
Kilomètre,   —   1,000   —
Myriamètre,   —   10,000   —

Il existe des rapports très-étroits entre le mètre et les unités de mesure des différentes grandeurs.

En effet, avec le mètre linéaire, on forme le mètre carré qui couvre une superficie ayant un mètre de longueur et un mètre de largeur. Le mètre carré, unité des mesures de superficie, est divisé en 100 décimètres carrés ; le décimètre carré en 100 centimètres carrés ; le centimètre carré, en 100 millimètres carrés.

L'unité des mesures agraires est le décamètre carré appelé *are*, dérivé du mot latin *arare*, qui signifie labourer la terre ; il se divise en 100 centiares ou mètres carrés.

Les multiples de l'are sont :

L'hectare ou hectomètre carré. . . . . . =   100 ares.
Le myriamètre ou kilomètre carré. . . . = 10,000   —

Le mètre cube (solide ayant la forme d'un dé, chaque côté mesurant un mètre) est l'unité des volumes et de la capacité des corps. Le mètre cube est divisé en 1,000 décimètres cubes, le décimètre cube en 1,000 centimètres cubes, et le centimètre cube en 1,000 millimètres cubes.

Quand le mètre cube sert à mesurer des bois de construction ou les bois à brûler, il prend le nom de *stère*, dérivé du mot grec *stéréon*, qui signifie solidité, divisé en 1,000 millistères ou décimètres cubes.

Le volume des liquides, blés ou autres matières sèches, a pour unité de mesure le décimètre cube, appelé *litre*, mot pris de l'ancienne mesure de Paris *litron*, divisé en 10 décilitres ; le décilitre se divise en 10 centilitres, et le centilitre en 10 millilitres.

Le volume d'un millilitre est celui d'un centimètre cube.

Les multiples du litre sont :

Le décalitre. . . . . =   10 litres.
L'hectolitre . . . . =   100   —
Le kilolitre . . . . =   1,000   —
Le myrialitre . . . . = 10,000   —

Le poids d'un centimètre cube d'eau distillée et réduite à sa plus grande densité (à la température de la glace fondue, 4 degrés centigrades), pesée dans le vide, constitue la nouvelle unité de poids appelée *gramme*, venant du mot *gramma*, poids usité chez les Grecs, et appelé chez les Latins *scrupulum*.

Le gramme se divise en 10 décigrammes, le décigramme en 10 centigrammes, le centigramme en 10 milligrammes (le milligramme est le poids d'un millimètre cube d'eau distillée).

Les multiples du gramme sont :

Le décagramme . . . . =	10	grammes.
L'hectogramme. . . . . =	100	—
Le kilogramme. . . . . =	1,000	— (poids d'un décimètre cube d'eau distillée).
Le myriagramme . . . . =	10,000	—
Le quintal métrique. . . =	100,000	—
Le tonneau métrique. . . =	1,000,000	— (1000 kilogrammes).

(Poids d'un mètre cube d'eau distillée.)

La nouvelle unité des monnaies est le *franc*, composé de 9/10es d'argent très-pur et de 1/10e de cuivre (1). Il pèse 5 grammes, ce qui prouve les rapports entre le mètre linéaire et le franc considéré comme corps pesant.

Les monnaies en or du nouveau système métrique se composent de 9/10es d'or très-pur et de 1/10e de cuivre.

Il résulte de ce que nous venons d'exposer :

1° Qu'à la formation des multiples et des sous-multiples des principales unités du système métrique : mètre, are, stère, gramme et franc, ne concourent que des nombres décadiques ;

2° Que du mètre dépendent toutes les autres unités du système, et qu'ainsi, une de ces unités étant donnée, on peut déterminer la valeur des autres ;

3° Que les bases fondamentales et inaltérables du système métrique sont la circonférence du méridien terrestre et le poids de l'eau distillée réduite dans le vide à son plus haut degré de densité.

Comme nous l'avons dit, des prérogatives aussi précieuses ne se trouvent pas dans les autres systèmes de mesures.

Le tableau suivant présente la nomenclature des mesures métriques françaises :

---

(1) D'après la loi des 17-24 juillet 1866, relative à la Convention monétaire entre la France, la Belgique, l'Italie et la Suisse, le titre des pièces de 2 francs, 1 franc, 50 centimes et 20 centimes, a été réduit à 835 pour 1,000, au lieu de 900 qu'il avait avant ladite Convention.

Mesures linéaires.

Myriamètre ou lieue métrique.	=	10 kilomètres.
Kilomètre ou mille métrique	=	1,000 mètres.
Hectomètre	=	100 —
Décamètre.	=	10 —
Mètre.	=	1 —
Décimètre	=	0.1
Centimètre.	=	0.01
Millimètre	=	0.001

Mesures de superficie.

Myriamètre ou kilomètre carré.	=	10,000 ares.
Hectare ou hectomètre carré	=	100 —
Are ou décamètre carré.	=	100 mètres carrés
Centiare ou mètre carré.	=	1 —
Décimètre carré	=	0.01
Centimètre carré	=	0.000 1
Millimètre carré.	=	0.000 001

Mesures de volume.

Décastère	=	10 mètres cubes.
Stère	=	1 —
Millistère ou décimètre cube.	=	0.001
Centimètre cube	=	0.000 001
Millimètre cube.	=	0.000 000 001

Mesures de capacité.

Myrialitre	=	10,000 litres.
Kilolitre.	=	1,000 —
Hectolitre	=	100 —
Décalitre	=	10 —
Litre.	=	1 —
Décilitre.	=	0.1
Centilitre	=	0.01
Millilitre.	=	0.001

Mesures de poids.

Tonneau métrique.	=	1,000,000 grammes
Quintal métrique	=	100,000 —
Myriagramme . . . . . . , ...	=	10,000 —
Kilogramme	=	1,000 —
Hectogramme . . . . . . , ...	=	100 —
Décagramme.	=	10 —
Gramme.	=	1 —
Décigramme.	=	0.1
Centigramme.	=	0.01
Milligramme.	=	0.001

Monnaies.

Franc	=	100 centimes.
Décime	=	10 —
Centime	=	1 —

TABLEAUX COMPARATIFS

DES

MESURES, POIDS ET MONNAIES

MODERNES ET ANCIENS

PREMIER TABLEAU.

MESURES LINÉAIRES ET ITINÉRAIRES MODERNES.

ABYSSINIE (Afrique).

	Rapport français.	Rapport anglais.
Pik ou aune	0.686 mètre.	27.000 pouces.

ACHEM (île de Sumatra).

	Rapport français.	Rapport anglais.
Etto ou covid, encore cubit	0.475 mètre.	18.720 pouces.

ALEP (Syrie).

	Rapport français.	Rapport anglais.
Pik ou draa, pour les étoffes.	0.677 mètre.	26.600 pouces.

ALEXANDRIE (Égypte).

	Rapport français.	Rapport anglais.
Pik Kendasi, pour les mousselines, indiennes et tissus	0.630 mètre.	24.823 pouces.
Pik Beledi, pour les toiles.	0.560 —	22.048 —
Pik Stambuli ou de Constantinople, pour les draps.	0.677 —	26.600 —
L'aune est de 44 pouces français, 1 $^{3}/_{4}$ pik d'Alexandrie	0.680 —	26.796 —

Toutes les différentes mesures se divisent en 4 rub = 24 kirats.

ALGER (Afrique).

Le système métrique est maintenant en usage dans l'Algérie.

ANCIENNES MESURES.

	Rapport français.	Rapport anglais.
Pik turc = 8 robi	0.640 mètre.	25.197 pouces.
Pik arabe ou mauresque, 3/4 du précédent . .	0.480 —	18.898 —

ALICANTE (Espagne).

	Rapport français.	Rapport anglais.
Vara = 3 pieds = 4 palmos 36 pouces.	0.905 mètre.	35.631 pouces.
1 pied = 12 pouces.	0.301 —	11.873 —
1 palme = 9 pouces	0.226 —	8.908 —
1 pouce.	25 millim.	0.984 —

Les mesures itinéraires sont celles de l'Espagne. (*Voir* MADRID.)

ALTONA (*comme* Hambourg).

AMSTERDAM (Hollande).

L'unité des mesures en Hollande est le mètre, sous la dénomination de el ou aune, avec les subdivisions suivantes :

	Rapport français.	Rapport anglais.
El ou aune=10 palms=100 duimen=1,000 str^{en}.	1 mètre.	1.093 yard.
1 palms ou décimètre	1 décim.	3.930 pouces.
1 duimem ou centimètre	1 centim.	0.393 —
1 strepen ou millimètre.	1 millim.	0.039 —
1 myl = 100 roeden	1 kilom.	1093 yards.
1 roede = 10 els.	10 mètres.	10.93 —
La chaîne d'arpentage = 2 roeden = 20 els . .	20 —	21.86 —

MESURES ANCIENNES.

	Rapport français.	Rapport anglais.
Aune ancienne	0.687 mètre.	27.079 pouces.
Aune de Brabant	0.700 —	27.560 —
Aune des Flandres	0.695 —	27.363 —
Pied = 11 pouces = 44 quarts = 88 huitièmes.	0.283 mètre.	11.146 pouces.
Pied du Rhin = 12 pouces	0.313 —	12.357 —
Perche ou roede = 13 pieds	3.680 —	4.010 yards.
Perche du Rhin = 12 pieds du Rhin	3.766 —	3.985 —
Lieue de Hollande = 20,000 pieds (19.63 au degré)	5.662 kilom.	3.500 milles.
Lieue du Rhin = 20,000 pieds du Rhin (17.7 au degré)	6.277 —	3.900 —
Lieue marine = 3 milles marins (20 au degré).	5.557 —	3.452 —

ANDRINOPLE (*comme* Constantinople).

ANGLETERRE. (*Voir* Londres.)

ANVERS (Belgique).

Le système métrique français, avec les dénominations françaises, est obligatoire dans toute la Belgique. Les mesures anciennes ne sont pas encore abandonnées.

	Rapport français.	Rapport anglais.
Verge = 20 pieds = 220 pouces = 2,120 lignes.	5.736 mètres.	6.263 yards.
1 pied = 11 oouces.	0.286 —	11.292 pouces.
L'aune de Brabant subdivisée en 16 tailles . .	0.695 —	27.363 —
Mille marin = 1/3 de la lieue marine	1.852 kilom.	1.150 milles.
Lieue du Brabant = 1,000 verges = 20,000 pieds.	5.736 —	3.564 —

ASSOMPTION (Amérique du Sud, Paraguay).

Les mesures sont celles d'Espagne, avec les modifications indiquées à l'article BUENOS-AYRES. (*Voir* BUENOS-AYRES.)

ATHÈNES (Grèce).

Le système métrique est adopté en Grèce, mais avec des noms différents.

	Rapport français.	Rapport anglais.
Le mètre s'appelle piki royal.	1 mètre.	1.093 yards.
Le décimètre, palme	1 décim.	3.930 pouces.
Le centimètre, pouce ou centimetron.	1 centim.	0.393 —
Le millimètre, ligne ou millimetron	1 millim.	0.039 —
Le kilomètre porte le nom de stadion royal. .	1 kilom.	0.621 milles.
Le myriamètre, le nom de mille grec.	10 —	6.213 —

MESURES ANCIENNES.

	Rapport français.	Rapport anglais.
Pik endash ou petit pik, pour la soierie. . . .	0.648 mètre.	25.257 pouces.
Grand pik, pour le fil, le coton et la laine. . .	0.670 —	26.378 —
Stadion, ancienne mesure de voyage	184.18 —	201.206 yards.

AUGSBOURG (Bavière).

	Rapport français.	Rapport anglais
Ruthe ou perche = 10 pieds = 120 pouces = 1,240 lignes.	2.918 mètres.	3.186 yards.
1 pied = 12 pouces . . .	0.291 —	11.491 pouces.
1 pouce = 12 lignes. . .	0.024 —	0.944 —
Dans la Bavière rhénane, le pied est compté 1/3 de mètre	33 centim.	13.140 —
L'aune, 2 pieds 10 ¼ pouces de Bavière . . .	0.833 mètre.	32.796 —
L'aune de la Bavière rhénane	1.200 —	47.245 —
La lieue est celle d'Allemagne (15 au degré). .	7.408 kilom.	4.603 milles.

AUTRICHE. (*Voir* Vienne.)

BADE. (*Voir* Carlsruhe.)

BAHIA (Brésil). (*Voir* Rio-Janeiro.)

BALE (Suisse).

Pour le nouveau système, *voir* SUISSE (Confédération).

ANCIENNES MESURES.

	Rapport français.	Rapport anglais.
Ruthe ou perche = 10 pieds	3.045 mètres.	3.497 yards.
1 pied = 12 pouces. . . .	3.304 —	11.990 pouces.
Aune ordinaire ou braccio, pour rubannerie. .	0.540 —	21.260 —
Grande aune	1.178 —	46.414 —

MESURES ITINÉRAIRES. (*Voir* SUISSE.)

BANGKOK (Asie, royaume de Siam).

L'unité de mesure est le wouah ou wa.

	Rapport français.	Rapport anglais.
Wouah ou wa = 2 ken = 4 soch = 8 keub = 96 niou(1).	1.900 mètre.	2.078 yard.
1 ken = 2 soch = 4 keub = 48 niou. .	0.950 —	1.039 —
1 soch = 2 keub = 24 niou. .	0.475 —	0.519 —
1 keub = 12 niou. .	0.237 —	9.400 pouces.
1 niou. .	19 millim.	0.788 —
Le yod ou tod = 80 wouah.	152.02 mètres.	166.321 yards.

MESURES ITINÉRAIRES.

	Rapport français.	Rapport anglais.
Yote = 8,000 wouah = 768,000 niou.	15.200 kilom.	10.243 milles.
Boe-neug = 2,000 wouah = 192,000 niou . . .	3.800 —	2.359 —

BARCELONE (Espagne).

L'unité est la canne ou cana.

	Rapport français.	Rapport anglais.
1 cana = 2 varas = 8 palmos = 32 quartos. . .	1.552 mètre.	61.103 pouces.
1 vara = 4 palmos = 16 quartos. . .	0.776 —	30.552 —
1 palmo = 4 quartos. . .	19.490 centim.	7.636 —
1 quarto. . . .	4.850 —	1.902 —
La canne, pour mesurer les douves de chêne d'Italie, = 9 palmos	1.746 mètre.	68.741 —

Les mesures itinéraires sont celles d'Espagne. (*Voir* MADRID.)

BASSORA (Arabie, ville de l'ancienne Chaldée).

Il y a quatre aunes différentes :

	Rapport français.	Rapport anglais.
1° Le göss ou cubit.	0.940 mètre.	37.044 pouces.
2° L'aune ou pik d'Alep, pour soieries et lainages.	0.677 —	26.685 —
3° L'aune de Hadded, pour toile et cotonnade.	0.868 —	34.159 —
4° L'aune de Bagdad	0.802 —	31.575 —

---

(1) 8 grains de riz non mondé, placés à côté les uns des autres, forment le niou.

BATAVIA (Java, Indes hollandaises).

	Rapport français.	Rapport anglais.
L'el (aune) ou covid.	0.685 mètre.	27.000 pouces.
Le pied du Rhin = 12 pouces	0.313 —	12 357 —
On se sert aussi de l'aune du Brabant.	0.760 —	27.560 —
Et du yard anglais.	0.914 —	1.000 yard.

BAVIÉRE. (*Voir* Augsbourg.)

BELGIQUE. (*Voir* Anvers *et* Bruxelles.)

BENDER-BOUCHER (Perse).

	Rapport français.	Rapport anglais.
Le demi-guz-shah	0.508 mètre.	20.621 pouces.
Le demi-guz-shah Bushire	0.467 —	13.500 —
Le guz ou guéze royal, ou monkelser = 1 $\frac{1}{2}$ guz ordinaire	0.945 —	37.212 —
Guz ou guéze ordinaire	0.630 —	24.808 —
Arisch ou archine, mesure d'aunage	0.972 —	38.270 —

MESURE ITINÉRAIRE.

	Rapport français.	Rapport anglais.
Parasango de Perse.	5.760 kilom.	3.580 milles.

BENGALE. (*Voir* Calcutta.)

BERLIN (Prusse).

La Prusse a adopté le système métrique français, avec la même nomenclature, et l'a rendu également obligatoire, à partir du 1er janvier 1873, pour toute la Confédération Germanique du Nord.

Les mesures sont celles de France. (*Voir* PARIS.)

MESURES ANCIENNES.

Le pied du Rhin, unité de mesure, a été fixé, pour tout le Royaume, à 313.850 millimètres.

	Rapport français.	Rapport anglais.
1 pied = 12 pouces = 144 lignes = 1,728 scrup^les.	313.85 millim.	12.357 pouces.
1 pouce = 12 lignes = 144 scrupules.	27.15 —	1.029 —
1 ligne = 12 scrupules.	2.17 —	0.857 —
Ruthe ou perche, 12 pieds = 144 pouces	3.766 mètres.	4.131 yards.

La perche d'arpentage ou géométrique se divise :

10 pieds décimaux = 100 pouces = 1,000 lignes = 5 pieds géométriques = 6 pieds ordinaires.

L'aune légale pour tout le royaume était fixe :

	Rapport français.	Rapport anglais.
25 $\frac{1}{2}$ pouces de Prusse	663.5 millim.	26.258 pouces.
Le lachter des mines = 6 $\frac{2}{3}$ pieds ou 80 pouces.	2.092 mètres.	6.492 pieds.

	Rapport français.	Rapport anglais.
La lieue légale du royaume (gesetz-liche Post-meile), 14 3/4 au degré, = 2,000 ruthen = 24,000 pieds	7.532 kilom.	4.680 milles.
La lieue géographique, de 15 au degré	7.408 —	4.603 —
L'ancienne lieue (1), de 2,700 pieds de Dantzig, 15 au degré	7.745 —	4.813 —

BERNE (Suisse).

MESURES NOUVELLES. (*Voir* SUISSE.)

MESURES ANCIENNES.

	Rapport français.	Rapport anglais.
Pied	0.293 mètre.	11.546 pouces.
Aune	0.542 —	21.360 —

BETELFAKI (Arabie).

	Rapport français.	Rapport anglais.
Covid ou aune	0.453 mètre.	17.840 pouces.
Grande aune ou de fer	0.686 —	27.200 —
Guz	0.635 —	25.128 —

BOGOTA (Nouvelle-Grenade). (*Voir* Cartagenas de las Indias.)

BOLIVIE (Amérique du Sud). (*Comme* Buenos-Ayres.)

BOLOGNE (Italie).

	Rapport français.	Rapport anglais.
Braccio ancien, subdivisé en 12 parties	0.640 mètre.	25.197 pouces.
Piede ou pied	0.380 —	14.965 —
Pertica ou perche, 10 piedi ou pieds	3.801 —	4.202 yards.

MESURES NOUVELLES. (*Voir* ITALIE.)

BOMBAY (Indes-Orientales).

Les mesures anglaises sont en usage. Les mesures du pays sont :

	Rapport français.	Rapport anglais.
Guz, divisé en 24 tussoos	0.685 mètre.	27.000 pouces.
Cubit, divisé en 16 tussoos	0.457 —	18.000 —

(1) Le Conseil fédéral d'Allemagne a adopté le kilomètre comme mesure itinéraire légale pour toute la Confédération du Nord.

BRÊME.

	Rapport français.	Rapport anglais.
1 aune = 2 pieds = 24 pouces.	0.578 mètre.	22.772 pouces.
1 pied = 12 pouces	0.289 —	11.386 —
1 pouce.	24 millim.	0.948 —
Toise ou klaufter = 3 aunes = 6 pieds	1.735 mètre.	1.898 yards.
Ruthe ou perche = 8 aunes = 16 pieds	4.627 —	5.063 —

Les mesures itinéraires sont celles de Prusse.

BRÉSIL (Amérique). (*Voir* Rio-Janeiro.)

BRUXELLES (Belgique).

Le système décimal français est obligatoire dans toute la Belgique. (*Voir* FRANCE. — PARIS.)

MESURES ANCIENNES.

	Rapport français.	Rapport anglais.
1 pied = 11 pouces = 88 lignes.	275.75 millim.	10.856 pouces.
1 pouce = 8 lignes.	28.07 —	0.989 —
1 ligne	3.13 —	0.123 —
L'aune ancienne était celle du Brabant	700 —	27.560 —
La verge ou perche = 16 1/3 de Bruxelles . . .	4.503 mètres.	4.926 yards.

MESURES ITINÉRAIRES.

	Rapport français.	Rapport anglais.
Lieue de 20 au degré	5.556 kilom.	3.452 milles.
Mille marin, 1/2 de la lieue marine	1.852 —	1.150 —

BUCHAREST (Valachie). (*Voir* Jässy.)

BUENOS-AYRES (Amérique, République Argentine).

Dans tous les pays de l'Amérique du Sud qui ont été sous la domination espagnole, comme Buenos-Ayres, Pérou, Chili, Mexique, les poids et mesures espagnols sont encore en usage, quoique quelques-uns aient adopté le système métrique français.

En 1746, la vara de Castille fut évaluée à 375.9 lignes de Paris, égales à 847.9 millimètres. MM. Ciscar et Pedragès, députés espagnols, qui faisaient partie de la Commission chargée en France de la mesure du Méridien, comparèrent à Paris, en 1799, une vara de Burgos en laiton avec la toise, et établirent la valeur en 370.55 lignes de Paris, égales à 835.9 millimètres. Cette évaluation fut rendue obligatoire.

Les autres pays d'Amérique n'ayant pas adopté ce système, continuèrent à se servir d'une vara plus forte d'environ 13 millimètres que celle de Castille.

	Rapport français.	Rapport anglais.
Braza ou toise = 2 varas.	1.730 mètre.	1.903 yards.
1 vara = 3 pieds = 4 palmos.	0.848 —	33.386 pouces.
1 pied = 12 pouces	0.288 —	11.340 —
1 palmo.	0.212 —	8.347 —

100 mètres sont comptés 118 varas. — 100 yards anglais sont comptés 108 varas.

MESURES ITINÉRAIRES. (*Voir* MADRID.)

CADIX (Espagne).

La vara de Cadix est la même que celle de Castille, ou 835 millimètres, mais avec une subdivision différente.

	Rapport français.	Rapport anglais.
1 vara = 2 codos = 4 palmos = 8 octavas . . .	0.835 mètre.	32.875 pouces.
1 codo = 2 palmos = 4 octavas. . . .	0.417 —	16.437 —
1 palmo = 2 octavas	0.208 —	8.218 —
1 octava.	0.104 —	4.109 —

On la divise aussi en 3 pieds de Burgos.

CAGLIARI (île de Sardaigne).

	Rapport français.	Rapport anglais.
La canna ou aune de Sardaigne = 10 palmos .	2.625 mètre.	2.872 yards.
1 palmo	0.262 —	10.335 pouces.

CAIRE (Égypte). (*Voir* **Alexandrie.**)

CALCUTTA (Indes-Orientales, Bengale).

	Rapport français.	Rapport anglais.
Hant		
ou cubit = 2 spans = 6 moots = 24 ungulees. .	0.457 mètre.	18.000 pouces.
1 spans = 3 moots = 12 ungulees. .	0.228 —	9.000 —
1 moot = 4 ungulees. .	761 millim.	3.000 —
1 ungulee . .	190 —	0.750 —
Fathom ou toise = 4 cubit = 8 spans	1.828 mètre.	2 yards.

Les étoffes se mesurent au hant ou cubit, qui se divise en 8 gherias.

Le gheria égale 3 ungulees. On se sert aussi du guz de 2 hants, qui correspond au yard anglais et égale 914.38 millimètres.

MESURE ITINÉRAIRE.

Le coss ou mille est une mesure très-variable dans les Indes.

	Rapport français.	Rapport anglais.
A Calcutta, 400 hants = 1,000 fathoms.	1.829 kilom.	2000 yards.
A Seringapatam, 6,000 gujahs	5.867 —	6417 —

CALICUT (Malabar).

	Rapport français.	Rapport anglais.
Guz ou aune	0.721 mètre.	28.400 pouces.
Covid ou cubit	0.457 —	18.000 —

Les autres mesures, comme à Bombay.

CANARIES (Iles).

Les mesures sont les mêmes qu'en Espagne. (*Voir* MADRID.)

CANTON (Chine).

L'unité de mesure est le chih ou pied, égal à 355 millimètres.

	Rapport français.	Rapport anglais.
1 chih ou pied = 10 tsun = 100 fan	0.355 mètre.	14.000 pouces.
1 tsun = 10 fan.	35 millim.	1.400 —
1 fan.	3.5 —	0.140 —
Ying = 10 chang = 100 chih = 1,000 fan. . . .	35.5 mètres.	38.620 yards.
1 chang = 10 chih = 100 fan	3.55 —	3.862 —

Les rapports sont ceux, fixés par le règlement du 27 juin 1858, pour la liquidation des droits de douane. Les Anglais ont fixé, dans leur traité pour le chih, un rapport avec leurs mesures qui correspond à 358 millimètres, et dans lequel il est dit que le chang vaut 4 yards moins 3 pouces.

Les Chinois se servent de quatre espèces de chih ou pied.

	Rapport français.	Rapport anglais.
Chih ou pied du tribunal mathématique	0.333 mètre.	13.087 pouces.
— — des constructeurs (kongpu). . .	0.275 —	10.839 —
— — des négociants et industriels. . .	0.338 —	14.304 —
— — des ingénieurs	0.321 —	12.644 —
10 Chih ou pieds d'ingénieurs = 1 brasse . .	3.213 —	3.515 yards.

Les évaluations données au chih ou pied chinois sont variées. Suivant Doursther, le pied chinois appelé thé est la 10me partie du tchang divisé en 10 tsun = 320 millimètres = 12.599 pouces anglais.

MESURES ITINÉRAIRES.

Le li ou mille chinois est = 180 brasses = 578.35 mètres = 632.500 yards anglais. — 192 lis font un degré de l'Équateur.

CARACAS (Amérique, Venezuela).

Les mesures de ce pays sont les anciennes mesures d'Espagne, c'est-à-dire la vara, comptée et subdivisée comme à Buenos-Ayres. (*Voir* BUENOS-AYRES.)

CARLSRUHE (Grand duché de Bade).

L'unité de mesure est le pied.

	Rapport français.	Rapport anglais.
1 pied = 10 pouces = 100 lignes = 1,000 points.	0.300 mètre.	11.811 pouces
1 pouce = 10 lignes = 100 points . .	30 millim.	1.181 —
1 ligne = 10 points . . .	3 —	0.118 —
Ruthe ou perche = 10 pieds.	3 mètres.	3.279 yards.
L'aune nouvelle, 2 pieds	600 millim.	23.622 pouces.
L'ancien pied était.	291 —	11.457 —
Aune ancienne	554 —	21.840 —
1 mille ou lieue = 2 stunden	8.880 kilom.	5.524 milles.

CARTAGENA DE LAS INDIAS (Nouvelle-Grenade, Amérique).

Les mesures sont les mêmes que celles d'Espagne indiquées à l'article Buenos-Ayres.

CARRARA (Italie).

Pays très-important pour l'exploitation des marbres à l'usage des sculpteurs.

	Rapport français.	Rapport anglais.
Pied de Carrara	0.324 mètre.	12.755 pouces.
Palme pour les marbres.	0.249 —	9.813 —

Dans le commerce, est compté 250 millimètres, soit 1/4 mètre = 9 $^3/_5$ pouces anglais.

La carrata (charretée), mesure de solidité en usage à Carrare, = 3.624 décistères = 12 $^4/_5$ pieds cubes anglais, pèse un tonneau environ (1,000 kilogr.).

CASSEL (ancienne Hesse électorale).

Étant annexé à la Prusse depuis 1866, les mesures obligatoires sont celles de Prusse. (*Voir* BERLIN.)

MESURES ANCIENNES.

	Rapport français.	Rapport anglais.
1 pied = 12 pouces = 144 lignes	0.287 mètre.	11.327 pouces.
Aune de Cassel	0.570 —	22.457 —
Perche de Cassel	3.989 —	4.364 yards.
La lieue ou mille de Cassel est 32,000 pieds. .	9.206 kilom.	5.689 milles.

CEYLAN (Indes-Orientales).

	Rapport français.	Rapport anglais.
Covid ou cubit	0.469 mètre.	18.500 pouces.

Le système des poids et mesures anglais est obligatoire dans toute la colonie depuis 1836.

CHARCAS (Bolivie, Amérique du Sud).

Dans ce pays, les mesures sont les mêmes que celles d'Espagne reproduites à l'article Buenos-Ayres.

CHILI (Amérique du Sud). (*Voir* Santiago.)

CHRISTIANIA (Norvége).

Mêmes mesures et poids qu'en Danemark. (*Voir* COPENHAGUE.)

COCHINCHINE (Asie).

	Rapport français.	Rapport anglais.
Ngu = 5 thuve = 50 tac = 500 phan	2.436 mètre.	2.665 yards.
1 thuve = 10 tac = 100 phan	0.487 —	19.205 pouces.
1 tac = 10 phan	0.048 —	1.920 —
4 mau = 30 nyu = 150 thuve.	73.080 mètre.	79.955 yards.
1 sao = 3 nyu = 15 thuve	7.308 —	7.995 —
Un autre nyu ou perche de 16 $^1/_2$ avec laquelle on mesure le terrain = à 10 sao	80.400 —	87.964 yards.

MESURES ITINÉRAIRES.

Le li cochinchinois est la dixième partie d'une
lieue commune de France de 25 au degré . **Rapport français.** 444.44 mètre. **Rapport anglais.** 486.213 yards.
Un dam ou stadium = 2 li. . . . . 889.00 — 972.426 yards.
1 lieue = 5 dam. . . . . 4.445 kilom. 2.850 milles.

COLOGNE (Prusse). (*Voir* Berlin.)

CONSTANTINOPLE (Turquie).

Il y a trois espèces de piks ou aunes :
1º Le pik (droa) employé pour les soierie et le
drap, compte dans le commerce 27 p^ces ang. **Rapport français.** 0.685 mètre. **Rapport anglais.** 27.000 pouces.
2º Le pik (endéze) pour les tissus et coton. . 0.652 — 25.672 —
3º Le pik Halebi ou archine pour l'arpentage. 0.708 — 27.900 —

MESURES ITINÉRAIRES.

Parasange ou agache = 3 berris (22 $^2/_9$ au
degré) . . . . 5.001 kilom. 3.107 milles.
Le berri (66 $^2/_3$ au degré) . . . . 1.667 — 1.035 —

COPENHAGUE (Danemark).

Alen **Rapport français.** **Rapport anglais.**
ou aune = 2 pieds = 24 pouces = 288 lignes . 0.627 mètre. 24.713 pouces.
1 pied = 12 pouces. . . . . 0.313 — 12.357 —
1 pouce . . . . 0.026 — 1.029 —
Rode ou perche = 10 pieds . . . . 3.138 — 3.433 yards.
Tawn ou toise = 6 pieds . . . . 1.833 — 2.000 —
Mül ou lieue = 24,000 pieds (14.75 au degré). 7.532 kilom. 4.680 milles.

CORFOU (îles Ioniennes).

Les poids et mesures de Grèce sont aujourd'hui obligatoires. (*Voir* ATHÈNES.)

MESURES ANCIENNES,

Iarda = yard anglais. . . . . . . 0.914.38 mètre.
1 carnaco = 5 $^1/_2$ yards anglais. . 4.927 —
22 yards = 1 stadion . . . . 20.108 —

CRACOVIE (Autriche).

Depuis 1846, les poids et mesures sont les mêmes qu'à Vienne.

MESURES ANCIENNES.

Le pied ou stopa = 12 pouces ou tutow. . . . **Rapport français.** 0.288 mètre. **Rapport anglais.** 11.236 pouces.
(Suivant Doursther, 356 millimètres.)
L'aune ou lokietz = 2 pieds . . . . 0.576 — 22.680 —
(Cette aune est la même qu'à Varsovie.)
La perche = 15 pieds . . . . 3.320 — 3.630 yards.
MESURES ITINÉRAIRES. (*Voir* VIENNE et VARSOVIE.)

CUBA. (*Voir* la **Havane**.)

DAMAS (Syrie).

Poids et mesures, comme à Constantinople.

DANTZIG (Prusse).

Poids et mesures nouveaux. (*Voir* BERLIN.)

MESURES ANCIENNES.

	Rapport français.	Rapport anglais.
Aune = 2 pieds = 24 pouces = 192 atchels . .	0.573 mètre.	22.590 pouces.
1 pied = 12 pouces.	0.286 —	11.295 —
1 pouce	0.239 —	0.944 —
Ruthe ou perche = 15 pieds	4.303 —	4.708 yards.

Dans le commerce du bois, on se sert du pied anglais.

DARMSTADT (Hesse).

	Rapport français.	Rapport anglais.
Pied ou fuss = 10 pouces = 100 lignes	0.250 mètre.	9.843 pouces.
Aune ou elle = 24 pouces	0.600 —	23.622 —
Toise ou klafter = 10 pieds	2.500 —	7.202 pieds.
La lieue ordinaire = 2000 toises	5.000 kilom.	3.111 milles.
Le mille (meile) = 3.000 toises.	7.500 —	4.662 —

DOMINGUE (SAINT-) (Haïti). (*Voir* **Port-au-Prince**.)

DRESDE (Saxe).

L'unité de mesure est l'aune.

	Rapport français.	Rapport anglais.
Aune = 2 pieds = 24 pouces.	0.566 mètre.	22.292 pouces.
1 pied = 12 pouces.	0.283 —	11.146 —
Perche d'arpentage = 7 aunes . . . . , . .	4.295 —	4.808 yards.
Mille (meile) de poste = 2.000 perches	9.062 kilom.	5.639 milles.
Nouveau mille de poste depuis 1841.	7.500 —	4.662 —

DUBLIN (Irlande).

Poids et mesures. (*Voir* LONDRES.)

ÉDIMBOURG (Écosse).

Poids et mesures. (*Voir* LONDRES.)

Pour les anciennes mesures, il faut remarquer que :

180 pieds d'Écosse	=	181 pieds anglais.
30 aunes —	=	31 yards.
8 milles —	=	9 milles anglais.

ÉQUATEUR. (*Voir* **Quito.**)

ESPAGNE. (*Voir* **Madrid.**)

ÉTATS-UNIS (Amérique). (*Voir* **New-York.**)

FLORENCE (Italie).

Pour le nouveau système. (*Voir* Royaume d'ITALIE.(

MESURES ANCIENNES.

	Rapport français.	Rapport anglais.
Brasse ou braccio = 2 palmes = 120 deniers .	0.583 mètre.	22.977 pouces.
Canne ou canne du commerce = 4 brasses. . .	2.334 —	91.907 —
Canne ou perche des architectes et arpenteurs = 10 palmes	2.918 —	114.884 —
Mille toscan = 366 2/3 cannes = 2.833 1/3 brasses.	1.653 kilom.	1.027 milles.

FRANCFORT-SUR-LE-MEIN.

Annexé à la Prusse. Les mesures de cette ville sont les mêmes que celles de l'Empire. (*Voir* BERLIN.)

MESURES ANCIENNES.

	Rapport français.	Rapport anglais.
Pied = 12 pouces = 144 lignes.	0.284 mètre.	11.205 pouces.
Aune ou elle pour les tissus de la Suisse . .	0.547 —	21.548 —
— — d'Allemagne . .	0.699 —	27.528 —
Aune du Brabant pour les tissus de l'Angleterre Aune de France appelée stab.	1.188 —	1.966 yards.
Felruthe, ou perche d'arpentage = 10 pieds. .	3.558 —	3.925 —

FRANCFORT-SUR-L'ODER.

Même système de poids et mesures qu'à Berlin.

GALATZ (Moldavie).

	Rapport français.	Rapport anglais.
Endèse ou petite aune pour les toiles	0.662 mètre.	26.076 pouces.
Halebi ou grande aune pour les soieries et draps.	0.701 —	27.610 —
Stingene ou toise	2.220 —	2.427 —
Prégine ou perche = 3 stingenes.	6.660 —	7.281 —
La lieue, 2.000 stingènes, correspond exactement à l'ancienne lieue de France (à 25 au degré)	4.444 kilom.	2.762 milles

GÊNES (Italie).

Nouvelles mesures. (*Voir* ITALIE.)

MESURES ANCIENNES.

	Rapport français.	Rapport anglais.
Canne ou canna = 10 palmes	2.480 mètre.	2.713 yards.
Braccio = 2 ¹/₃ palmes	0.581 —	22.885 pouces.
1 palme.	0.248 —	9.760 —
Mille génois	1.488 kilom.	»
Lieue marine (de 20 au degré)=3 milles marcs.	5.555 —	3.452 milles.

GENÈVE (Suisse).

Mesures nouvelles. (*Voir* SUISSE.)

MESURES ANCIENNES.

	Rapport français.	Rapport anglais.
Aune du pays pour le détail des toiles.	1.143 mètre.	1.250 yards.
On se sert de l'ancien pied de Paris, 12 pouces.	0.324 —	12.789 pouces.
Perche = 8 pieds	2.598 —	2.842 yards.

GIBRALTAR.

Mêmes mesures et poids qu'en Angleterre et en Espagne. (*Voir* LONDRES et MADRID.)

GOA (côte de Malabar).

On se sert, comme mesure de longueur, de la vara ou du covado de Lisbonne.

GUATÉMALA (Amérique centrale).

Les mesures de ce pays sont celles de Cadix. (*Voir* CADIX.)

GRÈCE. (*Voir* Athènes.)

GUINÉE (Afrique).

	Rapport français.	Rapport anglais.
La mesure linéaire est le jacktan.	3.659 mètre.	12 p^{ds} ou 4 y^{ds}.
Le Pik	0.578 —	22.758 pouces.

HAMBOURG (ville libre d'Allemagne).

	Rapport français.	Rapport anglais.
1 pied = 3 palmes = 12 pouces = 96 huitièmes.	0.286 mètre.	11.279 pouces.
1 palme = 4 pouces = 32 huitièmes.	»	3.757 —
1 pouce = 8 huitièmes.	»	0.930 —
1 aune de Hambourg = 2 pieds.	0.573 —	23.559 —
1 aune de Brabant.	0.691 —	27.221 —
Le mille de Hambourg est égal au mille de Prusse	7.532 kilom.	4.680 milles.

HANOVRE (Prusse).

Annexé à la Prusse depuis 1866. Les mesures et poids de Prusse sont obligatoires.

MESURES AVANT L'ANNEXION.

Aune	Rapport français.	Rapport anglais.
ou elle = 2 pieds = 24 pouces = 192 huitièmes.	0.584 mètre.	22 992 pouces.
1 pied = 12 pouces = 96 huitièmes.	0.292 —	11.496 —
1 pouce = 8 huitièmes.	24.34 millim.	0.958 —
1 huitième .	3.04 —	0.119 —
Toise ou klafter = 6 pieds.	1.752 mètre.	1.916 yards.
Ruthe ou perche = 16 pieds	4.671 —	5.110 —
Lachter pour les mines = 8 achtets.	1.898 —	2.076 —
L'ancienne lieue (polizeimeile) = 2.274 perches.	10.587 kilom.	6.579 milles.

HAVANE (la) (possession espagnole).

Les mesures et poids sont les mêmes qu'en Espagne, c'est-à-dire

la vara = 835 millimètres = 32.875 pouces anglais.

108 varas sont comptés pour 100 yards anglais.
100 mètres — — 119 varas. (*Voir* MADRID.)

HONDURAS (Amérique centrale).

Les mesures de ce pays sont les mêmes qu'en Espagne, données à l'article BUENOS-AYRES.

HONG-KONG. (*Voir* Canton.)

HUÉ (capitale de l'empire d'Annam, Asie).

Les poids et mesures sont ceux de Canton.

ITALIE (royaume d')

Le Piémont avait adopté et rendu obligatoire le système métrique français à partir du 1er janvier 1846. Dans tous les autres Etats, avant 1859, on avait divers systèmes. Quoique le système métrique eût été rendu obligatoire dans la Lombardie et à Venise, sous Napoléon Ier, en 1803, et confirmé pour l'Autriche en 1814, il n'était que nominalement, car chaque pays faisait usage de sa mesure locale. En 1859, époque des annexions, le système métrique a été rendu obligatoire d'abord en Lombardie et dans les anciens duchés de Parme et de Modène, ensuite dans la Toscane et les Romagnes ; en 1860, dans l'ancien royaume de Naples ; en 1867, dans la Vénétie ; enfin, en 1871, à Rome.

La dénomination est la même qu'en France ; — mais la voilà en italien :

1 metro . . . . 1.093 yards.

MULTIPLES :

1 decametro =	10 mètres.	10.936 yards.
1 ectometro =	100 —	109.363 —
1 kilometro = 1.000	—	1093.633 —
1 miriametro = 10.000	—	6.213 milles.

SOUS-MULTIPLES :

    1 decimetro = 0.1   . . . .   3.937 pouces.
    1 centimetro = 0.01 . . . .   0.393   —
    1 millimetro = 0.001 . . . .   0.039   —

Pour la comparaison de 100 mètres avec les principales places, *voir* Paris.

MESURES ANCIENNES. (*Voir* GÈNES, MILAN, VENISE, FLORENCE, ROME, NAPLES, etc.)

JAMAÏQUE. (*Voir* Angleterre.)

JAPON (Asie)

L'unité des mesure au Japon est le sasi ou chacou (mesure).

Le sasi est de différentes longueurs et subdivisé ainsi qu'il suit :

1 sasi = 10 sun = 100 bun = 1.000 rin.

	Rapport français.	Rapport anglais.
Le kanesasi (1), plus usité, avec les mêmes subdivisions	0.303 mètre.	11.885 pouces.
Le tsunesasi (2), mesure pour les étoffes . . .	0.379 —	14.842 —
Le ken ou aune d'arpentage = 6 sasi.	1.909 —	2.087 yards.
Le jò = 2 ken.	3.818 —	4.174 —
Le thyò = 60 ken.	114.540 —	125.276 —
Le ri ou lieue = 36 thyò	3.123 kilom.	1.043 milles.

JASSY (capitale de la Moldavie).

Aune	Rapport français.	Rapport anglais.
ou halibin pour les draps et étoffes de soie.	0.701 mètre.	27.610 pouces.
Endese ou petite aune pour les toiles	0.662 —	26.076 —

Pour les autres mesures, voir Galatz.

JAVA (Indes-Orientales). (*Voir* Batavia.)

KŒNGSBERG (Prusse).

Même système qu'à Berlin.

LEIPZIG (Saxe).

Les mesures sont les mêmes qu'à Dresde.

Dans le commerce on compte :

    7 aunes de Leipzig. . . . .   4 mètres.
    8 aunes de Leipzig. . . . .   5 yards.
    7 aunes de Leipzig. . . . .   6 aunes de Berlin.

---

(1) *Nota.* Le mot kane, en japonais, veut dire métal ; le mot kanesasi veut dire étalon en métal parce que l'étalon du kanesasi est en métal (cuivre).

(2) Le mot tsune, en japonais, veut dire bambout tsunesasi, c'et-à-dire étalon en bambou, ou pour mieux dire, le kanesasi est une mesure en métal, et le tsunesasi est une mesure en bambou

LEMBERG (Gallicie autrichienne, *voir* Vienne).

ANCIENNES MESURES.

	Rapport français.	Rapport anglais.
Aune = 2 pieds	0.593 mètre.	23.383 pouces.
1 pied	0.296 —	11.691 —

LIMA (capitale du Pérou).

Les mesures de Lima sont les mêmes que celles de Castille, avec les exceptions indiquées à l'article Buenos-Ayres.

100 varas de Lima . . . . 101.400 de Castille.

LISBONNE (Portugal).

Par décret du 15 décembre 1852, le système métrique français a été adopté dans toute l'étendue du Portugal, et les mesures linéaires sont devenues obligatoires à partir du 1er janvier 1860 ; cependant, les anciennes mesures sont toujours en usage.

Il y a trois espèces de mesures :

	Rapport français.	Rapport anglais.
1° Vara = 3 1/2 pieds = 5 palmos de Craveiro .	1.100 mètre.	1.203 yards.
1 pied ou pe	0.330 —	12.992 pouces.
2° Covado de Craveiro = 3 palmos	0.660 —	25.985 —
3° Palmo de Craveiro	0.220 —	8.662 —
Le palmo du commerce, dit palmo avantajado, ou bonne mesure	0.226 —	8.932 —
Braça ou toise = 10 palmos	2.200 —	2.406 yards.

Pour les tissus anglais, on se sert du yard et on compte :

5 varas.	6 yards.
27 covados.	20 —

	Rapport français.	Rapport anglais.
Lieue ou legoa (18 au degré) = 3 milles = 24 stades .	6.174 kilom.	3.836 milles.
1 mille = 8 stades . .	2.058 —	1.378 —
1 stade. . .	257 mètres.	281.342 yards.

Comparaison de 100 varas avec la mesure des principales places.

100 varas de Portugal. . .	110.00 mètres de France.
— — — . . .	110.00 — d'Italie.
— — — . . .	120.35 yards anglais.
— — — . . .	154.61 archines de Russie.
— — — . . .	128.08 varas de Castille.
— — — . . .	58.09 klafter de Vienne.
— — — . . .	33.27 changs de Canton (Chine).
— — — . . .	165.16 aunes de Berlin (mesure ancienne).
— — — . . .	160.10 pik endese de Constantinople.
— — — . . .	109.09 aunes ou stabs de la Confédération suisse.

LIVERPOOL. (*Voir* Londres.)

LIVOURNE (Italie).

Mesures nouvelles. (*Voir* ITALIE.) — Mesures anciennes. (*Voir* FLORENCE.)

LONDRES (capitale de la Grande-Bretagne).

L'unité des mesures est l'aune (yard) impérial-standard-yard.

$$1 \text{ yard} \ldots \ldots \ldots 0.914\,438 \text{ mètre.}$$
$$1 \text{ pied} \ldots \ldots \ldots 0.304\,794 \quad —$$

Aune.	Pied.	Pouce.	Grain d'orge.	Part.	Rapport français.
1 yard =	3 feet =	36 inches =	108 barley-corns =	288 parts =	0.914.438 mètre.
	1 — = 12 —	= 36 —		= 96 —	= 0.304.794 —
		1 — = 3 —		= 8 — =	2.539 centim.
			1 —	= $2\,^2/_3$ — =	8.466 millim.
				1 part =	3.173 —

Dans le commerce des manufactures, le yard est la mesure la plus usitée, et alors il est divisé en 4 quarters. 1 quarter = 22.860 centimètres.

On se sert encore des mesures suivantes :

1° Aune anglaise de . . . . 5 quarters 1 $^1/_4$ yard = 1.143 mètre.
2° Aune du Brabant . . . . 3 — 3/4 — = 0.685 —
3° Aune française . . . . . 6 — 1 $^1/_2$ — = 1.371 —

Mesure du fil.

La circonférence légale du dévidoir est de 1 $^1/_2$ yard = 54 pouces. 80 fils ou tours de dévidoir forment l'écheveau ; 7 écheveaux font 1 poignée.

$$1 \text{ écheveau} = 120 \text{ yards} = 109.726 \text{ mètres.}$$
$$1 \text{ poignée} = 840 \quad — \quad = 768.082 \quad —$$

Le fatom ou toise = 2 yards = 6 pieds . . . . 1.828 mètres
La perche (rod ou pole) . . . . 5 $^1/_2$ yards. 5.029 —
La perche de pays boisé (wooland pole). . . 6 — 5.486 —
La perche de forêt (forest pole) . . . . . . 7 — 6.400 —
La chaîne (chain) 100 anneaux = 4 perches . . . . 20.116 —
Le furlong ou stade = 40 perches = 220 yards. . . . . . 201.164 —
Le mille légal anglais (statute mille) a 8 furlongs (69.06 au degré) 1,760 yards. . . . . 1.609 kilomètre.
Lieue (league) = 3 milles légaux (23.02 au degré). . . . 4.827 —
Lieue marine (sea league) = 3 milles marins (20 au degré). 5.556 —
1 mille marin (60 au degré) . 1.852 —

Comparaison de 100 yards avec la mesure des principales places.

100 yards. . . 91.443 mètres de France.
— — . . . 109.510 varas de Castille.
— — . . . 128.610 archines de Russie.
— — . . . 83.148 varas de Lisbonne.
— — . . . 48.119 klafter de Vienne (mesure ancienne).
— — . . . 26.127 changs de Canton (Chine).
— — . . . 141.801 aunes anciennes de Berlin.
— — . . . 143.254 pik endese de Constantinople.
— — . . . 91.443 metri nuovi d'Italia.
— — . . . 72.866 aunes ou stabs de la Confédération suisse.

LUBECK (ville libre d'Allemagne).

L'unité de mesure est le pied.

	Rapport français.	Rapport anglais.
Aune ou elle = 2 pieds ou fuss = 24 pouces. .	0.575 mètre.	22.670 pouces.
1 pied ou fuss = 12 pouces . .	0.287 —	11.337 —
1 pouce. . .	24 millim.	0.944 —
Ruthe ou perche = 16 pieds	4.606 mètres.	5.039 yards.
Lieue géographique (de 15 au degré).	7.408 kilom.	4.604 milles.

LYON (France).

	Rapport français.	Rapport anglais.
Ancien pied de ville.	0.343 mètre.	13.484 pouces.
Ancien pied de roi.	0.324 —	12.789 —
Aune usuelle ou métrique	1.200 —	1.312 yards.

MADRAS (Indes anglaises).

	Rapport français.	Rapport anglais.
Aune ou covid	0.457 mètre.	18.000 pouces.
Ady ou pied du Malabar.	0.265 —	10.460 —
Guz	»	1.000 yard.

MADRID (capitale de l'Espagne).

Le système décimal métrique a été adopté par décret royal du 16 juillet 1849, sanctionné par les Cortès et applicable à partir du 1er janvier 1860. Mais bien des années s'écouleront encore avant que le système métrique soit connu et répandu en Espagne. Les anciennes mesures y sont encore en plein usage.

	Rapport français.	Rapport anglais.
1 vara = 3 pieds = 4 palmes = 36 pouces ou pulgadas = 432 lignes.	0.835 mètre.	32.875 pouces.
1 pied = 1 1/3 palmes = 12 pouces = 144 lignes.	0.278 —	10.958 —
1 palme = 9 pouces = 108 lignes . .	0.208 —	8.219 —
1 pouce = 12 lignes . . .	23.190 millim.	0.904 —
1 ligne. . . .	1.930 —	0.075 —
1 estadal = 4 varas = 12 pieds.	2.340 mètres.	3.653 yards.
1 braza ou toise = 2 varas = 6 pieds	1.670 —	1.830 —
1 cuerda ou chaîne = 8 1/4 varas = 24 pieds. .	6.680 —	7.323 —
Nouvelle lieue de 1766 (16.64 au degré) = 8,000 varas.	6.680 kilom.	4.150 milles.
Lieue géographique (de 17.5 au degré), décrétée en 1718, pour régler les échelles des cartes géographiques	6.350 —	3.946 —
Lieue marine (20 au degré) = 3 milles marins = 6,666 2/3 varas = 20,000 pieds.	5.566 —	3.459 —

Comparaison de 100 varas avec la mesure des principales places.

100 varas de Castille. . .	83.50 mètres de France.
— — — . . .	83.50 — d'Italie.
— — — . . .	85.10 archines de Russie.
— — — . . .	75.90 varas de Lisbonne.
— — — . . .	44.40 klafter de Vienne (ancienne mesure).
— — — . . .	23.55 changs de Canton (Chine).

100 varas de Castille. . . 125.20 aunes anciennes de Berlin.
—   —   —   . . . 121.68 piks endese de Constantinople.
—   —   —   . . . 69.58 aunes ou stabs de la Confédération suisse.
—   —   —   . . . 91.42 yards anglais.

MALAGA (Espagne).

Même système de mesures qu'à Madrid.

MALTE (île de la Méditerranée).

	Rapport français.	Rapport anglais.
L'ancien pied de Malte.	0.283 mètre.	11.600 pouces.
L'aune ou canna = 8 palmes.	2.088 —	2.204 yards.

D'après Doursther = 2.080 mètres.

Dans le commerce, on se sert des proportions suivantes :

1 canna. . . . . = 2 $^2/_7$ yards anglais.
3 $^1/_2$ palmes. . . = 1   —

MANILLE (îles Philippines).

Dans le petit commerce, on se sert de la vara de Castille. (*Voir* MADRID.)
Dans le haut commerce, on fait usage du yard anglais.

MAROC (Afrique).

	Rapport français.	Rapport anglais.
Aune appelée codo ou dreah = 8 tomins.	0.570 mètre.	23.450 pouces.
Pik morisco ou mauresque.	0.660.9 —	26.022 —

MARSEILLE (France).

	Rapport français.	Rapport anglais.
Canne ancienne = 8 palmes	2.012 mètres.	2.200 yards.
1 palme.	0.251 —	9.905 pouces.

MARTINIQUE. (*Voir* Paris.)

MASCATE. (*Voir* Moka.)

MAYENCE.

Même système qu'à Darmstadt.

MELBOURNE (Australie).

Mêmes mesures qu'en Angleterre. (*Voir* LONDRES.)

MEXIQUE (Amérique du Sud).

Les mesures de longueur au Mexique sont celles d'Espagne, suivant la modification indiquée à l'article Buenos-Ayres. (*Voir* BUENOS-AYRES.)

Dans le commerce, on compte :

108 varas.	. . . . . .	100 yards anglais.
140 —	. . . . . .	140 anciennes aunes de Paris.
81 —	. . . . . .	100 aunes de Brabant.
118 —	. . . . . .	100 mètres de France.

Mesures itinéraires, comme à Madrid.

MILAN (Italie, Lombardie).

Depuis 1859, les poids et mesures sont les mêmes que ceux en usage dans tout le royaume. (*Voir* ITALIE.)

MESURES ANCIENNES.

	Rapport français.	Rapport anglais.
Braccio ou aune = 12 oncie	0.594 mètre.	23.420 pouces.
Pied = 12 pollici ou pouces	0.435 —	17.134 —
Cavezzo ou trabucco (perche) = 6 pieds. . . .	2.611 —	2.855 yards.
Mille lombard.	1.652 —	1.027 milles.

MOKA (Arabie).

	Rapport français.	Rapport anglais.
Covido ou cubit.	0.483 mètre.	19 pouces.
Guez ou guz	0.635 —	25 —

0.457 mètre, suivant d'autres.

MOLDAVIE. (*Voir* Jassy et Galatz.)

MONTEVIDEO.

Même système qu'à Buenos-Ayres.

MONTRÉAL (Bas-Canada).

Même système qu'à New-York.

MOSCOU. (*Voir* Saint-Pétersbourg.)

MUNICH (Bavière).

Les poids et mesures sont les mêmes que ceux d'Augsbourg. (*Voir* AUGSBOURG.)

NAPLES (Italie).

Pour les mesures nouvelles depuis 1860, *voir* ITALIE.

MESURES ANCIENNES.

	Rapport français.	Rapport anglais.
Braccio (brasse ou aune) = 2 ²/₃ palmes = 32 oncies.	0.698 mètre.	27.508 pouces.
1 palme = 12 oncies.	0.262 —	10.316 —
1 oncie	21.830 millim.	0.860 —
Catena ou chaîne = 8 passi = 68 palmi.	15.720 mètres.	16.705 yards.
Canna ou canne = 8 palmi.	2.096 —	2.293 —
Passo ou perche = 7 ¹/₂ palmi.	1.965 —	2.139 —
Miglio ou mille = 1,000 passi	1.851 kilom.	1.150 mille.

NEUCHATEL (Suisse).

Mesures nouvelles. (*Voir* CONFÉDÉRATION SUISSE.)

MESURES ANCIENNES.

	Rapport français.	Rapport anglais.
Pied du pays = 12 pouces.	0.293 mètre.	11.456 pouces.
Aune ou stab.	1.111 —	43.745 —

NEWCASTLE (sur la Tyne, Angleterre).

Mesures. (*Voir* LONDRES.)

NEW-YORK (États-Unis d'Amérique).

Les mesures de longueur sont les mêmes qu'en Angleterre. (*Voir* LONDRES.)

NEW-ORLÉANS (États-Unis). (*Voir* Londres.)

NICARAGUA (Amérique centrale).

Les mesures sont celles d'Espagne, avec les modifications indiquées à l'article Buenos-Ayres. (*Voir* BUENOS-AYRES.)

NICE (France).

Annexé à la France depuis 1859. Même système qu'en France. (*Voir* PARIS.)

MESURES ANCIENNES.

	Rapport français.	Rapport anglais.
Palmo ou pan = 12 pouces.	0.264 mètre.	10.315 pouces.
Aune ou raso.	0.548 —	21.598 —

NUREMBERG (Bavière).

Pour les mesures, *voir* AUGSBOURG.

ODESSA (Russie).

Pour les mesures de longueur, *voir* SAINT-PÉTERSBOURG.

PALERME (Sicile).

Depuis 1860, les mesures métriques adoptées par le royaume d'Italie sont obligatoires. (*Voir* ITALIE.)

MESURES ANCIENNES.

	Rapport français.	Rapport anglais.
L'unité est le palmo = 2 oncies.	0.242 mètre.	9.559 pouces.
Aune ou canna = 8 palmes	1.942 —	3.124 yards.
Passeto = 2 palmes.	0.516 —	20.331 pouces.
Corda = 128 palmes.	30.976 —	33.890 yards.
Miglio ou mille = 5,760 palmes.	1.486 kilom.	0.923 milles. ou 1593 yards.

PARAGUAY (Amérique du Sud). (*Voir* Assomption.)

PARIS (France).

Dans la petite Notice historique qui précède cet ouvrage, nous avons déjà indiqué l'origine du mot mètre, unité des mesures linéaires et base fondamentale de toutes les autres. Nous nous bornerons à répéter ici les multiples et les sous-multiples.

Le mètre est la dix-millionième partie du quart du méridien terrestre et égale 443.295 936 lignes anciennes de Paris.

	Rapport anglais.
1 mètre.	1.093 yard.

MULTIPLES.

1 décamètre	=	10 mètres.	10.936 —
1 hectomètre	=	100 —	109.363 —
1 kilomètre	=	1,000 —	1093.633 —
1 myriamètre	=	10,000 —	6.213 milles.

SOUS-MULTIPLES.

1 décimètre	=	0.1 —	3.937 pouces.
1 centimètre	=	0.01 —	0.393 —
1 millimètre	=	0.001 —	0.039 —

Le pied nouveau est égal à 1/3 de mètre ou 0.333 . . .	13.124 pouces anglais.
La toise nouvelle est égale à 2 mètres	2.186 yards —
L'aune nouvelle divisée en 1/2 et 1/4, 1.200 mètre. . .	47.245 pouces — ou 1.312 yard.
La lieue géographique est le myriamètre.	
La lieue de poste ou L. poste, 8 kilomètres	5.034 milles anglais.
Le mille pour mesurer les distances légales et des chemins de fer est le kilomètre	0.621 -- —

 MESURES LINÉAIRES

Comparaison de 100 mètres avec la mesure des principales places.

100 mètres. . . .	109.363 yards d'Angleterre.
— —	119.760 varas de Castille.
— —	140.646 archines de Russie.
— —	52.793 klafters de Vienne (mesure ancienne).
— —	28.169 changs de Canton (Chine).
— —	149.947 aunes anciennes de Berlin.
— —	145.498 pick endese de Constantinople.
— —	90.909 varas de Portugal.
— —	83.333 aunes ou stabs de la Confédération suisse.
— —	100.000 metri d'Italie (mesure nouvelle).
— —	84.140 aunes anciennes de Paris.
— —	83.333 aunes usuelles.
— —	51.310 toises anciennes.
— —	50.000 toises usuelles.

MESURES ANCIENNES.

	Rapport français.	Rapport anglais.
Pied de roi = 12 pouces = 144 lignes = 1,728 p^{ts}.	0.324.8 mètre.	12.789 pouces.
1 pouce = 12 lignes = 144 points.	0.027 —	1.065 —
1 ligne = 12 points .	2.256 millim.	0.088 —
L'aune se divisait en demi, quart, huitième . .	1.188 mètre.	1.299 yards.
La toise d'ordonnance, dite toise du Pérou, =		
6 pieds de roi.	1.949 —	6.395 pieds.

OBSERVATION. — La toise usuelle ou métrique, égale à 1.200 mètre, fut interdite à partir du 1er 1840 (loi du 4 juillet 1837), comme toutes les mesures usuelles.

	Rapport français.	Rapport anglais.
La perche d'arpent de Paris = 18 pieds	5.847 mètres.	6.463 yards.
La perche de l'arpent commun = 20 pieds . . .	6.496 —	7.107 —
La perche de l'arpent d'eaux et forêts = 22 p^{ds}.	7.146 —	7.817 —

MESURES ITINÉRAIRES.

	Rapport français.	Rapport anglais.
Le pas militaire = 2 pieds	0.649 mètre.	2.363 pieds.
Le pas ordinaire = 2 ¹/₂ pieds.	0.813 —	2.664 —
Le pas géométrique = 5 pieds.	1.624 —	5.328 —
Mille = 1,000 toises	1.949 kilom.	1.211 milles.
Lieue de poste = 2,000 (28 ¹/₂ au degré. . . .	3.898 —	2.422 —
1 poste = 4,000	7.796 —	4.844 —
Lieue commune (25 au degré)	4.445 —	2.762 —
Lieue moyenne (22 ²/₉ au degré).	5.000 —	3.107 —
Lieue marine (20 au degré) = 3 milles marins.	5.556 —	3.452 —
Mille marin = 120 nœuds.	1.852 —	1.150 —
L'encâblure = 120 brasses marines	194.903 mètres.	213.182 yards.
La brasse = 5 pieds.	1.624 —	5.329 pieds.

PARME (Italie).

Pour les mesures nouvelles aujourd'hui en usage, *voir* ITALIE.

MESURES ANCIENNES.

	Rapport français.	Rapport anglais.
Braccio da legno (aune) = 12 oncies (onces). .	0.545 mètre.	21.344 pouces.
Braccio da panno (aune pour les draps). . . .	0.639 —	25.107 —
Braccio pour les soies.	0.587 —	22.150 —
Perche = 6 bracci da legno (bois)	3.271 —	3.578 yards.
Mille ou miglio	1.480 kilom.	1612 —

PATNA (Indes Orientales).

	Rapport français.	Rapport anglais.
Guz pour les draps et tapis	0.838 mètre.	33.000 pouces.
Guz pour les draps fins	1.079 —	42.500 —

PÉKIN. (*Voir* Canton.)

PÉROU. (*Voir* Lima.)

PERSE. (*Voir* Téhéran.)

PESTH (Hongrie). (*Voir* Vienne.)

PÉTERSBOURG (SAINT-) (Russie).

	Rapport français.	Rapport anglais.
Pied anglais ou russe = 6 6/7 werschoks = 12 pouces.	0.304.8 mètre.	12.000 pouces.
Pied du Rhin = 12 pouces.	0.313 —	12.357 —
Pied de Moscou.	0.334 —	13.171 —

Le pied anglais et le pied du Rhin sont le plus en usage.

Sachine ou toise = 3 archines = 7 pieds angl.	2.133 mètres.	7.000 pieds.
Archine ou aune = 2 1/2 pieds angl. = 28 pces.	0.711 —	28.000 pouces.
L'ancien pied russe = demi-archine.	0.355.5 —	14.000 —

Les arpenteurs divisent la sachine en dixièmes.

MESURE ITINÉRAIRE.

Werst = 500 sachines = 1,500 archines	1.066 kilom.	1166 2/3 yards

Comparaison de 100 archines avec la mesure des principales places.

100 archines. . .	78.578 yards d'Angleterre.
— — . . .	85.132 varas de Castille.
— — . . .	37.497 klafter de Vienne.
— — . . .	71.120 mètres de France.
— — . . .	71.120 mètres d'Italie.
— — . . .	20.005 changs de Canton (Chine).
— — . . .	93.771 aunes de Prusse.
— — . . .	98.045 pik endeses de Constantinople.
— — . . .	64.654 varas de Lisbonne.
— — . . .	59.266 aunes ou stabs de la Confédération suisse.

PLAISANCE (Italie).

	Rapport français.	Rapport anglais.
Braccio ou auna pour les draps, toiles et soies.	0.675 mètre.	26.575 pouces.
Braccio da legno pour les charpentiers et pour les maçons = 12 onces	0.545 —	21.574 —
Trabucco ou perche = 6 braccio de maçon . .	2.817 —	3.081 yards.

PONDICHÉRY (Indes, côte du Coromandel).

	Rapport français.	Rapport anglais.
Coudée ou hath = 2 empans = 24 pouces . . .	0.519 mètre.	20.433 pouces.
1 empan = 12 pouces. . . .	0.259 —	10.216 —
1 pouce	21.8 millim.	0.850 —
Vilcade = 4 coudées = 2 astmes.	2.079 mètres.	2.164 yards.
1 astme ou guz. . . .	1.839 —	1.082 —
Cole ou bambus pour l'arpentage.	3.617 —	3.988 —
Lieue appelée courosâme	4.158 kilom.	2.584 milles.

PORT-AU-PRINCE (république de Haïti).

On se sert encore des anciennes mesures de France. (*Voir* Paris.)

PORTO ou OPORTO (Portugal).

Même système qu'à Lisbonne.

PORTO-RICO (île de Mayagues, Antilles).

Les Mesures sont celles d'Espagne, avec les modifications indiquées à l'article Buenos-Ayres. (*Voir* Buenos-Ayres.)

PORTUGAL. (*Voir* Lisbonne.)

PRUSSE. (*Voir* Berlin.)

PULO-PINANG (île du prince de Galles, Asie).

	Rapport français.
Hasta ou aune pour les étoffes = 1/2 yard anglais =	0.457 mètre.
Dans les bazars, on se sert du yard anglais. . . .	0.914 —

QUÉBEC (Bas-Canada).

Même système qu'en Angleterre. (*Voir* Londres.)

QUITO (république de l'Équateur, Amérique).

Une loi du 5 décembre 1856 a prescrit l'adoption du système métrique français dans toute l'étendue de la république.

Pour les anciennes mesures, *voir* Buenos-Ayres.

RANGOUN (empire birman, Asie).

L'unité de mesure est le teong ou aune royale.

	Rapport français.	Rapport anglais.
1 teong = 2 thweehs (empans)	0.485 mètre.	19.130 pouces.
Le laen = 4 teongs	1.940 —	2.092 yards.
Le teh ou bambus = 7 teongs	3.395 —	3.713 —
Le tehng ou mille de Birman = 7,000 teongs .	3.395 kilom.	2.420 milles.

10 tehngs = une journée de voyage.

REVEL (Russie). (*Voir* Saint-Pétersbourg.)

MESURES ANCIENNES.

	Rapport français.	Rapport anglais.
Aune de Revel	0.537 mètre.	21.186 pouces.
Toise = 3 aunes = 6 pieds	1.611 —	1.759 yards.

RHODES (île de la Méditerranée).

Les mesures légales sont celles de Constantinople.

	Rapport français.	Rapport anglais.
Pik de Rhodes	0.656 mètre.	21.907 pouces.
Pik pour les draps	0.697 —	27.370 —

RIGA (Russie).

Pour les nouvelles mesures, *voir* SAINT-PÉTERSBOURG.

MESURES ANCIENNES.

	Rapport français.	Rapport anglais.
Aune = 2 pieds = 4 quartiers	0.548 mètre.	21.582 pouces.
1 pied = 2 quartiers	0.274 —	10.791 —
Le mille de Riga = 7 werstes.	7.467 kilom.	4.578 milles.

RIO-JANEIRO (Brésil, Amérique du Sud).

La loi du 26 juin 1862 a prescrit l'adoption du système décimal français pour les mesures et poids. La substitution de ce système à l'ancien devra se faire graduellement, de manière que, dans dix ans, l'usage des anciennes mesures ait cessé.

Pour les anciennes mesures, *voir* LISBONNE; pour les nouvelles, *voir* PARIS.

Dans le commerce, on se sert des rapports suivants :

100 varas.	162 covados.
5 —	6 yards anglais.
4 covados.	3 — —
118 —	100 mètres.
170 —	170 aunes usuelles de France.

L'aune de Brabant = 1 covado = 0.660 mètre = 25.985 pouces anglais.

ROME (Italie).

Pour les mesures nouvelles, *voir* ITALIE.

MESURES ANCIENNES.

	Rapport français.	Rapport anglais.
Piede ou pied = 1 ¹/₃ palme.	0.297 mètre.	11.723 pouces.
1 palme	0.212 —	8.347 —
Passo à 5 pieds.	1.488 —	1.627 yards.
Canne du commerce = 8 palmes.	1.992 —	2.118 —
Canne des architectes = 10 palmes	2.234 —	2.443 —
Canne sacrée = 1 ¹/₂ brasse sacrée	1.125 —	1.230 —
Canne des marchands = 2 brasses march^des. .	1.696 —	1.853 —
Miglio ou mille = 1,000 passi	1.489 kilom.	0.925 milles.

SANTIAGO (Chili, Amérique du Sud).

Un décret du 20 janvier 1848 a prescrit l'adoption du système métrique français; cependant on se sert encore des mesures d'Espagne.

Les mesures sont les mêmes que celles indiquées à l'article Buenos-Ayres. (*Voir* BUENOS-AYRES.)

SAN FRANCISCO (Californie). (*Voir* New-York.)

SAINT-THOMAS (île des Antilles).

Les mesures sont celles d'Angleterre et de Danemark.

SARAGOSSE (Aragon, Espagne).

	Rapport français.	Rapport anglais.
1 vara de Saragosse = 3 pieds = 36 pouces. .	0.771 mètre.	30.355 pouces.
1 pied = 12 pouces . .	0.257 —	10.118 —

SÉVILLE (Espagne).

Même système qu'à Madrid.

SHANGHAI (Chine).

Même système qu'à Canton.

SINGAPORE (Indes, Bengale).

	Rapport français.	Rapport anglais.
Covid ou astah	0.457 mètre.	18.000 pouces.

SMYRNE (Turquie asiatique). (*Voir* Constantinople.)

STOCKHOLM (Suède).

L'unité de mesures est l'ancien pied, que l'on divise en 10 pouces à 10 lignes.

	Rapport français.	Rapport anglais.
Pied = 10 pouces = 100 lignes	0.296 mètre.	11.688 pouces.
1 pouce = 10 lignes	29.6 millim.	1.168 —
1 ligne	0.29 —	0.116 —
Perche ou stäng = 10 pieds	2.969 mètres.	3.247 yards.
La corde ou ref = 10 perches	29.690 —	32.470 —
Mille = 3,600 pieds	10.688 kilom.	6.640 milles.

STUTTGARD (Wurtemberg).

L'unité de mesures est le pied.

	Rapport français.	Rapport anglais.
1 pied = 10 pouces = 100 lignes.	0.286 mètre.	11.279 pouces.
1 pouce = 10 lignes.	28.6 millim.	1.127 —
La perche = 10 pieds	2.865 mètre.	3.213 yards.
L'aune divisée en 1/4, 1/8, 1/16	0.614 —	24.183 pouces.
Le mille = 2,600 pieds	7.448 —	4.602 milles.

SUISSE (République, Confédération).

L'Assemblée fédérale, par décret du 23 décembre 1851, a adopté un nouveau système de poids et mesures. L'unité des nouvelles mesures est le pied, égal à 30 centimètres.

	Rapport français.	Rapport anglais.
1 pied = 10 pouces = 100 lignes = 1,000 points.	0.300 mètre.	11.812 pouces.
1 pouce = 10 lignes = 100 points . .	30 millim.	1.181 —
1 ligne = 10 points . . .	3 —	0.118 —
Brasse (elle) = 2 pieds.	0.600 mètre.	23.624 —
Aune (straab) = 4 pieds.	1.200 —	47.245 —
Toise (klafter) = 6 pieds	1.800 —	1.979 yards.
Perche (ruthe) = 10 pieds	3.000 —	3.281 —
La mesure itinéraire est la vegstunde ou lieue = 1,600 pieds.	4.800 kilom.	2.983 milles.
Ancienne lieue ou mille.	8.355 —	5.192 —

Pour les anciennes mesures, *voir* BALE, BERNE, NEUCHATEL, GENÈVE et ZURICH.)

SUMATRA (île des Indes-Orientales, domination des Hollandais).

	Rapport français.	Rapport anglais.
1 depoh = 2 hailoh	1.830 mètre.	2.001 yards.
1 hailoh	0.915 —	1.003 —

L'hailoh est compté 1 yard.

SURATE (Indes-Orientales, présidence de Bombay).

Il y a trois espèces de guz :

	Rapport français.	Rapport anglais.
Guz pour l'aunage des étoffes = 24 tussos . .	0.702 mètre.	27.667 pouces.
Guz des ouvriers = 24 tussos.	0.609 —	24.000 —
Guz pour le mesurage des bois de charpente = 20 tussos	0.690 —	27.167 —
Cubit ou hath pour mesurer les nattes de bambou = 18 tussos.	0.530 —	20.900 —

Les toiles, velours et soieries se mesurent au yard anglais.

SYDNEY (Australie).

Même système qu'à Londres.

TÉHÉRAN (Perse).

	Rapport français.	Rapport anglais.
1 gueze (archine royale ou monkelser). . . .	0.945 mètre.	37.212 pouces.
1 gueze ordinaire.	0.630 —	24.808 —
Parasango, mesure de voyage	5.760 kilom.	3.580 milles.

TRIESTE (Illyrie, Autriche).

Les mesures sont les mêmes qu'à Vienne. (*Voir* VIENNE.)

Pour le mesurage des étoffes, on se sert aussi des mesures suivantes, dont une ordonnance du 1er janvier 1858 a fixé la valeur ainsi qu'il suit :

	Rapport français.	Rapport anglais.
Aune ou braccio de Venise pour la laine = 0.8789 aune de Vienne	0.684 mètre.	26.926 pouces.
Aune ou braccio de Venise pour la soie = 0.8214 aunes de Vienne.	0.640 —	25.180 —
Aune du Brabant = 0.8750 aune de Vienne .	0.681 —	26.782 —

Une ordonnance du 17 mai 1861 a rendu obligatoire l'usage de l'aune de Vienne.

Depuis l'adoption du système métrique français par l'Autriche, les mesures sont celles de France, avec les mêmes dénominations.

TRIPOLI (régence de) (Afrique).

	Rapport français.	Rapport anglais.
Grand pik	0.680 mètre.	26.772 pouces.
Petit pik	0.483 —	18.991 —

5 grands piks = 7 petits piks.

4 — 3 yards anglais.

TUNIS (Afrique).

Il y a trois espèces de pik ou draà (aune) :

	Rapport français.	Rapport anglais.
1° Pik arabe pour les toiles et les cotonnades.	0.488 mètre.	19.360 pouces.
2° Pik kendash pour les lainages	0.673 —	26.493 —
3° Pik turc ou de Stamboul pour les soieries.	0.637 —	25.066 —

TURIN (Italie).

Le système métrique français est en vigueur dans les États-Sardes depuis le 1er janvier 1846.

Mesures nouvelles. (*Voir* ITALIE.)

MESURES ANCIENNES.

	Rapport français.	Rapport anglais.
Piede liprando = 12 oncies = 144 punti = 1,728 atomi.	0.513 mètre.	20.227 pouces.
Piede manuale = 8 oncies	0.342 —	13.485 —
Raso (aune) = 1 1/6 piedi liprandi = 14 oncies.	0.599 —	23.598 —
Tesa (toise) = 5 piedi manuali	1.712 —	1.872 yards.
Trabucco = 6 piedi liprandi	3.082 —	3.370 —
Miglio piemontese (mille) = 800 trabucchi . .	2.466 kilom.	1.532 milles.

VALACHIE. (*Voir* Jassy *et* Galatz.)

VALENCE (Espagne). (*Voir* Alicante.)

VALPARAISO (Chili). (*Voir* Santiago.)

VARSOVIE (Pologne).

Les mesures de .Russie sont obligatoires depuis 1849. (*Voir* SAINT-PÉTERSBOURG).

ANCIENNES MESURES DE LONGUEUR.

L'unité est le pied (stopa).

	Rapport français.	Rapport anglais.
1 pied = 12 pouces (calow) = 144 lignes (liniow).	0.288 mètre.	11.339 pouces.
1 pouce = 12 lignes.	0.024 —	0.945 —
1 ligne	0.002 —	0.078 —
Aune ou bras (lokietzi) = 2 pieds = 24 pouces.	0.576 —	22.678 —
Sazen ou toise = 6 pieds = 72 pouces	1.728 —	1.879 yards.

Le precikow, ou pied des géomètres, 1 1/2 pied ou stopa.

	Rapport français.	Rapport anglais.
Mille ou lieue depuis 1819 = 8 werstes russes.	8.534 kilom.	5.303 milles.
Mille ancien = 7 werstes	7.462 —	4.650 —

VÉNÉZUÉLA (Amérique centrale). (*Voir* Caracas.)

VENISE (Italie).

Depuis l'annexion à l'Italie, Venise est entrée dans le système métrique adopté pour les nouvelles mesures. (*Voir* ITALIE.)

MESURES ANCIENNES.

	Rapport français.	Rapport anglais.
Piede ou pied = 12 oncies (pouces) = 144 lignes.	0.347 mètre.	15.677 pouces.
Passo (pas) = 5 pieds.	1.737 —	1.917 yard.
Cavezzo ou grad (perche) = 6 pieds.	2.086 —	2.172 —
Braccio (bras) pour les soieries	0.638 —	25.146 pouces.
Braccio pour les laines	0.683 —	26.906 —
Miglio vénitien = 1,000 passi	1.738 kilom.	1.080 milles.

VIENNE (Autriche).

Par décret du 23 juillet 1871, obligatoire à partir du 1er janvier 1876, et facultatif à partir du 1er janvier 1873, l'Autriche a adopté le système métrique tel qu'il existe en France, avec la même nomenclature.

MESURES DE LONGUEUR.

Le pied légal de l'empire = 0.316.1 mètre.

	Rapport français.	Rapport anglais.
1 pied ou fuss = 12 pouces = 144 lignes	0.316 mètre.	12.445 pouces.
1 pouce = 12 lignes	0.026 —	1.407 —
1 ligne.	2.19 millim.	0.087 —
Aune légale de l'empire pour les étoffes.	0.779 mètre.	30.676 —
Toise ou klafter = 6 pieds	1.879 —	2.164 yards.
Perche d'ingénieur = 10 pieds	3.161 —	3.458 —
1 mille = 4,000 toises = 24,000 pieds.	7.586 kilom.	4.717 milles.

Pour établir la comparaison de 100 mètres, mesure nouvelle de Vienne, avec les principales places. (*Voir* PARIS.)

WIESBADEN (Nassau, annexé à la Prusse). (*Voir* Berlin.)

ZANTE (îles Ioniennes).

Mesures nouvelles. (*Voir* ATHÈNES.)

MESURES ANCIENNES.

	Rapport français.	Rapport anglais.
Braccio à toile, laine et coton.	0.690 mètre.	27.186 pouces.
Braccio à soie	0.644 —	25.374 —
Pied vénitien.	0.347 —	13.691 —

ZURICH (Suisse).

Mesures nouvelles. (*Voir* SUISSE.)

MESURES ANCIENNES.

	Rapport français.	Rapport anglais.
Aune = 2 pieds = 24 pouces.	0.600 mètre.	23.624 pouces.
1 pied = 12 pouces	0.300 —	11.812 —
1 pouce.	0.025 —	0.984 —

DEUXIÈME TABLEAU.

MESURES DE SUPERFICIE, AGRAIRES ET CUBIQUES.

ALEXANDRIE (Égypte).

Le fedan, ancienne mesure des Arabes, pour les superficies, est encore en usage aujourd'hui en Egypte.

1 fedan = 58.98 ares de France.

ALTONA (*comme à* Hambourg.)

ALICANTE.

La mesure agraire est la yugada. . . . 2.998 hectares.
1 yagada = 36 fanegadas. . . . . —
    1 fanegada . . . . 8.329 ares.
    1 fanegada = 400 varas carrées.

AMSTERDAM.

MESURES NOUVELLES.

Bunder, ou hectare. . . . . . . 1.000 aunes carrées.
Virkant rœde (are). . . . . . . 100 —
Virkant-el (centiare) . . . . . 1 —

MESURES CUBIQUES.

Kubick-ed ou stère . . . . 1 aune cube.
Kubick palme (décimètre) . . . . . . 0.001 —
Mesure de bois à brûler visse (corde), 1 stère, aune cube.

MESURES ANCIENNES.

Ruthe carré = 169 pieds carrés . . . . . 13.547 mètres carrés.
Morgen   = 600   —   . . . . . 81.285 ares.

ANGLETERRE. (*Voir* Londres.)

ANVERS.

MESURES NOUVELLES.

Même système qu'en France.

MESURES ANCIENNES.

Journal   = 100 verges carrées. . . . 32.901 ares.
Verge carrée   =   10 pieds carrés . . . . 32.901 mètres carrés.
                1 pied carré. . . . . . 8.225 décimètres carrés.
Corde pour bois à brûler ou vis = 27 pieds cubes = 0.636 stères.
Le tonneau d'encombrement est de 50 pieds cubes anglais,
égal à 1.132 mètre cube.
Le last = 2 tonneaux = 80 pieds cubes anglais.

ATHÈNES.

MESURES NOUVELLES.

Piki carré = 10 palmes ou décimètres = 100 pouces ou centimètres = 1.000 lignes
ou millimètres carrés.
1 piki carré = 1 mètre carré.
Stremma royale = 1.000 piki carrés = hectomètre carré.
Le stremma ancien valait 12.702 ares.

AUGSBOURG.

Le morgen ou juchart est, depuis 1812, la mesure légale de Bavière.
Morgen = 400 ruthe = 40.000 pieds carrés. . . . . 34.072 ares.
1   —   =   100   —   . . . . . 8.518 mètres carrés.
            1   —   . . . . . 851 centim. carrés.
Klafter, mesure de solidité, 126 pieds cubes = 3.130 stères.

BADEN. (*Voir* Carlsruhe.)

BALE.

MESURES NOUVELLES. (*Voir* Suisse.)

MESURES ANCIENNES.

Perche carrée   = 100 pieds carrés . . . 9.274 mètres carrés.
Ancienne perche carrée = 256   —   . . . 23.742   —

BARCELONE. (*Voir* **Madrid.**)

Les mesures de superficie et de cubage sont les mêmes qu'à Madrid.

BELGIQUE. (*Voir* **Anvers et Bruxelles.**)

BERLIN.

Pour les nouvelles mesures de superficie, *voir* Paris.

MESURES ANCIENNES.

Morgen = 180 perches carrés = 25.920 pieds carrés. . 25.532 ares.
    1   —   =   144   —   . . 14.184 mètres carrés.
                      1   —   . . 9.850 décim. carrés.
Hufe = 30 morgen = 12.000 perches carrées. . . . . 17.021 hectares.

MESURES DE SOLIDITÉ.

Klafter cubic = 6 pieds de long et de haut et 3 de bûche. . . . 3.338 stères.
Achtel   = 9   —   8   —   —   . . . . 6.667 —
Schaehtruthe, ou ruthe d'architecture, pour la maçonnerie
= 1 perche de long, 1 perche de large et 1 pied d'épaisseur
= 144 pieds cubes. . . . . 4.451 —

En Prusse le last légal pour les bois de construction est estimé comme suit :

    Chêne, orme, frêne, cerisier, bois durs . . . . 75 pieds cubes.
    Pin, sapin et autres bois tendres. 90   —

BERNE.

Perche carré = 100 pieds carrés . . . . . 8.600 mètres carrés.
Juchart pour les terrains arables . . . . 34.400 ares.
    —   prairies . . . . 30.100 —
Pied carré . . . . 8.600 décim. carrés.

BOLOGNE (Italie.)

MESURES NOUVELLES. (*Voir* ITALIE).

MESURES ANCIENNES.

Tornatura = 144 tavole ou perches carrées = 20.226 ares.

BRÊME.

Klafter carré = 9 aunes carrés = 36 pieds carrés. . . . 3.010 mètres carrés.
    1   —   = 4   —   . . . . 33.454 décim. carrés.
              1   —   . . . . 8.363 —
Ruthe carré = 7 1/9 klafter . . . . 21.410 mètres carrés.

Morgen = 120 ruthes carrés. . . . . 25.692 hectares.
Faden pour les bois à brûler, 6 pieds de long et 6 pieds
    de haut, 2 pieds de bûche = 73 pieds cubes . . . . 1.714 stères.
Pied cube = 1728 pouces cubes . . . . 24.187 décim. cubes.

BRÉSIL. (*Voir* Rio-Janeiro.)

BRUXELLES.

Les mesures sont les mêmes qu'en France. (*Voir* Paris.)

BUENOS-AYRES. (*Voir* Madrid.)

BUCHAREST. (*Voir* Valachie.)

CADIX.

Même système que dans la Castille. (*Voir* Madrid.)

CAIRE (Égypte.)

Même système qu'à Alexandrie.

CALCUTTA.

Cottah = 16 chitacks = 320 hants carrés . .	66.887 mètres carrés.
1 — = 20 — . .	418.048 décim. carrés.
1 — . .	20.902 —
1 biggah = 20 cottah.	13.377 ares.

CANARIES (îles.)

On emploie la fanega pour les terrains = 12 almudas = 600 braradas carrées
= 20.353 ares.

Pour les autres mesures, *voir* Madrid.

CARLSRUHE.

Perche carrée = 100 pieds carrés = 1.000 pouces carrés.	9.000 mètres carrés.
1 — = 100 — .	9.000 décim. carrés.
1 — .	9.000 cent. carrés.
Viertel ou quart = 100 perches carrées.	9.000 mètres carrés.
Arpent légal = 400 —	9.000 ares.

MESURES DE SOLIDITÉ.

Pied cube = 1.000 pouces cubes.	27 décim. cubes.
Pouce cube = 1.000 lignes cubes	27 centim. —
1 —	27 millim. —

CARRARA (Italie).

Le palmo cubo (palme cube), pour les marbres, fait la 25me partie de la carrata que nous avons indiquée à l'article *Mesures de longueur.*

1 palme cube de Carrara, pour les marbres = 14.497 décimètres cubes
et vaut 884.736 pouces cubes anglais.

1 carrata (charretée) = 362.436 décimètres cubes
ou 12.800 pieds cubes anglais.

CHILI.

Même système qu'à Madrid.

CHRISTIANIA. (*Voir* Copenhague.)

COLOGNE.

Même système qu'à Berlin.

L'arpent ancien, de 150 perches carrées = 31.717 ares.

COPENHAGUE (Danemark.)

Aune carrée = 4 pieds carrés = 576 pouces carrés = 82.944 lignes carrées.	39.401 décim. carrés.
1 pied carré = 144 pouces carrés = 20.736 lignes carrées	9.850 —
1 — = 144 —	684.055 millim. carrés.
1 —	4.750 —
1 perche = 25 aunes carrées.	9.850 mètres carrés.
1 album = 583 ⅓ perches carrées	22.984 ares.

MESURES DE SOLIDITÉ.

Le faden légal, pour les bois de chauffage, mesure 3 aunes de long et 3 de haut, sur 1 de large = 72 pieds cubes. . . . . 2.225 stères.

CRACOVIE. (*Voir* Varsovie et Vienne.)

CUBA LA HAVANA.

Même système qu'à Madrid.

DANTZICK (*comme à* Berlin.)

Dans le commerce des bois on emploie le pied cube anglais.

Last de navire, pour les bois de chêne, orme, frêne	75 pieds cubes.
— — de pin, sapin et bois tendres . .	90 —
Last d'encombrement	80 —

DARMSTADT.

Toise = 100 pieds carrés =   1000 pouces carrés. . . .   6.250 mètres carrés.
     1   —   =   100   —   . . .   6.250 décim.   —
                        1   —   . . .   6.250 centim.   —
Arpent = 400 toises = 4.000 pieds carrés . . . . . .   25.000 ares.

MESURES DE SOLIDITÉ.

Corde ou stecken pour les bois à brûler = 100 pieds
   cubes . . . .   1.560 stères.
Klafter ou toise cube pour la maçonnerie et les terras-
   sements = 1.000 pieds cubes. . . . .   15.625 mètres cubes.

DRESDE.

Pied carré = 144 pouces carrés. . . . .   8.014 décim. carrés.
L'acre = 300 perches carrées . . . . . .   55.342 ares.

Pour les autres mesures, *voir* LEIPSIG.

DUBLIN. (*Voir* Londres.)

FLORENCE.

MESURES NOUVELLES. (*Voir* ITALIE.)

MESURES ANCIENNES.

Staccata = 10 stajoli = 56.197 ares.

Suivant Veneziani, italien, la staccata est subdivisée en 12 stiora = 63.000 ares.
Stioro = 12 panori quadrati.   4.087   —
Suivant Veneziani, le stioro. . . . .   5.250   —
Dourther l'évalue à 4.087 ares.

MESURES DE SOLIDITÉ.

Catasta pour bois à brûler = 24 bracci cubi = 4.771 stères.

ESPAGNE. (*Voir* Madrid.)

ÉTATS-UNIS. (*Voir* Londres.)

FRANCFORT-SUR-LE-MEIN.

Même système qu'à Berlin.

MESURES ANCIENNES.

Perche carrée ou ruthe, c^{res} = 100 pieds d'arpentage
   carrés . . . .   12.656 mètres carrés.
Morgen ou arpent = 160 perches carrées . . . .   20.250 ares.
Hufe = 30 morgens . . . .   6.075 hectares.
Perche des maçons = 13 pieds de long = 12 de large. .   12.636 mètres carrés.

MESURES DE SOLIDITÉ.

Klafter, 6 de large, 7 de haut, 3 de bûche = 2.904 stères.

GÊNES.

MESURES ANCIENNES.

Cannella quadrata pour les terrains = 144 palmes carrés   8.862 mètres carrés.
Cannella cubica, pour bois à brûler = 1728 palmes cubes.   26.382 stères.

GENÈVE. (*Voir* Confédération suisse.)

Arpent ancien à 40 toises de Paris, en longueur, et 34 en largeur = 1.360 toises carrées = 51.663 ares.

GIBRALTAR. (*Voir* Madrid et Londres.)

HAMBOURG.

MESURES DE SUPERFICIE.

Pied carré = 144 pouces carrés. . . . .   8.207 décim. carrés.
Geest ruthe carrée = 256 pieds carrés. . . . .   21.011 mètres carrés.
Marsch ruthe carrée = 196 pieds carrés. . . . .   16.087   —
Arpent marschland = 600 marschrute . . . .   95.522 ares.
Scheffel saatland = 51.200 pieds carrés . . . .   42.023   —

MESURES DE SOLIDITÉ.

Faden ou klafter (corde), à 6 $^2/_3$ pieds de long et de haut et 2 pieds de bûche = 8 $^8/_9$ pieds cubes = 2.090 stères.

HANOVRE.

Mesures nouvelles. (*Voir* BERLIN.)

MESURES DE SUPERFICIE (*avant l'annexion à la Prusse.*)

Perche carrée = 256 pieds carrés = 11.164 pouces carrés.   21.826 mètres carrés.
              1   —   =   144   —   .   8.536 décim.   —
                                   1   —   .   5.920 centim.   —

1 vorling = 60 perches carrées. . . . .   13.096 ares.
1 morgen = 120   —   . . . .   26.192   —
L'arpent forestier = 160 perches carrées. . . . . . .   31.926   —

HAVANE (La).

Outre la mesure espagnole, il y a une autre mesure locale qui s'appelle caballeria
= 186.624.000 varas carrées . . . . 13.011 hectares.
La caballeria a 18 cordeles de long, sur 18 de large .   324 cordeles carrées.

Pour les autres mesures, *voir* MADRID.

HOLLANDE. (*Voir* Amsterdam.)

ITALIE.

MESURES NOUVELLES.

L'unité de mesures de superficie est le mètre carré, égal à un carré dont les
côtés ont un mètre de longueur.

Metro quadrato,	1	mètre carré	1.196 yards carrés angl.
Decimetro,	0.01	—	15.500 pouces carrés —
Centimetro,	0.0001	—	0.155 — —
Millimetro,	0.000001	—	0.155 lignes carrées —

Mesures topographiques pour déterminer les surfaces des états :

Miriametro quadrato,	1 myriamètre carré	38.611 milles carrées angl.
Kilometro	— 1 kilomètre carré	0.386 — —
Ectometro	— 0.01 — . . .	11.960.332 yards carrés —
Decametro	— 0.0001 —	11.960 — —

L'unité de la mesure agraire est l'are, formée d'un carré dont les côtés ont
10 mètres de longueur, et qui contient 100 mètres carrés.

Ectaro	= 1	hectare	11.960.332 yards carrés angl.
Aro	= 0.01	—	119.603 — —
Centiaro	= 0.0001	—	1.196 — —

Ectaro = 2 acres, 1 rood, 35 rods ou perches et 11.582 yards carrés.

Aro = 3 rods ou perches et 38.853 yards carrés.

MESURES DE SOLIDITÉ ET DE VOLUME.

Metro cubo = 1 mètre cube = 35.316 pieds cubes = 1.308 yards cubes.

Decimetro cubo = 0.001	mètre cube . . .	61.027 pouces cubes angl.
Centimetro cubo = 0.000.001	— . . .	0.061 — —
Millimetro cubo = 0.000.000.001	— . . .	0.061 ligne cube angl.

Le stère est un solide égal à un mètre cube.

Decastero = 10	stères. . .	353.165 pieds cubes angl.		
(1) Stero = 1	— . . .	35.316	— — = 1.308 yards carrés.
Decistero = 0.1	— . . .	3.531	— —

Pour les mesures anciennes, *voir* FLORENCE , MILAN, NAPLES, GÊNES, VE-
NISE, etc.

---

(1) Dans le commerce, le stère est compté = 35 $\frac{375}{1.000}$ pieds cubes courants pour les bois de
construction des navires.

JAPON.

MESURES DE SUPERFICIE.

Ken carré. . . . . 3.644 mètres carrés.
Tsbô carré. . . . . 1.090 ares environ.
Tsyô = 100 tsbô . . . . 109.000 —

JASSY (Moldavie.)

Prachine carrée = 36 toises carrées . . . . 1.640 ares.
1 faltasche = 80 prachines. . . . . 13.120 —

KŒNIGSBERG. (*Voir* Berlin.)

LEIPZIG.

MESURES DE SUPERFICIE.

Les seules mesures autorisées par l'ordonnance de 1858 sont la perche d'arpentage carrée et l'acre de 300 perches carrées.

1 perche d'arpentage. . . . . 18.447 mètres carrés.
1 acre d'arpentage = 300 perches carrées . . . . 55.341 ares.
Schragen pour les bois à brûler, 3 cordes de long et 1 de haut = 8.435 stères.
1 corde = 2.845 stères.

LIMA (Pérou).

Même système qu'en Espagne. (*Voir* MADRID.)

LISBONNE.

MESURES ANCIENNES.

Vara carrée = 11 $^1/_9$ pieds corrés = 25 palmes carrées 1.210 mètres carrés.
Braça carrée . . . . 4.840 —
Pied carré . . . . 10.890 décim. carrés.
Ceira = 4840 varas carrées . . . . 58.564 —
MESURES NOUVELLES (depuis 1860, *voir* PARIS.)

LIVOURNE.

Même système qu'à FLORENCE.

LIVERPOOL.

Même système qu'à LONDRES.

LONDRES.

MESURES DE SUPERFICIE.

Pied carré = 144 pouces carrés. . . . .   0.092 mètre carré.
Yard carré = 9 pieds carrés . . . .   0.836   —
Pole ou rod carré = 30 $^1/_4$ yards carrés. . . . .   25.291   —
Chaîne carrée = 484 yards carrés. . . . .   4.046 ares.
Rood carré ou *Fardingeals* = 1.211 yards carrés . . . .   10.116   —
Acre = 4 roods carrés = 160 pole carrés . . . .   40.467   —
Yardland = 30 acres . . . .   12.140 hectares.
Hide = 100 acres . . . .   40.457   —

1 hectare = 2.471 acres.

MESURES DE SOLIDITÉ.

Pied cube = 1728 pouces cubes. . . . .   28.315 décim. cubes.
Pouce cube = 1000 lignes cubes . . . .   16.306 centim. cubes.
Le yard cube = 27 pieds cubes = 46.656 pouces cubes.   764.513 décim. cubes.
Le tonneau de mer, pour les marchandises d'encom-
   brement, est de 42 pieds cubes . . . .   1.189 mètres cubes.
Mais on la compte généralement 40 pieds cubes . . . .   1.132   —

Nota. Le stère français, dans le commerce de bois de construction pour les navires, est compté $35 \frac{375}{1000}$ pieds cubes courants.

Le last de navire, pour les planches, est compté 50 pieds cubes.

LUBECK.

MESURES DE SUPERFICIE.

Perche ou ruthe carrée = 256 pieds carrés = 21.218 mètres carrés.
Scheffel ou boisseau de 60 à 80 perches, selon la qualité du terrain.

Deschamps évalue la perche à 21.168 mètres carrés.
Doursther, à 21.218 mètres carrés.

Mesures de solidité, même système qu'à Hambourg.

MADRAS.

MESURES DE SUPERFICIE.

Cawney = 4 biggahs de Calcutta = 24 mauney = 53.510 ares = 57600 pieds carrés anglais.

Mahney ou ground, représentant 60 pieds anglais de long sur 40 de large, = 2400 pieds carrés anglais = 2.229 ares.

MADRID.

MESURES DE SUPERFICIE.

La fanega ou fanegada était la mesure légale du royaume depuis 1801.

1 fanegada = 82.944 pieds carrés. . . . 64.260 ares.

1 pied carré . . . . 7.747 décimètres carrés.
1 vara carrée = 9 pieds carrés . . . . 69.723   —
1 estadal = 16 varas. . . . . 11.160 mètres carrés.
1 celemine = 48 estadales . . . . . . 5.350 ares.

$$12 \text{ celemines} = 1 \text{ fanegada.}$$

La fanegada, très-variable à Madrid, est comptée 576 estadales; dans certaines provinces, elle vaut 500 estadales = 55.778 ares.

On employait aussi l'aranzada, qui est une mesure pour les vignobles, égale à 20 estadales de long et de large, = 400 estadales = 44.622 ares.

Les bois à brûler sont vendus au poids, et les bois de construction à la vara cube.

1 vara cube = 0.582 mètres cubes.
1 pied cube = 21.562 décimètres cubes.

MALAGA.

La fanegada de Malaga est 1/16 plus petite que celle de Madrid.

1 fanegada = 8640 varas c/^{res} = 60.370 ares.

Le bois à brûler se vend au poids; le bois de construction, à la vara carrée = 0.583 mètre carré.

MALTE.

Même système qu'en Angleterre. (*Voir* LONDRES.)

MAYENCE. (*Voir* Darmstadt.)

MEXIQUE.

Système de Castille. (*Voir* MADRID.)

Tonneau d'encombrement = 70 pieds cubes de Castille.

MILAN.

Mesures nouvelles. (*Voir* ITALIE.)

MESURES ANCIENNES.

Pertica milanese (ou perche), pei terreni. . . . . . 6.545 ares.
1 pertica = 24 tavole = 288 piedi quadrati . . . . 27.273 mètres carrés.
1 piede quadrato . . . . 19.939 décimètres carrés.

Les bois de construction se vendaient au pied cube.

1 piede cubo. . . . . 28.315 décimètres cubes.

Le bois à brûler se vendait à la brasse cube = 210 décimètres cubes, ou au carro (charretée) = 4 brasses de largeur sur 1 de longueur = 3.369 stères.

MOLDAVIE. (*Voir* Jassy.)

MONTÉVIDÉO. (*Voir* Madrid.)

MUNICH. (*Voir* Augsbourg.)

NAPLES.

Mesures nouvelles, *voir* ITALIE.

MESURES ANCIENNES.

Moggio nuovo (neuf) = 100 cannes quadrates (carrées).	6.998 ares.
1 canna quadrata (carrée)	6.998 mètres carrés.
Moggio ancien = 900 passi quadrati (carrés).	34.754 ares.
Pertica quadrata (carrée) = 56 ¼ palmi quadrati . . .	3.861 mètres carrés.

Nota. — Veneziani, italien, évalue :

1 moggio ancien = 96 tables	33.227 ares.
1 canne = 64 palmes carrées	4.359 mètres carrés.

MESURES DE SOLIDITÉ.

Canne cubique pour les bois de construction = 512 palmes cubes = 9.213 stères.
(Sert encore pour les bois à brûler.)

NEUCHATEL.

MESURES NOUVELLES. (*Voir* SUISSE.)

MESURES ANCIENNES.

Perch. carrée = 256 pieds d'arpentage carrés = 21.108 mètres carrés.
Ouvrier pour les vignobles = 15 perches carrées.

NEW-ORLÉANS. (*Voir* New-York.)

NEW-YORK.

Même système qu'en Angleterre. (*Voir* LONDRES.)

Dans la Louisiane, on se sert encore de l'ancien arpent de Paris, qui valait 34.188 ares.

NUREMBERG.

Même système qu'à Augsbourg.

ANCIENNES MESURES DE SUPERFICIE.

Morgen ou tagewerk pour les terres de labour et le bois = 51200 pieds carrés = 47.273 ares.

Morgen ou acker pour les prairies = 33040 pieds carrés = 21.273 ares.

ODESSA.

Les mesures de Russie. (*Voir* Saint-Pétersbourg.)

PALERME.

MESURES NOUVELLES. (*Voir* Italie.)

ANCIENNES MESURES.

Canna (canne) ou quartiglio = 64 palmes carrés = 4.263 mètres carrés.

Suivant Veneziani, la mesure des terrains est différente; ainsi, la salma carrée = 10 tomoles carrés = 14 ares.

PARAGUAY.

Les mesures de superfidie sont celles de Castille. (*Voir* Madrid.)

PARIS.

MESURES DE SUPERFICIE.

	Décim. car.	Centim. car.	Millim. car.		Rapport anglais
Mètre car. =	100 =	10.000 =	1.000.000 =	1 mètre car. =	1.196 yards car.
Décimètre carré .		100	10.000	0.01	15.500 pouces car.
Centimètre carré.			100	0.0001	0.155 —
Millimètre carré.				0.000001	1.155 lignes car.

MESURES TOPOGRAPHIQUES

pour déterminer les surfaces des États et des départements.

	Kilom. car.	Hectom. car.	Décam. car.	Mètres carrés.	Rapport anglais.
Myr. car. =	100 =	10.000 =	1.000.000 =	100.000.000 =	38.611 milles car.
Kilom. carré .		100	10.000	1.000.000 =	0.386 —
Hectomètre carré . . .			100	10.000 =	11960.332 yards car.
Décamètre carré				100 =	11.960 —

L'unité des mesures agraires est l'are.

	Ares.	Centiares.	Mètres carrés.		Rapport anglais
Hectare =	100 =	10.000 =	10.000 =	1 hectare =	11960.332 yards carrés.
Are.		100	100	0.01	119.603 —
Centiare			1	0.0001	1.196 —

1 hectare = 2 acres 1 rood 35 rods ou perches, 21.582 yards carrés.

1 are = 3 rods ou perches = 28.853 yards carrés.

MESURES DE SOLIDITÉ.

	Déc. cube.	Cent. cube.	Millim. cube.		Rapport anglais
Mètre cube =	1000 =	1000000 =	100000000 =	1 mèt. cube.	35.316 pieds cubes.
Décim. cube.		1000 =	1000000 =	0.001	61.027 pouces cubes.
Centim. cube			1000 =	0.000001 . .	0.061 —
Millim. cube.				0.000000001.	0.061 lignes cubes.

Le stère est un solide égal à un mètre cube.

	Stères.	Décistères.		
Décastère. . .	10 = . .	100 = . .	10 stères. .	353.165 pieds cubes angl.
Stère		10 = . .	1 — . .	35.316 —
Décistère		0.1 — . .		3.531 —

Dans le commerce du bois pour construction de navires, le stère est compté $35 \frac{375}{1000}$ pieds cubes courants.

MESURES ANCIENNES.

La toise carrée était à 36 pieds carrés	3.798 mètres carrés.
Toise-pied = 6 pieds carrés.	63.312 décim. carrés.
Toise-pouce = 72 pouces carrés.	5.276 —
Toise-ligne = 6 pouces carrés.	43.966 centim. carrés.
Toise-point = 72 lignes carrées.	3.663 —

Arpent des eaux et forêts = 48.700 pieds carrés. . .	51.072 ares.
Arpent commun = 4.000 — . .	42.208 —
Arpent de Paris = 3.240 — . .	34.188 —
Perche des eaux et forêts = 484 — . .	51.072 mètres carrés.
Perche commune = 400 — . .	42.208 —
Perche de Paris = 324 — . .	34.188 —

Pour les grandes surfaces, on se servait de la lieue commune carrée de 25 au degré.

1 lieue commune carrée = 19.761 kilomètres carrés.

MESURES DE SOLIDITÉ.

Toise cube = 216 pieds cubes. . . .	7.403 mètres cubes.
Pied cube = 1728 pouces cubes . . .	34.277 décim. cubes.
Pouce cube = 1728 lignes cubes . . .	19.836 centim. cubes.

On employait aussi la toise-toise pied.

Toise-toise pied = 36 pieds cubes	1.233 mètres cubes.
Toise-toise pouce = 3 —	102.831 décim. cubes.
Toise-toise ligne = 432 pouces cubes . . .	8.569 —
Toise-toise point = 36 — . . .	714.109 centim. cubes.

La solive, pour le mesurage des bois de charpente = 3 pieds cubes = 102.832 décim. cubes.

Somme = 8 solives = 0.822 mètre cube ou stère.

La voie de Paris, pour les bois à brûler et le charbon = 56 pieds cubes = 1.919 stère.

La voie de moellons = 20 pieds cubes = 5.663 décistères.

La voie de pierre de taille = 15 pieds cubes = 5.141 décistères.

PARME.

MESURES DE SUPERFICIE.

Biolca = 6 staja = 72 tavole	30.814 ares.
Braccio ou quadretto cube pour les bois d'arpentage. .	162.027 décim. cubes.
Passo, pour les bois à brûler = 30 quadretti.	4.860 stères.

PÉROU.

Comme en Espagne. (*Voir* MADRID.)

PESTH.

Système d'Autriche. (*Voir* VIENNE.)

PÉTERSBOURG (Saint-).

MESURES DE SUPERFICIE.

	Rapport français.	Rapport anglais.
Pied carré anglais = 144 pouces carrés. .	9.290 déc. carré.	1 pied carré.
Archine carrée = 5 $^4/_9$ pieds carrés. . . .	50.578 —	5 $^4/_9$ —
Sachine — = 49 —	4.552 mèt. carr.	49 —
Desactine impér.=21.600 archines carrées.	1.092 hectares.	13066 $^2/_3$ yards c.

MESURES DE SOLIDITÉ.

	Rapport français.	Rapport anglais.
Pied cube = 1728 pouces cubes. . .	28.315 déc. cubes.	1.728 pouces cubes.
Archine cube = 12 $^{19}/_{27}$ pouces cubes.	359.728 —	12.703 pieds cubes.
Sachine cube = 27 archines cubes. .	9.632 mèt. cubes.	33.863 —

Le poids légal de la sachine cube de bois à brûler est de 320 puds
5241.92 kilog. = 104 quintaux anglais.
Last de navire pour les marchandises légères = 2 tonneaux
= 80 pieds cubes anglais.

PLAISANCE (Italie).

MESURES DE SUPERFICIE.

Pertica (ou perche) = 24 tavole = 288 braccia	7.620 ares.
1 tavole = 12 —	31.756 mètres carrés.

MESURES DE SOLIDITÉ.

Pilotto, pour les bois à brûler = 216 braccia cubes .	22.363 stères.
1 quadretto (ou brasse cubique).	103.535 décim. cubes.

PONDICHÉRY.

MESURES DE SUPERFICIE.

Carré = 3 velys = 60 mas ou canis.	798.330 ares.
Mas = 100 congis carrés	13.305 —
1 —	13.305 mètres carrés.

PORTUGAL. (*Voir* Lisbonne.)

PRUSSE. (*Voir* Berlin.)

PULE-PINANG (île Indes occidentales).

MESURES DE SUPERFICIE.

Orlong = 20 jambas . . . 53.510 ares.
1 — . . . 2.650 —

RANGOUN (Birman, Asie).

MESURES DE SUPERFICIE.

Peh est un carré dont chaque côté a 25 tehs
1 peh = 72.076 ares.

REVEL et RIGA.

Mesures de Russie. (*Voir* SAINT-PÉTERSBOURG).

RIO-JANEIRO.

MESURES DE SUPERFICIE.

Pied carré = 2 1/4 palmes carrés = 144 pouces carrés. 10.890 décim. carrés.
1 — = 64 — . 4.840 —
1 — . 7.560 centim. carrés.
Vara carrée = 25 palmes carrés . . . . 1.210 mètres carrés.
Braça carré = 100 — . . . . 4.840 —

ROME.

MESURES NOUVELLES. (*Voir* ITALIE.)

MESURES ANCIENNES.

Rubbio = 4 quarte = 7 pezze = 16 scorzi = 32 quartucci. 184.849 ares.
1 — = 32 — = 64 — . 26.406 —

SANTIAGO (Chili.)

Mesure de Castille. (*Voir* MADRID.)

SARAGOSSE et SÉVILLE (*comme* Madrid.)

SICILE. (*Voir* Palerme.)

STOCKHOLM.

MESURES DE SURFACE.

Pied carré = 100 pouces carrés = 10000 lignes carrées   8.815 décim. carrés.
    1   —   = 1000   —   8.815 cent. carrés.
Perche carrée = 100 pieds carrés . . . .   8 815 mètres carrés.
Corde carrée = 100 perches carrées . . . . 881.506   —

MESURES DE SOLIDITÉ.

Pied cube = 1000 pouces cubes. . . . . .   26.172 décim. cubes,

---

STUTTGARDT.

MESURES DE SUPERFICIE.

Arpent ou morgen = 4 vierstel-morgen . . . .   31.517 ares.
Perche ou ruthe carrée = 100 pieds carrés . . . . .   8.207 mètres carrés.
Juchart ou journée = 1 $1/2$ morgen. . . . .   47.302 ares.

MESURES DE SOLIDITÉ.

Pour le bois de chauffage, mes-klafter = 4 vierstel . .   3.386 stères.
Vierstel = 36 pieds cubes . . . .   0.846   —

SUISSE (Confédération).

MESURES DE SUPERFICIE.

Pied carré = 100 pouces carrés. . . .   9 centim. carrés.
Toise carrée   =   36   —   . . .   3.240 mètres carrés.
Perche carree = 100 pieds carrés. . .   9   —
Juchart = 400 perches carrées . . . .   36 ares.

Lieue carrée (mesure de superficie topographique).
   1 lieue carrée = 6400 jucharts = 24.040 kilomètres carrés.

MESURES DE SOLIDITÉ.

Pied cubique. . . . .   27.000 décim. cubes.
Toise   —   = 216 pieds cubes. . . . .   5.832 mètres cubes.
Moule, mesure pour les bois à brûler = 126000 pieds
cubes. . . . .   3.402 stères.

MESURES ANCIENNES. (*Voir* BALE, BERNE, NEUCHATEL, GENÈVE et ZURICH.)

SURATE (Indes anglaises).

MESURES DE SUPERFICIE.

Bogga ayant un carré de 20 vussas de côté.
   1 Bogga = 400 vussas carrées = 24.581 ares.

SIDNEY (Australie).

Mesures d'Angleterre. (*Voir* LONDRES.)

TRIESTE.

Mesures d'Autriche. (*Voir* VIENNE.)

TURIN.

MESURES NOUVELLES. (*Voir* ITALIE.)

MESURES ANCIENNES.

Giornata (journée) = 100 tavole ou perches = 100 trabucchi quadrati. 38.009 ares.
1 tavola = 4 trabucchi quadrati . . . . 38.000 mètres carrés.
1 trabucco quadrati . ' . . . . 9.502 —
1 piede liprando. . . . . 26.395 décim. carrés.

14400 piedi liprandi = 1 giornata.

MESURES DE SOLIDITÉ.

Pied lipraud cubique. . . . . 135.611 décim. cubes.
Pied ordinaire cubique . . . . 40.181 —

VALACHIE.

Pogom ou arpent = 1296 sagenes carrées . . . . . . 49.888 ares.

VALENCE (Espagne).

MESURES DE SUPERFICIE.

Yugada = 6 cahizadas = 36 fanegadas = 7200 brazas
carrées. . . . . 2.492 ares.
Braza ou toise royale . . . . 2.047 mètres carrés.

VALPARAISO (Chili).

Mesure d'Espagne. (*Voir* MADRID.)

VARSOVIE.

MESURES NOUVELLES. (*Voir* SAINT-PÉTERSBOURG.)

MESURES ANCIENNES.

Wloka ou hufe = 30 morgens ou arpents . . . . . . 16.796 hectares.
Morgen = 3 sznur carrés = 300 pretow . . . . 55.987 ares.
1 pied carré . . . . 8.294 décim. carrés.
1 morgow ou morgen . . . . 67.000 pieds carrés·

VENEZUELA.

Mesures d'Espagne. (*Voir* MADRID.)

VENISE.

MESURES NOUVELLES. (*Voir* ITALIE.)

MESURES ANCIENNES.

Migliajo ou mille pas carrés = 25000 pieds carrés . . 30.230 ares.
Campo di valvasone = 640 tavole . . . . 27.860 —
Tavola ou cavezzo carré = 36 pieds carrés. . . . . . 4.353 mètres carrés.
Passo quadrato (carré) = 25 pieds carrés . . . . . . 2.418   —

MESURE DE SOLIDITÉ.

Piede cubico (pied cube). . . . . 42.048 décim. cubes.

VIENNE (Autriche).

Pour les mesures nouvelles, même système qu'en France. (*Voir* PARIS.)

MESURES ANCIENNES.

Ruthe ou perche carré=100 pieds carrés = 14400 pouces
carrés . . . . 9.992 mètres carrés.
Klafter ou toise carrée = 32 pieds carrés . . . . . . 3.597 mètres —
1 pied carré = 144 pouces carrés . . . . 9.992 décim. carrés.
       1   —   . . . . 693.894 millim. —

MESURES AGRAIRES.

Jochart, mesure légale de tout l'Empire = 1600 toises
carrées. . . . . 57.554 ares.
Metze ou mesure de semences = 533 $\frac{1}{2}$ toises carrées . 19.184 —

MESURES DE SOLIDITÉ.

Kubik-klafter ou toise cube . . . . 6.822 mètres cubes.
Kubik-fuss ou pied cube . . . . 31.585 décim. —
Kubik-zoll ou pouce cube. . . . . 18.278 centim. —

    1 stère = 0.146.576 kubik-klafter carrés.
Klafter pour les bois à brûler = 90 fus-kubik ou pieds cubes = 2.842 stères.
    1 stère = 0.351 klafter pour bois à brûler.

Le last de navire, pour le bois et marchandises légères, est égal à celui
d'Allemagne. (*Voir* BERLIN.)

ZURICH.

MESURES NOUVELLES. (*Voir* SUISSE.)

MESURES ANCIENNES.

Ruthe ou perche = 100 pieds carrés. . . . . 9.001 mètres carrés.
Juchart pour les terres de labour = 400 perches carrées. 36.001 ares.
Juchart pour jardin = 360 perches carrées. . . . . . 32.405 —
Juchart pour vignobles = 320 perches carrées. . . . 28.804 —

MESURES DE SOLIDITÉ.

Pied cube = 1728 pouces cubes. . . . . . . 27.006 décim. cubes.

TROISIÈME TABLEAU.

MESURES DE CAPACITÉ POUR LES LIQUIDES.

ABYSSINIE.

La seule mesure connue dans l'Abyssinie est la cuba.

	Rapport français.	Rapport anglais.
1 cuba	1.016 litre.	1.792 pinte I.

ACHEM (île de Sumatra).

Les liquides se vendent au poids ; le bamboo est le plus usité.

	Rapport français.	Rapport anglais.
1 bamboo = 1.663 kilog.	2.180 litres.	3.840 pintes.

ALEXANDRIE (Égypte).

Les liquides se vendent au poids et par oka.

	Rapport français.	Rapport anglais.
1 oka.	1.227 kilog.	2.705 liv. adp.

ALEP (Syrie).

	Rapport français.	Rapport anglais.
Les liquides se vendent par oka	1.266 kilog.	2.791 liv. adp.
Ou par rottolo.	2.310 —	5.093 —

ALGER.

Les mesures de France sont en usage pour le gros commerce ; dans la localité, on vend les liquides au poids. (*Voir*, au tableau *Poids*, ALGER.)

ALICANTE.

La mesure pour les liquides est le cantaro ou arroba mayor.

	Rapport français.	Rapport anglais.
Cantaro=4 cuartillas = 8 azumbres = 32 quartillos	11.550 litres.	2.542 gall. I.
1 cuartilla = 2 azumbres = 8 quartillos. . .	2.890 —	0.635 —
1 — 4 — . . .	1.440 —	0.367 —
1 — . . .	0.636 —	0.361 pinte.

Dans le commerce en gros, on emploie la pipa (ou pipe).

	Rapport français.	Rapport anglais.
1 pipe = 42 cantaros	482.210 litres.	106.134 gall. I.

Les huiles se vendent à la même mesure.

1 pipe d'huile pèse de 431 à 436 kilogrammes.

| Last de navire = 2 pipes. . . . . | 9.644 hectol. | 212.268 gall. I. |

ALTONA.

Les mesures de capacité pour les liquides sont celles de Hambourg.

AMSTERDAM.

MESURES NOUVELLES.

	Rapport français.	Rapport anglais.
Vat ou fass = 100 kannen = 1,000 matjes = 10,000 vingerhoed.	1 hectol.	22.009 gall. I.
1 kan = 10 matjes = 100 vingerhoed. . . .	1 litre.	0.220 —
1 — 10 —	1 décil.	0.176 pinte.

MESURES ANCIENNES.

Les mesures suivantes sont en usage dans la localité, pour le chargement et l'affrétement des navires :

	Rapport français.	Rapport anglais.
1 steekan=8 sloops=16 mengels=32 pintes.	19.050 litres.	4.191 gall. I.
1 — 2 — 4 — .	2.380 —	4.191 pintes.
1 — 2 — .	1.190 —	2.096 —
1 — .	0.595 —	1.047 —
1 vat = 768 mengels	914.040 —	201.930 gall. I.
1 barrique ou okshoofd = 192 mengels . . .	228.510 —	50.295 —
La pipe de vin d'Espagne et de Portugal était estimée 340 mengels.	412.350 —	88.322 —
La cuve de bière = 6 tonnes = 384 stoops .	9.140 hectol.	201.930 —

La barrique d'huile de baleine = 192 mengels.

Le vat d'huile d'olive = 869.51 litres pesant de 800 à 810 kilogrammes.

Dans le commerce des vins de France, le vat est compté 180 mengels, et ne vaut, par conséquent, que 214.200 litres.

8 barriques ou okshoofs. . . . . 1 last de navire)
7 barriques d'huile de baleine. . . . 1 — — } (env. 16 hectolitres).
4 vats ou pipes d'huile d'olive . . . . 1 — —)

Pour la comparaison de 100 litres avec les principales places, *voir* PARIS.

ANGLETERRE. (*Voir* **Londres.**)

ANVERS.

Les mesures nouvelles sont les mêmes qu'en France.

MESURES ANCIENNES.

	Rapport français.	Rapport anglais.
Stoop = 2 pots = 4 pintes = 8 upers. . . .	2.748 litres.	1.839 pintes.
1 — 2 — 4 —	1.374 —	2.419 —
1 — 2 —	0.687 —	1.209 —
1 —	0.343.5 —	0.604.5 —
Tonne = 60 stopen = 240 pintes.	164.880 —	36.320 gall. I.
Aime 50 — 200 —	137.400 —	30.241 —
L'aime d'huile ordin^{re} = 4 emmer = 96 pots.	133.330 —	29.346 —

y compris l'huile de lin, de chanvre et de colza, etc.

ARAGON. (*Voir* Saragosse.)

ASSOMPTION. (*Voir* Paraguay.)

ATHÈNES.

Le litre conserve le même nom qu'en France; les noms des subdivisions sont divers.

	Rapport français.	Rapport anglais.
1 litre = 10 kotilos (décilitres) = 100 mistron (centilitres) = 1,000 kubus (millilitres) . .	1 litre.	1.760 pinte I.

Les multiples ont la même valeur et la même dénomination qu'en France.

Avant l'adoption du système décimal, les vins et les spiritueux se vendaient à l'ancien baril de Venise.

	Rapport français.	Rapport anglais.
1 baril = 24 bozze	64.386 litres.	14.200 gall. I.
L'huile et le miel se vendent à l'oka	{ 1.330 — { 1.280 kilog.	} 2.932 liv. adp.

AUGSBOURG (Bavière).

	Rapport français.	Rapport anglais.
Eimer à vin = 60 maaskanne = 240 quartels.	64.111 litres.	14.117 gall. I.
1 — 4 — .	1.069 —	1.882 pintes.
1 — .	0.267 —	0.471 —
Eimer pour la bière = 64 maaskanne. . . .	68.417 —	15.058 gall. I.
L'ancien foudre à vin = 768 mas.	10.970 hectol.	241.118 —

AUTRICHE. (*Voir* Vienne.)

BADE. (*Voir* Carlsruhe.)

BAHIA (Brésil).

Les mesures pour les liquides ne sont pas les mêmes qu'à Lisbonne et à Rio-Janeiro.

	Rapport français.	Rapport anglais.
1 canada de Bahia = 5 ¹/₇ canadas de Lisbonne	7.090 litres.	12.487 pintes I.
La pipe de rhum de Bahia est comptée 72 canadas.	510.590 —	112.379 gall. I.
La pipe de mélasse = 100 canadas.	709.150 —	156.082 —

BALE.

Pour les mesures nouvelles, *voir* Suisse.

ANCIENNES MESURES.

	Rapport français.	Rapport anglais.
Saum = 3 aimen = 24 viertels = 96 altemaas.	136.512 litres.	30.046 gall. I.
1 altemaas ou vieux pot = 4 schoppen . . .	1.422 —	2.500 pintes.
Le maas pour l'huile contient	1.556 —	0.342 gall. I.

BANGKOK (Siam).

L'évaluation des mesures de capacité de ce pays est très-difficile.

Le bucket est une mesure qui se compose de 20 contenus de noix de coco.

100 bucket forment une charretée et 2 bucket font une charge; mais nous ne connaissons pas les rapports.

Les liquides se vendent au poids, comme dans toutes les Indes. (*Voir* POIDS.)

BARCELONE.

MESURES POUR VINS ET SPIRITUEUX.

	Rapport français.	Rapport anglais.
Carga ou charge = 4 barils = 8 mallals = 16 cortans	120.560 litres.	26.535 gall. I.
1 baril = 2 mallals = 8 cortans	30.140 —	6.633 —
1 — 4 —	15.070 —	3.316.5 —
1 —	7.535 —	1.658 —
La pipe de vin = 4 charges (varie de contenance 63 ¹/₂ à 64 ¹/₂ cortans).	482.240 —	106.139 —

La jauge de Londres est de 100 gallons; en France 60 veltes = 452 litres.

	Rapport français.	Rapport anglais.
La charge d'huile = 30 cortans = 120 quarts.	123.600 —	27.204 gall. I.
Le cortan pour l'huile.	4.120 —	7.254 pintes.

Une charge d'huile pèse de 95 à 97 kilogrammes.

La pipe d'huile contient de 118 ¹/₂ à 119 cortans, équivalant à la pipe de vin, et pèse de 436 à 440 kilogrammes.

BARI (Italie, ancien royaume de Naples).

Ville très-importante pour son grand commerce d'huile, production de son territoire. Les mesures légales sont celles d'Italie (*voir* ITALIE) ; mais, dans la localité, on se sert encore des anciennes mesures.

Les huiles fines se vendent par cantaro, égal à 100 rottoli.

1 cantaro = 89 kilogrammes = 196.450 livres *avdp.* anglaises.

Les huiles ordinaires se vendent par salma = 165.420 litres = 36.412 gallons Imp. anglais.

1 salma pèse 170 rottoli = 151 kilogr. = 330 livres *avdp.* anglaises.

La salma de Bari est, par conséquent, plus forte que celle de Naples et celle de Gallipoli.

BASSORA.

Les liquides se vendent au poids. (*Voir au tableau* POIDS.)

BATAVIA.

MESURES DES LIQUIDES.

	Rapport français.	Rapport anglais.
Canne (kan).	1.491 litres.	2.627 pintes.

Le legger d'Arak = 288 kans = 160 gallons impériaux environ.

Les liquides se vendent aussi au poids.

BAVIÈRE. (*Voir* Augsbourg.)

BENCOOLEN (île de Sumatra). *Domination hollandaise.*

Pour les liquides, on se sert du baembuh.

1 baembuh = 3.785 litres = 1 ancien wine gallon d'Angleterre = 0.833 gallon impérial.

BENGALE. (*Voir* Calcutta.)

BERLIN.

Les nouvelles mesures métriques sont celles de France. (*Voir* PARIS.)

L'unité de mesure pour les liquides, avant l'adoption du système français, était :

Le quart = 1.145 litre = 2.016 pintes anglaises.

MESURES POUR LES VINS.

	Rapport français.	Rapport anglais.
Eimer = 2 anker = 60 quarts = 120 œssel.	68.702 litres.	15.121 gall. I.
1 — 30 — 60 — .	34.351 —	7.560 —
1 — 2 — .	1.145 —	2.016 pintes.
1 foudre = 4 oxhoft = 6 ohm = 12 eimer. .	8.244 hectol.	181.453 gall. I.

MESURES POUR LA BIÈRE.

	Rapport français.	Rapport anglais.
Tonne = 100 quarts = 200 œssel.	1.145 hectol.	25.202 gall. I.
1 — 2 —	1.145 litre.	2.016 pintes.
1 —	0.572.5 —	1.008 —
Gebräude (ou brassin) = 18 fass = 36 tonnes.	41.222 hectol.	25.206 bar^ls anglais de 36 gallons impériaux.

BERNE.

Pour les mesures nouvelles, *voir* SUISSE.

MESURES ANCIENNES.

	Rapport français.	Rapport anglais.
Saum = 100 mass. . . . . , . .	167.000 litres.	36.783 gall. I.
1 —	1.670 —	2.943 pintes.
1 eimer = 25 mass.		

BETELFAKI (Arabie).

La mesure pour les liquides est le gudda.

1 gudda = 7.570 litres = 2 anciens wine gallons = 1.666 gallon imp.

BOLIVIE.

Les mesures en usage sont les anciennes mesures d'Espagne. (*Voir* MADRID.)

BOLOGNE (Italie).

Pour les mesures nouvelles, *voir* ITALIE.

MESURES ANCIENNES.

	Rapport français.	Rapport anglais.
Corba = 60 boccali	78.591 litres.	17.300 gall. I.
1 —	1.230 —	2.166 pintes.

Les liquides se vendaient aussi au poids.

BOMBAY.

Pour mesurer les liquides, on se sert de l'ancien wine gallon anglais.

1 wine gallon anglais = 3.785 litres = 0.833 gallon impérial.

Pour les spiritueux, on emploie le maund.

1 maund = 50 seers = 34.793 kilogr. = 76.714 livres *avdp*.

Pour l'huile de coco, de ricin, de sésame et d'arachides,

le maund = 28 livres *avdp*. = 12.730 kilogr.

BONNE-ESPÉRANCE (cap de).

Les vins se vendent au legger.

1 legger = 4 ahms = 571.290 litres = 125.739 gallons impériaux.

1 ahms = 90 bouteilles.

BORDEAUX (*comme* France). (*Voir* Paris.)

MESURES DU PAYS.

	Rapport français.	Rapport anglais.
Tonneau = 4 barriques = 6 tiersons = 120 veltes.	9.048 hectol.	199.140 gall. I.
1 barrique = 30 veltes.	228.300 litres.	50.247 —
1 —	7.660 —	1.675 —

Mais, dans le commerce, on compte :

Le tonneau.	912	litres.
La barrique ou pièce.	228	—
Le tierson = 20 veltes	150	—
Le velte.	7.600	—

Comparaison de 100 veltes de Bordeaux.

100 veltes de Bordeaux.		
100 veltes de Bordeaux.	. . .	167.500 gallons impériaux d'Angleterre.
— — —	. . .	664.600 quarts anciens de Berlin.
— — —	. . .	105.100 viertels de Hambourg.
— — —	. . .	236.200 stübchen de Brème.
— — —	. . .	537.800 mass de Vienne (anc. mesure).
— — —	. . .	61.866 vedros de Russie.
— — —	. . .	47.087 arrobas de Castille (Espagne).

Les vins et les liqueurs se vendent à la velte.

BRÈME.

L'unité de mesure pour les liquides est le stübchen.

	Rapport français.	Rapport anglais.
1 stübchen = 4 quarts = 16 mingels	3.218 litres.	5.666 pintes.
1 — 4 —	0.802 —	1.416 —
1 oxhoft 1 —	0.200.5 —	0.354 —
ou barrique = 30 vierstel = 270 quarts.	217.210 —	47.807 gall. I.

La barrique de vin de Bordeaux est comptée 66 stübchen.

L'huile d'olive se vend généralement par 100 livres.

L'huile de baleine, de Colza, etc., se vend généralement à l'oxhoft.

1 oxhoft = 215.352 kilogrammes = 452.811 livres anglaises *avdp.*

BRÉSIL. (*Voir* Bahia *et* Rio-Janeiro).

BRUXELLES.

Pour les mesures nouvelles, *voir* PARIS.

MESURES ANCIENNES.

				Rapport français.	Rapport anglais.
Gelte = 2 pots = 4 pintes = 8 uperkens . .				2.708 litres.	4.770 pintes.
1 — 2 — 4 — . .				1.354 —	2.385 —
1 — 2 — . .				0.677 —	. 1.192.5 —
1 — . .				0.338 —	0.586 —
Foudre = 6 aimes = 576 pots				7.800 hectol.	171.675 gall. I.

L'aime de bière est égal à celui du vin, mais il est subdivisé en 50 stoop = 100 pots à bière.

L'aime d'huile, dans le commerce, est compté 131 litres pesant 118 à 120 kilogrammes ou 260 à 262 livres *avdp*.

BUCHAREST (Valachie).

	Rapport français.	Rapport anglais.
Pour les liquides, on emploie la viadra (seau).	14.150 litres.	3.114 gall. I.

Généralement, ils se vendent au poids.

BUENOS-AYRES.

	Rapport français.	Rapport anglais.
Pour les liquides, le frasco = 2 medios . . .	2.380 litres.	0.524 gall. I.
1 — . . .	1.190 —	2.111 pintes.
Le baril = 32 frascos	76.000 —	16.946 gall. I.
La pipe = 4 barilos	304.000 —	67.784 —

Les autres mesures sont celles de Madrid.

CADIX.

MESURES DE CAPACITÉ POUR LES VINS.

	Rapport français.	Rapport anglais.
Cantara ou arroba mayor = 4 quartillas = 8 azumbres = 32 quartillos	16.140 litres.	3.552 gall. I.
1 quartilla = 2 azumbres = 8 quartillos. . .	4.034 —	7.103 pintes.
1 — 4 — . . .	2.017 —	3.551 —
1 — . . .	0.504 —	0.888 —
Bote = 30 cantaras = 240 azumbres	484.110 —	106.550 gall. I.
Pipa 27 — 216 —	135.699 —	95.895 —

MESURES DE CAPACITÉ POUR L'HUILE.

	Rapport français.	Rapport anglais.
Arroba menor = 4 quartillas = 100 panillas.	12.564 litres.	2.765 gall. I.
1 — 25 — .	3.141 —	5.531 pintes.
1 — .	0.126 —	0.221 —
Pipa = 34 arrobas menores = 136 quartillas.	433.190 —	95.406 gall. I.

La pipe d'huile pèse 850 livres de Castille, de 395 à 400 kilogrammes, de 870 875 livres *avdp*.

CAIRE. (*Voir* **Alexandrie.**)

CALCUTTA.

Les liquides se vendent aux poids suivants :

	Rapport français.	Rapport anglais.
Seer = 4 pouahs = 16 chitacks = 80 siccas.	0.931 kilog.	2.053 liv. adp.
1 — 4 — 20 — .	0.232 —	0.512 —
Maund = 8 pussarees = 40 seers.	37.248 —	82.133 liv. adp.

Le maund contient environ 36 litres, et il est compté 8 gallons impériaux.

CALICUT (*comme* **Bombay**).

CANADA. (*Voir* **Londres.**)

CANARIES (îles).

La pipe de vin ou sect = 12 bariles = 480 quartillos = 454.350 litres, et on la compte 120 anciens wine gallons anglais = 100 gallons impériaux.

4 pipes = 1 last de navire.

CANTON.

Les liquides se vendent au poids. (*Voir le tableau des* POIDS.)

CARACAS (Vénézuéla).

Les mesures en usage sont les mêmes qu'à Madrid.

CARLSRUHE (Bade).

MESURES POUR LES LIQUIDES.

	Rapport français.	Rapport anglais.
Stutzen = 10 mass = 100 glas ou verres . .	15.000 litres.	3.302 gall. I.
1 — 10 — — . .	1.500 —	2.641 pintes.
1 — — . .	0.150 —	0.264 —
Fuder = 10 ohms = 100 stutzens.	15.000 hectol.	330.145 gall. I.

CARTAGENA DE LAS INDIAS (Colombie).

Les mesures sont les mêmes qu'en Espagne. (*Voir* MADRID.)

CASSEL.

Depuis 1866, les mesures sont celles de Prusse. (*Voir* BERLIN.)

CEYLAN (Asie, Indes-Orientales).

MESURES POUR LES LIQUIDES.

	Rapport français.	Rapport anglais.
Gallon (1) = 2 1/2 canadas = 5 quarts = 75 drams	3.785 litres.	6.661 pintes.
1 canada = 2 quarts = 30 drams	1.514 —	2.664 —
1 — 15 —	0.757 —	1.332 —
1 —	0.050 —	0.088 —
1 leaguer = 75 veltes = 150 wine gallons. .	567.966 —	124.966 gall. I.
1 velte ou welt = 2 wine gallons	7.570 —	1.666 —

Les liquides se vendent aussi au poids.

CHILI. (*Voir* Santiago.)

CHINE. (*Voir* Canton.)

CHRISTIANIA (Norvége).

Les mesures sont les mêmes qu'au Danemark. (*Voir* COPENHAGUE.)

CHYPRE (île de la Méditerranée).

	Rapport français.	Rapport anglais.
1 chargo (carica) de vin = 64 boccali. . . .	10.410 litres.	2.357 gall. I.
1 cass de vin	4.733 —	1.043 —
Le rottolo d'huile est compté 2 1/2 oke = 1000 drachmes	3.170 kilog.	6.990 liv. adp.

COBLENCE. (*Voir* Berlin.)

COCHINCHINE.

Les liquides sont vendus au poids, comme à Canton. (*Voir* CANTON.)

CONSTANTINOPLE.

Les liquides se vendent ordinairement au poids.

	Rapport français.	Rapport anglais.
Le vin est vendu à l'oka.	1.283 kilog.	2.829 liv. adp.
L'alma ou metter	5.236 litres.	1.152 gall. I.
L'alma d'huile = 8 okes.	10.260 kilog.	22.630 liv. adp.

---

1) Est égal à l'ancien wine gallon anglais.

COPENHAGUE.

MESURES POUR LES LIQUIDES.

L'unité de mesure est la kande ou canne.

	Rapport français.	Rapport anglais.
1 kande = 2 pots = 8 pegels	1.932 litre.	3.402 pintes.
1 — 4 —	0.966 —	1.701 —
1 —	0.241 —	0.425 —
Foudre = 2 pipes = 6 aimes = 465 kanden.	8.984 hectol.	197.737 gall. I.
1 — 3 — 232 1/2 — .	449.200 litres.	98.868 —
La pipe, dans le commerce, est comptée 480 pots	463.700 —	104.292 —

CRACOVIE.

Pour les mesures nouvelles, *voir* VIENNE.

MESURES ANCIENNES.

	Rapport français.	Rapport anglais.
Garniec = 4 kwartg = 16 kwarterck. . . .	61.488 litres.	13.532 gall. I.
1 — 8 —	15.370 —	3.384 —
1 —	3.843 —	6.767 pintes.

100 garniec de Cracovie = 96 1/2 kwarterck de Varsovie.

Les poids et mesures de Vienne sont de rigueur.

CUBA. (*Voir* la Havane.)

DANTZIG.

Pour les mesures nouvelles, *voir* BERLIN.

MESURES ANCIENNES.

	Rapport français.	Rapport anglais.
L'ancien stof de vin	1.716 litre.	3.021 pintes I.
1 anker = 27 1/2 stoff.	47.140 —	10.376 gall. I.
Stof de bière = 4 quartiers	2.310 —	0.508 —
1 —	0.575 —	1.013 pintes.
Fass de bière = 2 tonnes = 180 stoff. . . .	414.480 —	91.060 gall. I.

Le last de navire pour le vin = 2 fass = 48 ankers = 16 1/2 hectolitres.

Le last pour la bière = 6 fass = 12 tonnes = 24.850 hectolitres.

DARMSTADT.

MESURES POUR LES LIQUIDES.

	Rapport français.	Rapport anglais.
L'ohm = 80 mass (mesures) = 320 schoppen.	160.000 litres.	35.216 gall. I.
1 — — 4 — .	2.000 —	2.540 pintes.
1 — .	0.500 —	0.880 —

DRESDE.

L'unité des mesures pour les liquides est la kanne.

		Rapport français.	Rapport anglais.
1 ohm = 2 eimer = 4 anker = 144 kannen. .	134.820 litres.	29.674 gall. I.
1 — 2 — 72 — . .	67.410 —	14.837 —
1 — 36 — . .	33.705 —	7.418.5 —
1 — . .	0.935 —	1.649 pintes.
1 tonneau de bière = 420 kannen.	392.700 —	86.440 gall. I.

Pour les vins de France, la barrique (oxhoft) est comptée 3 eimers; pour l'eau-de-vie de France, 3 $^3/_8$ eimers.

DRONTHEIM (*comme* Christiania).

DUBLIN (*comme* Londres).

ÉQUATEUR.

Les mesures en usage sont les anciennes mesures d'Espagne. (*Voir* MADRID.)

ESPAGNE. (*Voir* Madrid.)

ÉTATS-UNIS D'AMÉRIQUE. (*Voir* New-York.)

FIUME.

Mêmes mesures qu'à Vienne (Autriche).

FLORENCE.

Pour les mesures nouvelles, *voir* ITALIE.

MESURES ANCIENNES.

	Rapport français.	Rapport anglais.
Barile à vin = 20 fiaschi.	45.584 litres.	10.031 gall. I.
1 —	2.279 —	4.012 pintes.
Barile pour les huiles = 16 fiaschi	33.430 —	7.357 gall. I.
et pèse 29 kilogrammes, 64 livres *avdp.*		

FRANCFORT-SUR-LE-MEIN.

Pour les mesures en usage depuis 1866, *voir* BERLIN.

MESURES AVANT L'ANNEXION A LA PRUSSE.

	Rapport français.	Rapport anglais.
Jung-mass ou pot nouveau = 4 chopines . .	1.594 litre.	2.889 pintes.
1 — . .	0.398 —	0.715 —

	Rapport français.	Rapport anglais.
Aime ou ohm = 20 viertels = 360 chopines.	143.420 litres.	31.566 gall. I.
1 — ou quart = 18 ch.	7.171 —	1.578 —
Stükfass = 8 aimes	1.147 hectol.	247.171 —
Foudre 6 —	860 litres.	189.394 —
Zulaste 4 —	573 —	126.128 —
Oxhoft 1 $^1/_2$ —	215 —	47.411 —

L'huile d'olive se vend par livre.

1 livre = 0.518 litre = 0.505 kilogramme.

Le last d'huile de baleine = 8 aimes = 16 hectolitres environ.

GALATZ (*comme* **Bucharest**).

Les liquides, comme dans presque tout le Levant, se vendent au poids.

L'oke de Galatz est égale à celle de Constantinople.

GALLIPOLI (Italie).

Ville maritime de l'ancien royaume de Naples, très-importante pour l'exportation d'huile d'olive.

L'huile se vend à la salma.

	Rapport français.	Rapport anglais.
1 salma = 165 $^1/_3$ rotoli	147.000 kilog.	324.000 liv. adp.
1 rotolo.	0.891 —	1.964 —

1 salma. . .	8.997 puds de Russie.
1 —	319.902 livres de Castille (Espagne).
1 —	321 — de Brésil et de Portugal.
1 —	263 — d'Autriche (mesure ancienne).

La pipe d'huile = 2 $^4/_5$ salmes = 434 litres = 95.523 gallons impériaux, et pèse de 394 à 396 kilogrammes.

Le last de navire pour les huiles = 11 salmes = 17 hect. = 375 gallons imp.

GÊNES.

Pour les mesures nouvelles, *voir* ITALIE.

MESURES ANCIENNES.

	Rapport français.	Rapport anglais.
Mazzarola pour le vin = 2 barili = 180 amole	148.460 litres.	32.675 gall. 1.
1 — 90 —	74.230 —	16.337.5 —
Barile pour l'huile d'olive = 64 quarteroni .	65.000 —	14.233 —

Il pèse de 59 à 60 kilogrammes, ou 132.304 livres anglaises adp.

Suivant Veneziani, italien, la mezzarola est de 159 litres, et la barrique, de 79 litres.

Le last de navire, pour les vins, = 22 bariles = 16 hectolitres; pour les huiles, = 26 bariles = 16.800 hectolitres = 370 gallons impériaux.

GENÈVE.

Pour les mesures nouvelles, *voir* SUISSE.

MESURES ANCIENNES.

	Rapport français.	Rapport anglais.
1 char = 12 setiers = 576 pots.	548.440 litres.	120.709 gall. I.
1 — 48 —	45.700 —	10.060 —
1 —	0.952 —	1.676 pinte.

GIBRALTAR. (*Voir* Madrid *et* Londres).

GRÈCE. (*Voir* Athènes.)

GUATÉMALA (*comme* CADIX).

GUAYAQUIL. (*Voir* Quito.)

HAITI. (*Voir* Port-au-Prince.)

HAMBOURG.

MESURES POUR LES LIQUIDES.

	Rapport français.	Rapport anglais.
1 viertel = 2 stübchen = 4 kannen = 8 quartiers	7.240 litres.	1.594 gall. I.
1 stübchen = 2 kannen = 4 quartiers	3.620 —	0.787 —
1 — 2 —	1.810 —	3.187 pintes.
1 —	0.905 —	1.593.5 —
1 Eimer = 4 vierstel	28.960 —	6.374 gall. I.
1 ohm = 5 eimer = 20 vierstel.	144.810 —	21.871 —
1 fuder = 6 ohms.	8.688 hectol.	191.227 —

MESURES POUR L'HUILE DE BALEINE.

	Rapport français.	Rapport anglais.
Tonne ou baril = 6 steckhan = 32 stübchen.	115.840 litres.	25.497 gall. I.
et pèse	108.500 kilog.	215.000 liv. adp.
Quarteel = 2 bariles.	231.690 litres.	51.000 gall. I.
et pèse	217.000 kilog.	448.000 liv. adp.

La pipe d'huile d'olive est comptée 820 livres = 397 kilogrammes.
La pipe de vin de Porto contient de 96 à 100 stübchen.
La barrique de vin de Bordeaux contient de 62 à 64 stübchen = 225 à 230 litres.
La bota de vin de Xérès, de 120 à 130 stübchen = 434 à 470 litres.
L'aime de vin du Rhin = 40 stübchen = 144 litres.
Le Brassin ou braun, pour la bière, = 50 tonnes = 2400 stübchen = 86.880 hectolitres.
Le last de fret = 2 tonnes. — 1 tonne = 40 pieds cubes.
Le last d'huile de baleine = 12 tonnes = 14 hectolitres environ.

HANOVRE.

Pour les mesures en usage depuis l'annexion à la Prusse, *voir* BERLIN.

MESURES ANCIENNES.

	Rapport français.	Rapport anglais.
1 viertel = 2 stübchen = 4 kannen = 8 quartiers	7.776 litres.	1.711 gall. I.
1 stübchen = 2 kannen = 4 quartiers. . . .	3.888 —	0.855.5 —
1 — 2 —	1.944 —	3.423 pintes I.
1 —	0.972 —	1.711.5 —
1 foudre=15 eimer=120 viertel=480 kannen.	9.331 hectol.	205.373 gall. I.
1 — 20 — 80 — .	1.555 —	31.229 —
Tonne de bière = 26 stübchen 52 — .	1.010 —	22.249 —
Tonne de miel 25 1/2 — 54 — .	99.100 litres.	21.821 —

HAVANE (La).

Les mesures en usage sont les mêmes qu'en Espagne (*voir* MADRID), mais avec quelques modifications.

Dans le commerce, l'arroba de vin est évaluée 4.100 anciens wine gallons, ce qui donne à cette mesure une valeur de 15.440 litres, tandis que l'arroba de Castille est de 16.140 litres.

	Rapport français.	Rapport anglais.
Le baril de miel = 2 arrobas = 22.720 litres.	23 kilog.	50.772 liv. adp.
1 bocoy = 6 bariles = 136.300 litres	138 —	304.632 —

HONDURAS. (*Voir* Madrid.)

HUÉ et HONG-KONG (*comme* Canton).

ITALIE.

Les mesures nouvelles sont celles de France.

MESURES POUR LES LIQUIDES.

	Rapport français.	Rapport anglais.
Ectolitro	100 litres.	22.009 gall. I.
Decalitro	10 —	2.201 —
Litro.	1 —	1.760 pinte I.
Decilitro	0.1 —	0.176 —
Centilitro.	0.01 —	0.017 —
Kilolitro = 10 ectolitri = 100 decalitri . . .	1000 —	220.097 gall. I.

Pour les mesures anciennes, *voir* TURIN, MILAN, FLORENCE, BOLOGNE, VENISE.

Pour la comparaison de 100 litres, *voir* PARIS.

JAPON.

Dans le Japon, la mesure de capacité pour les liquides et les matières sèches
est le kokou.

		Rapport français.	Rapport anglais.
1 kokou = 10 to = 100 scho = 1,000 gô = 10,000 skakou.		174.000 litres.	38.344 gall. I.
1 to = 10 scho = 100 gô = 1,000 skakou. .	17.400 —	3.834 —
1 — 10 — 100 — . .	1.740 —	3.068 pintes.
1 10 — . .	0.174 —	0.306 —
1 — . .	0.017 —	0.030 —

JASSY (*Voir* **Moldavie.**)

JAVA. (*Voir* **Batavia.**)

KŒNIGSBERG.

Pour les mesures nouvelles, *voir* BERLIN.

MESURES ANCIENNES.

	Rapport français.	Rapport anglais.
Aime ou ohm = 4 ancres = 120 quarts. . .	137.400 litres.	30.242 gall. I.
Pipe = 9 ancres = 270 quarts.	309.160 —	68.045 —
Bote ou Both = 1 1/3 pipe.	412.210 —	90.726 —

LA VALETTE (île de Malte).

Les mesures anglaises sont en usage, mais, dans la localité, on se sert
encore des anciennes mesures.

	Rapport français.	Rapport anglais.
Baril pour les vins = 2 cafissi	42.027 litres.	9.350 gall. I.
1 cafisso.	21.013 —	4.675 —
Barile pour l'huile = 2 cafissi	39.755 —	8.750 —
et pèse	38.000 kilog.	83.890 liv. adp.

LEIPZIG.

L'unité de mesure est la kanne ou pinte.

	Rapport français.	Rapport anglais.
1 kanne ou pinte	0.935 litre.	1.649 pintes.
1 vizir-kanne ou pot de jauge	1.404 —	2.473 —
1 hanne de débit.	1.204 —	2.120 —
1 foudre de vin = 12 eimer	9.101 hectol.	200.301 gall. I.
1 eimer = 54 visir-kannen.	75.840 litres.	16.692 —

Dans le commerce, on compte 8 eimer de Leipzig = 9 eimer de Dresde.

La barrique de vin de France est comptée 2 2/3 eimer de Leipzig = 3 eimer
de Dresde.

Pour l'eau-de-vie, 3 eimer de Leipzig = 3 3/8 eimer de Dresde.

1 brassin de bière = 16 fass = 4800 kannes de débit = 57.780 hectolitres
= 35.33 barrels anglais de 36 gallons.

LIMA (Pérou) *(comme* **Madrid**).

LISBONNE.

Selon l'ordonnance du 15 décembre 1852, les mesures de capacité sont devenues obligatoires à partir du 1ᵉʳ janvier 1863. Toutefois, les anciennes mesures sont toujours en usage.

	Rapport français.	Rapport anglais.
Alquiere ou pote = 6 canadas = 24 quartilhos = 48 meios quartilhos.	8.270 litres.	1.821 gall. I.
1 canada = 4 quartilhos = 8 meios quartilh.	1.380 —	2.427 pintes I.
1 — 2 — .	0.345 —	0.606 —
1 — .	0.172 —	0.303 —
1 almude = 2 alquieres = 12 canadas. . . .	16.540 —	3.641 gall. I.
1 pipa 52 — 312 —	4.300 hectol.	94.671 —
1 tonelada = 2 pipas 624 —	8.600 —	189.342 —

La pipe de Lisbonne rend de 58 à 62 veltes de Paris.

Le velte de Paris est de 7.450 litres.

L'almude d'huile est égale à celle du vin et pèse 14.500 kilogrammes = 31 livres *adp.*

11 pipes de Lisbonne = 9 pipes de Porto ou Oporto.
100 almudes — = 81 almudes — —
5 ¹/₂ canadas — = 1 canada du Brésil.
1 last de navire = 4 pipes = 17 hectolitres = 379 gallons imp.

LIVERPOOL *(comme* **Londres**).

LIVOURNE.

Pour les mesures nouvelles, *voir* Italie. — Pour les anciennes mesures, *voir* Florence.

LONDRES.

L'unité de mesure pour les liquides est le gallon impérial, avec les mêmes sous-multiples que pour les matières sèches, mais avec des multiples différents.

Sous-multiples.

Gallon impérial = 2 pottles = 4 quarts = 8 pintes = 32 gills = 4.543.5 litres.
1 — 2 — 4 — 16 — 2.271.7 —
1 — 2 — 8 — 1.135.9 —
1 — 4 — 0.567.9 —
1 — 0.141.9 —

Multiples.

Tonne ou tun = 2 pipes = 4 quarters = 6 tierces = 7 barrels = 28 firkins = 11.449 hectol.
1 — 2 — 3 — 3 ¹/₂ — 14 — 5.724 —
1 — 1 ¹/₂ — 1 ³/₄ — 7 — 2.862 —
1 — 1 ¹/₆ — 4 ²/₃ — 1.908 —
1 — 4 — 1.635 —
1 — 40.891 litres.

```
1 tonne ou tun . . . . . . . . .   250 gallons imp.
1 quarter ou hogshead. . . . .    64      —
1 barel ou baril. . . . . . . .   36      —
```

ANCIENNES MESURES POUR LA BIÈRE.

Sous-multiples.

```
Gallon = 2 pottles = 4 quarts = 8 pintes = 32 gills = 4.620 litres.
         1    —      2    —     4    —     16   —     2.310   —
                     1    —     2    —      8   —     1.155   —
                                1    —      4   —     0.577.6 —
                                           1   —     0.144.4 —
```

Multiples.

```
Tonne ou tun=2 pipes=4 hogshᵈˢ ou quᵉʳˢ=6 barrels=216 gallons=9.981 hectol.
        1    —            —    1 ½ —      54    —     2.495   —
                              1   —      36    —     1.164   —
```

1 pipe ou but = 216 gallons imp. = 4.991 hectol.

ANCIENNES MESURES POUR LES VINS ET L'EAU-DE-VIE.

L'unité des anciennes mesures, avant 1825, était le gallon à vin ou wine
gallon = 3.7852 litres = 0.8331 gallon impérial.

Sous-Multiples.

```
Gallon à vin = 2 pottles = 4 quarts = 8 pintes = 32 gills = 3.785 litres.
               1    —      2    —      4    —     16   —     1.893   —
                           1    —      2    —      8   —     0.946   —
                                       1    —      4   —     0.473   —
                                                  1   —     0.118   —
```

Multiples.

```
Tonneau = 2 pipes = 4 hogsheads ou quᵉʳˢ = 8 barrels = 252 gallons = 9.549 hectol.
          1   —     2    —          —      4    —     126    —     4.769   —
                                          1    —     31 ½ —     1.192   —
```

1 hogshead ou quarter (barrique) = 14 kilderkins   2.385 —
1 kilderkin = 18 gallons = 68.130 litres.

On compte dans le commerce 6 gallons à vin = 5 gallons impériaux.

Le gallon à huile était égal au gallon à vin et pesait 7.500 livres *adp*, soit
3.400 kilogrammes.

```
1 pipe de vin de Sicile est comptée. . . . .    93 gallons imp.
   —       —      Ténériffe. . . . . . . .   100    —      —
   —       —      Malaga. . . . . . . . . .  105    —      —
   —       —      Madère. . . . . . . . . .  108    —      —
   —       —      Porto. . . . . . . . . . . 115    —      —
1 hogshead de vin de Médoc et Bordeaux. .   46    —      —
1 tun de vin rouge d'Espagne . . . . . . .  210    —      —
```

Le last de navire pour la bière = 12 barrels = 384 anciens gallons à bière
= 17.740 hectolitres.

LUBECK.

Les mesures pour les liquides sont les mêmes que celles en usage à Hambourg. (*Voir* HAMBOURG.)

MADÈRE.

L'almude de Madère est un peu plus forte que celle de Lisbonne.

	Rapport français.	Rapport anglais.
1 almude de Madère	17.720 litres.	3.901 gall. I.
1 pipe = 23 $^1/_2$ almudes	416.420 —	89.723 —

Les autres mesures sont égales à celles de Lisbonne.

MADRAS.

Les mesures suivantes servent pour les grains et pour les liquides :

	Rapport français.	Rapport anglais.
Garce = 20 candy = 80 parahs = 400 marcals = 3,200 puddys.	49.160 hectol.	16.900 quart^{rs}.
1 candy=4 parahs=20 marcals=160 puddys.	2.457 —	54.098 gall. I.
1 — 5 — 40 — .	61.450 litres.	13.524 —
1 m^l (maund) 8 — .	12.290 —	2.705 —
1 — .	1.536 —	2.705 pintes.

Le puddy est subdivisé en 8 ollocks.

	Rapport français.	Rapport anglais.
1 ollock.	0.192 litre.	0.338 pintes I.

Dans le commerce avec les Européens, on se sert des anciennes mesures anglaises, c'est-à-dire de l'ancien wine gallon, indiqué à l'article LONDRES.

MADRID.

La mesure de capacité employée pour les vins est l'arroba mayor ou cantaro.

	Rapport français.	Rapport anglais.
1 arroba = 4 cuartillas = 8 azumbres = 32 cuartillos = 128 copas	16.140 litres.	3.552 gall. I.
1 cuart^{la} = 2 azumbres = 8 cuart^{los} = 32 copas.	4.034 —	7.103 pintes I.
1 — 4 — 16 — .	2.017 —	3.551 —
1 — 4 — .	0.504 —	0.888 —
1 — .	0.126 —	0.222 —
1 botta (botte) = 1 $^1/_2$ pipa = 30 arrobas. .	4.841 hectol.	106.550 gall. I.
1 — 27 — . .	4.357 —	95.895 —

La pipe de vin dite de Pedro Ximenès est comptée de 340 à 363 litres et rend, à Hambourg, de 96 à 100 stübchen = 75 à 80 gallons imp., à Londres.

L'arroba, calculée comme poids, = 32 livres de Castille = 14.720 kilogr. = 32.500 livres *adp.* anglaises.

L'unité de mesure employée pour l'huile est l'arroba menor.

	Rapport français.	Rapport anglais.
Arroba menor = 4 cuartillas = 25 libras = 100 quarterones	12.564 litres.	2.765 gall. I.
1 cuartilla = 6 $^1/_4$ libras = 25 quarterones.	3.141 —	5.536 pintes.
1 libra 4 —	0.502 —	1.382 —
1 — .	0.125.6 —	0.345 —
Bota (botte) = 28 $^1/_2$ arrobas = 154 cuart^{las}.	4.837 hectol.	106.467 gall. I.
Pipa 34 $^1/_2$ — 138 — .	4.334 —	95.406 —
L'arroba d'huile pèse 25 livres de Castille. .	11.510 kilog.	25.408 liv. adp.

Le miel se vend au poids, par arroba menor de 25 livres.

MALAGA.

Les mesures de Malaga sont plus faibles que celles de Madrid; elles ont les mêmes subdivisions.

	Rapport français.	Rapport anglais.
Arroba mayor pour le vin	15.850 litres.	3.488 gall. I.
La pipa contient 25 arrobas	391.230 —	87.209 —
La bota (botte) 30 —	475.500 —	104.651 —
L'huile se vend au poids, à la liv. de Castille.	0.460 kilog.	1.014 liv. adp.
La pipa d'huile contient 34 arrobas menores.	427.190 litres.	94.023 gall. I.
et pèse 850 livres de Castille.	390 à 392 kilog.	856.313 liv. adp.
La bota (botte) d'huile contient 42 arrobas menores	527.700 litres.	116.146 gall. I.

1 last de navire pour les huiles = 4 botas ou 5 pipas = 22 hectol. environ.

1 last de navire pour les vins = 4 botas ou 3 en doubles fûts = 20 hectol. env.

MALTE. (*Voir* la Valette.)

MANILLE (îles Philippines).

Les mesures sont celles de Castille. (*Voir* MADRID.)

Les liquides se vendent au poids ou à l'ancien wine gallon anglais, égal à 3.785 litres = 0.833 gallons impériaux.

L'huile de noix de coco se vend à la tinaja.

1 tinaja = 30 kilogr. env. = 66 livres *adp.* ang. environ.

MAROC (Afrique).

Les liquides se vendent au poids, sauf l'huile, qui se vend à la kula.

	Rapport français.	Rapport anglais.
1 kula = 22 artales	15.000 litres.	3.304 gall. I.
et pèse	13 1/2 à 14 kilog.	30 liv. adp env^on.

MARSALA.

Ville de Sicile, très-importante pour le commerce du vin dit de Marsala.

La mesure légale est la mesure de toute l'Italie. (*Voir* ITALIE.)

Le vin de Marsala se vend toujours à la pipe, subdivisée en demie et quart.

	Rapport français.	Rapport anglais.
1 pipe de Marsala	412.800 litres.	90.800 gall. I.
1/2 —	206.400 —	45.400 —
1/4 —	103.200 —	22.700 —

Il ne faut pas confondre la pipe de Marsala avec la pipe de Palerme, qui est de 428.580 litres, et celle de Messine, qui n'est que de 408.910 litres.

MARSEILLE.

Les mesures sont les mêmes que pour toute la France, toutefois, dans la localité, les anciennes mesures sont encore en usage.

La millerolle est la mesure qui sert pour les vins et pour l'huile. Cette mesure est de 63.436 litres, mais elle est ordinairement comptée 64 litres.

	Rapport français.	Rapport anglais.
1 millerolle à vin = 4 escandaux = 60 pots 240 quarts ou pichounes.	64 litres.	14.086 gall. I.
1 millerolle pour l'huile = 4 escandaux = 160 quarterons	64 —	14.086 —
et pèse.	58 à 59 kilog.	128.035 liv. adp.

Le tafia et le rhum se vendent à la velte de Bordeaux.

1 velte est comptée 7.60 litres = 1 barrique = 30 veltes.

	Rapport français.	Rapport anglais.
Le last de navire pour le vin = 28 millerolles.	17.920 hectol.	394.000 gall. I.
— — — l'huile 28 — .	17.900 —	394.400 —

Le last pour l'eau-de-vie = 5000 livres anc. = 1228 kilogr.

MARTINIQUE (*comme* France).

MAYENCE. (*Voir* Darmstadt.)

MEXICO ou MEXIQUE.

Les mesures en usage sont celles de Castille. (*Voir* MADRID.)

Le vin et l'eau-de-vie se vendent au baril de 20 anciens wine gallons anglais.

	Rapport français.	Rapport anglais.
1 baril	75.750 litres.	17.010 gall. I.

Dans le commerce on compte 19 à 20 gallons impériaux.

MILAN.

Pour les nouvelles mesures, *voir* ITALIE.

MESURES ANCIENNES.

	Rapport français.	Rapport anglais.
Brenta = 3 staja = 12 quartari = 48 pinti = 96 boccali.	75.540 litres.	16.625 gall. I.
1 pinta	1.537 —	2.770 pintes.

Les liquides se vendaient aussi au poids.

MOKA (Arabie).

	Rapport français.	Rapport anglais.
Gudda ou guddy pour les liquides = 8 musficah . .	7.570 litres.	1.666 gall. I.
1 — . .	0.941 —	1.666 pintes I.

MOLDAVIE.

Les liquides se vendent généralement au poids et par oka.

1 oka = 1.182 kilogramme.

Ou vraiment à la vedra ou viadra.

1 vedra = 10 okas = 14.150 litres = 3.117 gallons imp. ang.

MONTEVIDEO.

Les mesures en usage sont les mêmes qu'à Madrid. (*Voir* MADRID.)

MONTPELLIER.

Les mesures de France sont les mesures légales, mais, dans la localité et aux environs, où l'on fait un grand commerce de vins, l'ancien muid de Montpellier et du Languedoc est toujours en usage.

				Rapport français.	Rapport anglais.
1 muid = 18 setiers = 24 barals = 576 pots.	608.420 litres.	133.911 gall. I.
1 —	18 —	32 — .	33.800 —	7.440 —
1 —	24 — .	25.350 —	5.580 —
1 — .	1.056 —	1.859 pintes I.

Le last de navire pour le vin = 2 $\frac{2}{3}$ muids = 8 barriques.

Le last de navire pour l'eau-de-vie = 4 pièces = 80 veltes pesant 1,375 kilogr.

MOSCOU (*comme* Saint-Pétersbourg).

MUNICH (*comme* Augsbourg).

NAPLES.

Pour les mesures nouvelles, *voir* ITALIE.

MESURES ANCIENNES POUR LE VIN.

				Rapport français.	Rapport anglais.
Carro = 2 botti = 24 barili = 1,440 caraffe.	10.469 hectol.	230.420 gall. I.
1 —	60 — .	43.620 litres.	9.601 —
1 — .	0.661 —	1.164 pintes.

Suivant Lavello (*Manuel commercial*), le barile est de 41.560 litres.

La botte de vin, dans le commerce, est comptée 5 hectolitres.

MESURES POUR LES HUILES.

				Rapport français.	Rapport anglais.
Salma = 16 staja = 256 quarti = 320 pignatte.	161.960 litres.	35.648 gall. I.
1 —	16 —	20 — .	10.122 —	2.228 —
1 —	1 $\frac{1}{4}$ — .	0.632 —	1.114 pintes I.
1 — .	0.506 —	0.891 —

En gros, l'huile se vend au poids, soit par salma, soit par cantaro.

	Rapport français.	Rapport anglais.
1 salma = 165 1/3 rottoli = 161 litres. . . .	147.000 kilog.	324.000 liv. adp.
Le cantaro = 100 rottoli.	89.100 —	196.438 —
Le stajo = 10 1/2 rottoli	9.312 —	20.533 —
Le last de navire pour les huiles = 11 salme.	17.000 hectol.	394.000 gall. I.

NEUCHATEL. (*Voir* Suisse.)

NEWCASTLE (*comme* Londres).

NEW-ORLÉANS. (*Voir* New-York.)

NEW-YORK.

Les mesures de longueur, de superficie et de solidité sont celles indiquées à l'article Londres, en usage depuis le 1er mai 1825; mais les mesures pour les matières sèches et les liquides employées aux Etats-Unis sont celles qui étaient en usage en Angleterre avant le 1er mai 1825; c'est-à-dire, pour les grains, l'ancien bushel de Winchester, et pour les liquides, l'ancien wine gallon.

	Rapport français.	Rapport anglais.
Gallon à vin = 2 pottles = 4 quarts = 8 pintes = 32 gills.	3.785 litres.	0.833 gall. I.
1 pottle = 2 quarts = 4 pintes = 16 gills. .	1.893 —	0.466.5 —
1 — 2 — 8 — . .	0.946 —	1.666 pinte I.
1 — 4 — . .	0.473 —	0.833 —
1 — . .	0.118 —	0.208.5 —

La pipe est comptée 120 wine gallons.

Le last de navire (ten of shipping) pour l'huile, le vin, l'eau-de-vie et toutes liqueurs, = 200 wine gallons = 757 litres.

NICE.

Les mesures sont celles de France (*voir* Paris); toutefois, à Nice et dans les environs, les huiles, dans le petit commerce, se vendent à l'ancien rubbo.

	Rapport français.	Rapport anglais.
Le rubbo pour l'huile = 25 livres	7.790 kilog.	17.180 liv. adp.
Dans le commerce en gros, se vend par 100 kilog.		
L'ancien carro de vin = 360 pintes.	492.500 litres.	108.400 gall. I.

NORVÉGE. (*Voir* Christiania.)

NUREMBERG.

Pour les mesures nouvelles, *voir* AUGSBOURG.

MESURES ANCIENNES.

	Rapport français.	Rapport anglais.
Eimer = 32 visir-viertlen = 64 visir-mass .	73.380 litres.	16.579 gall. l.
1 — 2 — .	2.293 —	0.505 —
1 — .	1.147 —	0.252.5 —
1 stüch ou pièce = 16 eimer	11.741 hectol.	258.370 —

La même mesure servait pour la bière.

ODESSA (*comme* Saint-Pétersbourg).

PALERME (Sicile).

Pour les mesures nouvelles, *voir* ITALIE.

MESURES ANCIENNES.

	Rapport français.	Rapport anglais.
Pipe pour les vins et spiritueux = 12 barili 480 quartucci	428.580 gall. l.	94.330 gall. l.
1 barile = 40 quartucci	35.720 —	7.861 —
L'huile se vend au poids, par cantaro de 100 rottoli.	71.390 kilog.	175.040 liv. adp.
ou par catisso = 13 3/4 rottoli	10.307 —	22.739 —

Le last de navire est compté 25 cantari bruts pour les huiles, et 4 pipes pour e vin et autres liquides.

PARAGUAY.

Au Paraguay, les mesures de longueur sont les mêmes qu'en Espagne, mais les mesures pour les liquides et les poids varient, ainsi que les mesures pour les grains.

	Rapport français.	Rapport anglais.
Le frasco	2.444 litres.	0.538 gall. I.
La pipa = 195 frascos.	4.765 hectol.	105.000 —

PARIS.

MESURES MÉTRIQUES.

Hectolitre	100	litres.	22.009 gallons imp. ang.	
Décalitre	10	—	2.201 —	—
Litre	1	—	1.760	pintes —
Décilitre	0.1	—	0.176 —	—
Centilitre	0.01	—	0.017 —	—

Myrialitre = 10 hectol. — 100 décal. = 1,000 litres = 220.097 gall. imp. ang.

Comparaison de 100 litres avec les principales places.

100 litres	22.009 gallons imp. anglais.
— —	26.418 anciens wine gallons anglais.
— —	107.374 anciennes pintes de Paris.
— —	88.497 quarts de Berlin (mesure ancienne).

POUR LES LIQUIDES.

100 litres	81.300 stoofs ou pots de Saint-Pétersbourg.
— —	8.130 vedros de Saint-Pétersbourg.
— —	49.578 azumbres de Madrid.
— —	72.400 canadas de Lisbonne.
— —	66.666 mass ou pots nouveaux de Suisse.
— —	70.671 mass imp. de Vienne (mesure ancienne).
— —	0.830 charges de Barcelone.
— —	27.624 stübchen de Hambourg.
— —	100.000 kannen d'Amsterdam.

MESURES ANCIENNES.

L'unité des mesures anciennes était la velte.

	Rapport français.	Rapport anglais.
Velte ou grand setier = 4 quarts = 8 pintes 16 chopines	7.450 litres.	1.640 gall. I.
1 quart = 2 pintes = 4 chopines	1.862 —	3.270 pintes I.
1 — 2 —	0.931 —	1.639 —
1 —	0.465 —	0.818.5 —
Muid = 2 feuillettes = 3 tierçons = 4 quartauts = 36 veltes	268.220 litres.	59.034 gall. I.
1 feuillette = 1 ½ tierçon = 2 quartauts = 18 veltes	134.110 —	29.517 —
1 tierçon = 1 ⅓ quartaut = 12 veltes . . .	89.410 —	19.678 —
1 — 9 — . . .	67.050 —	14.759 —

1 muid = 144 quarts = 288 pintes = 576 chopines.

| Le poinçon d'eau-de-vie = 27 veltes . . . . | 201.160 litres. | 44.276 gall. I. |

La pipe ou queue de vin = 2 barriques = 1 ½ muid.

PARME (Italie).

Pour les mesures nouvelles, *voir* ITALIE.

MESURES ANCIENNES.

	Rapport français.	Rapport anglais.
Brenta pour le vin = 72 boccali	71.672 litres.	15.874 gall. I.

Les autres liquides se vendaient au poids.

PATNA (Indes-Orientales).

Tous les liquides se vendent au seer de 45, 76 et 80 siccas.

	Rapport français.	Rapport anglais.
Seer = 80 siccas	0.946 litre.	1.666 pinte I.
— 76 —	0.888 —	1.564 —
— 45 —	0.532 —	0.938 —

PATRAS (*comme* Athènes).

PÉKIN. (*Voir* Canton.)

PÉROU (*comme* Madrid).

PERSE. (*Voir* Téhéran.)

PESTH (Hongrie) (*comme* Vienne).

PÉTERSBOURG (SAINT-).

	Rapport français.	Rapport anglais.
Wedro = 4 quarts = 8 krougeka = 10 schtfs ou pots.	12.299 litres.	2.706 gall. I.
1 quart = 2 krougeka = 2 1/2 schtfs ou pots.	3.075 —	5.423 pintes.
1 — 1 1/4 —	1.537 —	2.710 —
1 —	1.230 —	2.170 —
Botehka (tonneau) = 1 1/9 pipe = 2 2/9 oxhoff (barrique) = 40 wedros	491.940 litres.	108.275 gall. I.
1 pipe = 2 oxhoff = 36 wedros	442.746 —	97.511 —
1 — 18 —	221.373 —	48.755 —

Le wedro est la mesure la plus usitée et sert pour tous les liquides, à l'exception de l'huile, qui, dans le commerce en gros, se vend au poids.

	Rapport français.	Rapport anglais.
Last de navire pour l'huile de chanvre et de lin = 120 puds	2000 kilog.	4400 liv. adp.

PLAISANCE.

Pour les nouvelles mesures, *voir* ITALIE.

MESURES ANCIENNES.

	Rapport français.	Rapport anglais.
Veggiola = 10 brente	7.577 hectol.	167.271 gall. I.
1 brenta = 96 boccali.	75.771 —	16.727 —

Les liquides autres que le vin se vendaient au poids.

PONDICHÉRY.

Les liquides se vendent généralement au poids, mais on se sert aussi de la pinte.

	Rapport français.	Rapport anglais.
La pinte est égale à 1 velte de Paris	7.450 litres.	1.640 gall. I.

Il y a une autre mesure pour les liquides appelée markal.

	Rapport français.	Rapport anglais.
1 markal = 2 pakka = 4 mesures	2.992 litres.	5.276 pintes I.
1 — 2 —	1.495.6 —	2.638 —
1 —	0.747 —	1.319 —
Garce ou garza = 125 gallons = 1500 markals de 36 gallons impériaux.	44.869 hectol.	27.474 barrels
1 gallon de Pondichéry = 12 markals.	35.895 litres.	8.345 gall. I.
Pour l'huile, la doba est comptée 16 markals = 47.862 litres pesant.	43 à 44 kilog.	95 liv. adp.
Les huiles de pistaches se vendent au candy.	217 —	480 —

PORT-AU-PRINCE (Haïti).

Pour les liquides, on emploie de préférence l'ancien wine gallon d'Angleterre.

	Rapport français.	Rapport anglais.
Ancien wine gallon anglais	3.785 litres.	0.833 gall. I.

2 anciens pots de Paris = 1 gallon ancien d'Angleterre.

PORTO ou OPORTO (Portugal).

Comme nous l'avons indiqué à l'article LISBONNE, l'almude de Lisbonne = 16.540 litres, et l'almude de Porto = 25.080 litres, avec la même subdivision.

La pipe de vin de Porto contient 21 almudes de Porto, tandis que la pipe de Lisbonne contient 26 almudes de Lisbonne.

De cette proportion, il résulte que

66 almudes de Porto = 100 almudes de Lisbonne.

	Rapport français.	Rapport anglais.
1 almude de Porto = 2 alquieres = 12 canadas.	25.080 litres.	5.519 gall. I.
1 alquiere = 6 canadas.	12.540 —	2.760 —
1 canada de Porto.	2.090 —	3.689 pintes.
1 pipe d'Oporto = 21 almudes d'Oporto. . .	5.262 hectol.	115.907 gall. I.
tandis que la pipe de Lisbonne égale . . .	4.300 —	94.671 —

L'eau-de-vie se vend à la même pipe.

La pipe d'huile contient également 21 almudes et pèse net 1050 livres ou arratels .	482 kilog.	1062 liv. adp.
1 almudes pèse 50 livres.	23 —	50.600 —
Last de navire = 4 pipes	47 hectol.	379 gall. I.

PORTO-RICO (*comme* Madrid).

PORTUGAL. (*Voir* Lisbonne *et* Porto.)

PRUSSE. (*Voir* Berlin.)

QUÉBEC.

Les mesures sont les mêmes qu'en Angleterre. (*Voir* LONDRES.)

QUITO (Équateur).

Une loi du 5 décembre 1856 a prescrit l'adoption du système métrique français.

Pour les nouvelles mesures, *voir* PARIS ; pour les anciennes, *voir* MADRID.

RANGOUN (Empire Birman).

Les liquides se vendent au poids. (*Voir* RANGOUN, *tableau Poids*.)

RIGA (Russie).

Pour les mesures nouvelles, *voir* SAINT-PÉTERSBOURG.

MESURES ANCIENNES.

	Rapport français.	Rapport anglais.
Wedro = 1 ²/₃ viertel = 10 stoofs	12.752 litres.	2.655 gall. I.
1 stoof.	1.275 —	0.265 —
Oxhofft ou barrique = 18 wedros	229.536 —	51.631 —

La barrique de vin de France est comptée 180 stoofs.

Tonne de bière = 90 stoofs	108.600 litres.	23.903 —
Last de navire pour la bière = 12 tonnes . .	14.070 hectol.	8.600 barrels
de 36 gallons impériaux.		

RIO-JANEIRO.

	Rapport français.	Rapport anglais.
Canada (ou mesure) = 4 quartilhos = 16 martelinhos	2.662 litres.	4.693 pintes.
Quartilho ou garrafa = 4 martelinhos. . . .	0.665 —	1.175 —
1 —	0.166 —	0.293 —
Pipa = 180 canadas = 720 quartilhos. . . .	4.791 hectol.	105.600 gall. I.

Le tonneau = 2 pipas.

Suivant Doursther, la pipa est de 500 litres.

Plusieurs négociants de Marseille, dans leurs comptes de rendement du vin envoyé à Rio-Janeiro, ont trouvé pour la pipe un rendement de 490 litres.

ROME (Italie).

Pour les mesures nouvelles, *voir* ITALIE.

MESURES ANCIENNES.

	Rapport français.	Rapport anglais.
Barile pour le vin = 32 boccali = 128 fogliette.	58.340 litres.	12.841 gall. I.
1 botta = 16 barili		
Veneziani compte le barile 37.532 litres.		
Barile pour l'huile = 38 boccali = 112 fogliette	57.490 —	12.654 —
et pèse	51 à 52 kilog.	114 liv. adp.

La soma d'huile, dans le commerce en gros, est comptée 149 kilogrammes.

RUSSIE. (*Voir* Saint-Pétersbourg.)

SALONIQUE.

Les mesures pour les liquides sont celles de Turquie. (*Voir* CONSTANTINOPLE.)

SANTIAGO (Chili).

La loi du 29 janvier 1848 a fixé le rapport de l'ancienne mesure de la manière suivante :

	Rapport français.	Rapport anglais.
Arroba = 4 quartos.	35.552 litres.	7.830 gall. l.
D'après Doursther, l'arroba du Chili égale. .	38.000 —	8.250 —

SARAGOSSE (Espagne).

Les mesures d'Aragon sont différentes de celles de Castille.

L'arroba de Castille, en usage à Madrid, Cadix, Bilbao, etc., = 16.140 litres ; l'arroba de Malaga, plus faible, = 15.850 litres ; l'arroba de Saragosse, pour les vins, n'est que de 9.950 litres, suivant Altès, qui a donné les renseignements les plus exacts sur les mesures et poids d'Espagne.

	Rapport français.	Rapport anglais.
1 cantaro ou arroba pour le vin = 8 azumbres = 32 quartillos	9.950 litres.	2.191 gall. l.
1 azumbre = 4 quartillos	1.247 —	2.199 pintes.
1 —	0.311 —	0.548 —
Nietro ou charge = 16 cantaros	159.260 —	35.053 gall. l.
L'arroba d'huile contient.	13.550 —	2.982 —
et pèse 36 livres d'Aragon de 345 grammes.	12.420 kilog.	27.417 liv. adp.

J'ai cru devoir faire ressortir toutes ces différences, pour éviter la confusion que cause aux négociants la multiplicité des poids et mesures en usage en Espagne, qui est la même qu'en France avant l'adoption du système métrique.

SAXE. (*Voir* **Leipzig** *et* **Dresde**).

SIAM. (*Voir* **Bangkok.**)

SINGAPORE.

Les liquides se vendent au poids. (*Voir* CANTON, *tableau Poids.*)

SMYRNE.

Les liquides se vendent au poids, comme à Constantinople. (*Voir* CONSTANTINOPLE.)

STETTIN (*comme* **Dantzig**).

STOCKHOLM (Suède).

L'unité de mesure pour les liquides est le pied cube = 26.172 litres.

	Rapport français.	Rapport anglais.
1 pied cube = 10 kannes	26.172 litres.	6.002 gall. l.
1 kanne = 100 pouces cubes.	2.617 —	4.613 pintes l.

MESURES DE CAPACITÉ

MESURES ANCIENNES.

L'unité des mesur... ...t la tonne.

1 tonne = 48 kannar = 96 stop = 384 quar-   *Rapport français.*   *Rapport anglais.*
ters . . . . 125.573 litres.   27.637 gall. I.
1 kannar . . . . 2.616 —   4.606 pintes I.

Last d'huile de baleine = 13 tonnes = 16 hectolitres.
Last de bière = 12 tonnes = 576 kannar = 15 hectolitres.

STUTTGARD.

Il y a deux unités de mesures pour les vins, ayant la même subdivision, mais avec une valeur différente :

L'helleich-mass, qui sert pour les vins clarifiés,
Le trubeich-mass, pour les jeunes vins non clarifiés.

MESURES POUR LE VIN CLAIR.

Foudre = 6 eimer = 96 imi = 960 mass =   *Rapport français.*   *Rapport anglais.*
3,840 schoppen . . . . 17.636 hectol.   10.783 barrels
de 36 gallons impériaux.
1 eimer = 16 imi = 160 mass = 640 schopp^n. 393.930 litres.   64.692 gall. I.
   1 —   10 —   40 — . 18.370 —   4.043 —
        1 helleich-mass =
4 schoppen . . . . 1.837 —   3.235 pintes.
1 — . . . . 0.459 —   0.808 —

MESURES POUR LE VIN SUR LIE NON CLARIFIÉ.

Foudre = 6 eimer = 96 imi = 960 mass =   *Rapport français.*   *Rapport anglais.*
3,840 schoppen . . . . 18.407 hectol.   11.261 barrels
de 36 gallons impériaux.
1 eimer = 16 imi = 160 mass = 640 schopp^n. 306.790 litres.   67.523 gall. I.
   1 —   10 —   40 — . 19.170 —   4.220 —
        1 trubeich-mass =
4 schoppen . . . . 1.917 —   3.376 pintes I.
1 — . . . . 0.479 —   0.844 —

Le schenk-mass, avec la subdivision indiquée, est la mesure usuelle pour la vente
ordinaire, et vaut . . . . 1.670 —   2.941 —

SUÈDE. (*Voir* Stockholm.)

SUISSE (Confédération).

NOUVELLES MESURES.

Eimer = 25 mass = 50 halben-mass =   *Rapport français.*   *Rapport anglais.*
100 viertel-mass . . . . 37.500 litres.   8.259 gall. I.
1 mass = 2 halben-mass = 4 viertel-mass . . 1.500 —   2.640 pintes I.
   1 —   2 — . . 0.750 —   1.320 —
            1 — . . 0.375 —   0.660 —

1 halbe schoppe = 1/2 viertel-mass.
Saum ou ohm = 4 eimer = 100 mass . . . . 150.000 —   330.013 gall. I.

Pour les mesures anciennes, *voir* BALE, BERNE, GENÈVE, ZURICH, etc.

SUMATRA. (*Voir* **Achem.**)

SURATE.

Il n'existe pas de mesure pour les liquides; ils se vendent au poids. (*Voir* SURATE au *tableau des Poids.*)

SYRIE. (*Voir* **Alep.**)

TÉHÉRAN (Perse).

Les liquides se vendent au poids. (*Voir tableau Poids.*)

TRIESTE.

Les mesure rendues obligatoires en vertu de l'ordonnance du 1er janvier 1858 sont celles de Vienne.

La même ordonnance a établi, pour les anciennes mesures, la valeur suivante :

Le barile = 46 2/3 boccali à 1 1/6 eimer de Vienne de 40 mass.
Le conzo, mesure à huile, 1 1/2 — — 40 —

	Rapport français.	Rapport anglais.
L'orna nouvelle, mesure pour le vin et l'huile, = 1 eimer de Vienne = 12 scudele = 40 boccali.	58.014 litres.	12.769 gall. I.
1 boccale = 1 mass imp. de Vienne.	1.415 —	2.491 pintes I.
L'orna ancienne, mesure du pays, = 36 boccali = 46 2/3 mass de Vienne.	65.660 —	14.451 gall. I.
La nouvelle orna d'huile pèse	52 à 53 kilog.	env. 112 liv. adp.
L'orna ancienne, dans le commerce, était comptée	60 —	— 132 —
et contenait 5 1/2 cafissi.		

Pour les autres mesures, *voir* VIENNE.

TRIPOLI (Afrique).

	Rapport français.	Rapport anglais.
Barile pour les vins et spiritueux = 24 bozze.	64.800 litres.	14.262 gall. I.
Herbaja pour l'huile = 6 caraffas.	10 litres envon.	
et pèse environ	9.330 kilog.	envon 20 liv. adp.

TUNIS.

	Rapport français.	Rapport anglais.
Les vins, au détail, se vendent au mataro ou mitre.	9.850 litres.	2.167 gall. I.
Dans le commerce en gros, on se sert de la millerolle de Marseille, qui est comptée 6 1/2 mataros	64.000 —	14.086 —
L'huile se vend au mataro ou metal, qui est le double du mataro à vin	19.690 —	4.334 —
et pèse 32 rottoli-souki	16 à 17 kilog.	37 à 38 liv. adp.

TURIN.

Pour les nouvelles mesures, *voir* ITALIE.

MESURES ANCIENNES.

				Rapport français.	Rapport anglais.
Carro = 10 brente = 360 pintes = 720 boccali.				4.928 hectol.	108.470 gall. I.
1 —	36 —	72 —	.	49.285 litres.	10.847 —
1 —	2 —	.		1.369 —	2.410 pintes I.
1 —	.			0.684.5 —	1.205 —

Les liquides autres que le vin se vendaient au poids.

TURQUIE. (*Voir* Constantinople.)

URUGUAY. (*Voir* Montevideo *et* Madrid.)

VALACHIE.

Les liquides se vendent à la viadra ou vedro.

	Rapport français.	Rapport anglais.
1 viadra = 10 okas	14.150 litres.	3.114 gall. I.
1 oka = 4 littras = 400 drames.	1.225 kilog.	2.704 liv. adp.

Un vedro de vin contient de 11 à 12 okas, selon la qualité.

A Ibraïla, le vedro pour le vin est compté. . 12.500 litres.   2.750 gall. I.

Suivant Doursther, l'oka de Valachie, semblable à celle de Constantinople, = 1.283 kilogr., et l'oka d'Ibraïla = 1.300 kilogrammes.

VALENCE (Espagne) (*comme* Alicante).

VALPARAISO (Chili). (*Voir* Santiago.)

VARSOVIE (Pologne).

Depuis 1849, le système russe est obligatoire dans toute la Pologne. (*Voir* SAINT-PÉTERSBOURG.)

MESURES ANCIENNES.

	Rapport français.	Rapport anglais.
Après 1819, le garnietz a été fixé	4.000 litres.	7.040 pintes I.
Le kwarti (quart), à.	1.000 —	1.760 —
Beczka (tonneau) = 25 garnietz = 100 kwarti.	100.000 —	22.009 gall. I.
2 beczki = 1 stangiew = 200 kwarti	200.000 —	44.018 —
L'ancien garnietz contenait	3.750 —	6.678 pintes I.
Le kwarti ou quart	0.937 —	1.669 —

VÉNÉZUÉLA (Amérique).

Les mesures en usage sont les mêmes qu'en Espagne. (*Voir* MADRID.)

Les Anglais et les Américains du Nord, comme les Français qui font le commerce dans ce pays, introduisent leurs usages.

VENISE.

Pour les mesures nouvelles, *voir* ITALIE.

MESURES ANCIENNES.

	Rapport français.		Rapport anglais.	
Barilla ou mastello = 6 secchi = 24 bozze = 64 boccali	64.386	litres.	14.262	gall. I.
1 secchio = 4 bozze = 10 2/3 boccali	10.731	—	2.361	—
1 bozza 2 2/3 —	2.682	—	4.723	pintes I.
1 boccale	1.010	—	1.780	—
Pour l'huile, le migliajo = 40 miri.	612.500	—	134.800	gall. I.
1 miro	16.160	—	3.556	—
La botta contient 2 migliaja et pèse. . . .	1183.140	kilog.	2613.000	liv. adp.
1 migliajo pèse	591.570	—	1306.000	—
1 miro pèse.	14.762	—	32.583	—

VIENNE (Autriche).

Pour les mesures employées depuis l'adoption du système métrique français, *voir* PARIS.

L'unité des mesures en usage jusqu'au 1er janvier 1876 est le mass impérial d'Autriche, appelé reich-mass, = 1.415 litre, et 41 forment 1 eimer.

Le mass usuel, mesure de compte, = 1.450 litre, et 40 forment 1 eimer.

	Rapport français.		Rapport anglais.	
1 eimer = 4 viertel = 41 mass imp. = 82 kannes = 164 seidel	58.014	litres.	12.769	gall. I.
1 viertel = 10 1/4 mass imp. = 41 kannes = 82 seidel	14.504	—	3.192	—
1 mass imp. = 2 kannes = 4 seidel	1.415	—	2.491	pintes I.
1 kanne 2 —	0.708	—	1.246	—
1 —	0.354	—	0.623	—
1 foudre = 32 eimer = 1312 mass imp. .	18.565	hectol.	408.604	gall. I.
1 tass de vin = 10 eimer = 410 mass imp. .	5.801	—	127.689	—

MESURES POUR LA BIÈRE.

	Rapport français.		Rapport anglais.	
L'eimer de bière contient 42 1/2 mass imp. .	60.137	litres.	13.236	gall. I.
Le fass ou tonneau de bière = 2 eimer = 85 mass imp.	120.275	—	26.472	—

ZANTE (îles Ioniennes).

Depuis l'annexion à la Grèce, les mesures d'Athènes sont obligatoires.

MESURES ANCIENNES.

	Rapport français.	Rapport anglais.
Barile de vin à 120 quartucci.	66.720 litres.	14.685 gall. I.
Barile pour l'huile divisé en 9 lire, pesant 133 livres anciennes de Venise peso grosso.	61.247 kilog.	113 à 114 liv. adp.

ZURICH (Suisse).

Pour les nouvelles mesures, *voir* SUISSE.

MESURES ANCIENNES.

	Rapport français.	Rapport anglais.
Eimer stadmass (mesure de ville) = 4 viertel = 30 kopf = 60 mass.	98.550 litres.	21.690 gall. I.
Eimer lautermass (mesure de vin clair), 1/9e plus grand avec les mêmes subdivisions.	109.500 —	24.100 —
Eimer truchesmass (mesure du vin non clarifié) = 4 viertel = 32 kopf = 64 mass. .	116.800 —	25.707 —
Kopf stadmass ou de ville.	3.285 —	5.784 pintes I.
1 mass = 2 quartli = 4 stotzen	1.825 —	3.215 —
L'ancien mass d'huile = 2 becker.	1.375 —	2.425 —

Poids spécifique des liquides

en prenant pour unité un litre d'eau distillée, à la température de 4 degrés.

Eau distillée.	1.000 kilogr.	Huile de lin.	0.940 kilogr.
Mercure à 0 % degré. .	13.596 —	— d'œillette	0.928 —
Brôme	2.966 —	— de noix	0.923 —
Acide sulfurique. . . .	1.841 —	— de baleine. . . .	0.923 —
— nitreux.	1.550 —	— de navette. . . .	0.919 —
— nitrique.	1.218 —	— d'amandes douces	0.917 —
— acétique.	1.063 —	— de faînes	0.917 —
Eau de la mer Morte. .	1.240 —	— de pommes de t^re	0.818 —
— de mer.	1.026 —	Éther hydro-chlorique.	0.914 —
Vin de Madère.	1.038 —	— acétique.	0.917 —
— de Malaga.	1.022 —	— nitrique.	0.911 —
— de Bordeaux . . .	0.994 —	— muriatique. . . .	0.874 —
— de Bourgogne. . .	0.992 —	— sulfurique. . . .	0.716 —
Vinaigre blanc	1.013 —	Essence de térébenthine	0.870 —
— distillé. . . .	1.009 —	Alcool absolu à température de 20° centig. .	0.792 —
Lait de brebis.	1.040 —	Esprit 3/6 de commerce à 33°	0.863 —
— d'ânesse	1.035 —	Esprit de bois.	0.978 —
— de chèvre.	1.034 —	Eau-de-vie à 23°	0.923 —
— de vache.	1.032 —	Bitume liquide (naphte).	0.848 —
— clarifié.	1.019 —	Liqueur des Hollandais	1.280 —
Huile d'olive	0.915 —		
— de ricin.	0.940 —		

QUATRIÈME TABLEAU.

MESURES DE CAPACITÉ DES GRAINS ET MATIÈRES SÈCHES.

ABYSSINIE.

Il y a deux ardebs, celui de Massua et celui de Gondar :

		Rapport français.	Rapport anglais.
Ardeb de Massua = 24 madegas		10.560 litres.	2.325 gall. I.
— de Gondar = 10 —		4.400 —	7.750 pintes I.

100 ardebs de Gondar = 41.666 ardebs de Massua.

ACHEM (île de Sumatra).

Dans les Indes, les mesures des grains sont évaluées en poids, de la manière suivante :

	Rapport français.	Rapport anglais.
Coyang = 10 gunchas = 100 nelly = 800 bamboos	1330.400 kilog.	2933.628 liv. adp.
1 gunchas = 10 nelly = 80 bamboos	133.300 —	293.362 —
1 — = 8 —	13.300 —	29.336 —
1	1.666 —	2 933 —

Le bamboo contient 2.180 litres = 3.840 pintes Imp. ang. et est subdivisé en 2 quarters = 4 chopas.

Le maund de riz = 21 bamboos pèse 34 à 35 kilog. = 77 livres *avdp* et contient environ 46 litres = 1 1/4 bushel imp. ang.

La noix de béthel se vend au parah et le prix est fixé par loxa de 10.000 pièces, pesant 76 kilogr., si la qualité est bonne.

ACRE, Saint-Jean-d' (Syrie).

Les grains sont vendus au poids, à l'exception du riz, qui se vend à l'ardeb = 255 kilogrammes = 564 livres *adp.* anglaises, et contient environ 240 litres = 9.350 bushel impérial.

ALEP (Syrie).

Le mesure de capacité pour les blés est le mokuk, pesant 570 kilogr. et contient 8 hectolitres environ = 2.750 quarters imp. angais.

ALEXANDRIE (Égypte).

La mesure de capacité pour le blé et grenailles est l'ardeb.

L'ardeb d'Alexandrie contient 173 litres = 4.75 bushels impériaux et pèse 122 à 126 kilog.

1 hectolitre pèse de 70 à 73 kilogr.

1 charge de Marseille = 160 litres = 114 à 118 kilogr.

Le kiloz d'Alexandrie pour les blés contient 170 litres = 4.695 bushels; cette mesure est très-peu en usage.

Comparaison de 100 ardebs avec la mesure des principales places d'Europe.

100 ardebs.	173.000 hectolitres de France.
— —	173.000 — d'Italie.
— —	108.000 charges de Marseille.
— —	60.000 quarter imp. d'Angleterre.
— —	150.000 mines de Gênes (anciennes mesures).
— —	213.000 staja de Trieste.
— —	240.900 sacs de Livourne.
— —	1270.000 alquieres de Lisbonne.
— —	5.900 last d'Amsterdam.
— —	315.000 fanegas de Castille.
— —	71.500 cahices d'Alicante.
— —	313.000 fanegas de Cadix.
— —	82.380 cetwerts de Russie.
— —	233.000 quartera de Barcelone.

Quelques auteurs donnent à l'ardeb une valeur différente, c'est-à-dire de 281 et 271 litres; mais c'est une mesure ancienne, hors d'usage depuis longtemps; MM. Lavello et Melas, de Marseille, qui reçoivent des chargements d'Alexandrie, et auteurs de deux estimables ouvrages sur les poids et mesures, sont pleinement d'accord à évaluer l'ardeb à 173 litres.

ALGER.

Les mesures de France sont obligatoires en Algérie, mais dans les localités on fait usage des anciennes mesures.

Pour les matières sèches et blés :

	Rapport français.	Rapport anglais.
Calisse = 16 tarries.	3.174 hectol.	1.091 quart. I
Saà.	58 litres.	1.596 bush. I

ALICANTE.

La mesure des grains est le cahiz.

	Rapport français.	Rapport anglais.
1 cahiz = 12 barchillas = 48 celemines = 192 quarterones.	2.412 hectol.	6.639 bush. I.
1 barchillas = 4 celemines = 16 quarterones.	20.100 litres.	4.422 gall. I.
1 — = 4 — .	5.025 —	1.105 —
1 — .	1.256 —	2.215 pintes I.

Telle est l'évaluation donnée par Altès, auteur espagnol, qui a donné les renseignements les plus exacts sur les mesures d'Espagne; suivant Doursther, le cahiz d'Alicante = 2.463 hectolitres = 6.778 bushels imp. avec les mêmes subdivisions.

ALTONA (*comme* Hambourg.)

AMSTERDAM.

Les mesures de Hollande, depuis 1816, sont les mêmes que celles de France avec une dénomination différente.

		Rapport français.	Rapport anglais.
1 mudde = 10 schepels = 100 koppen = 1000 maatjes		1 hectol.	22.009 gall. I.
1 schepel = 10 koppen = 100 maatjes		1 décal.	2.201 —
1 kop = 10 —		1 litre.	1.760 pintes I.
1 maatje		1 décil.	0.176 —

MESURES ANCIENNES.

	Rapport français.	Rapport anglais.
1 sac = 3 schepels = 12 wierdevats = 96 koppen.	83.442 litres.	2.293 bush. I.
1 schepels = 4 wierdevats = 32 koppen	27.811 —	6.122 gall. I.
1 — = 8 —	6.953 —	1.531 —
1 kop	0.869 —	1.531 pintes.
1 mudde = 1 ½ sac = 4 schepels = 128 kopp.	4.111 hectol.	3.057 bush. I.
1 last = 27 mudden = 108 schepels	30.000 —	10.317 quart. I.

Le last de froment pèse 2310 kilog.

Le last de seigle pèse 2075 kilog.

La mesure légale pour la vente en gros du blé est le ½ mudde = 50 koppen (litres).

Le sac nouveau est compté 100 muddes ou litres = 2.751 bushels impériaux.

Pour la comparaison de 100 litres, *voir* Paris.

ANDRINOPLE (Roumélie).

Les mesures sont les mêmes qu'à Constantinople. (*Voir* Constantinople.)

ANGLETERRE. (*Voir* Londres.)

ANVERS (Belgique).

Pour les mesures nouvelles, *voir* Paris.

MESURES ANCIENNES.

	Rapport français.	Rapport anglais.
1 meuke = 14 pots = 28 pintes = 56 upers.	19.250 litres.	4.237 gall. I.
1 — = 2 — = 4 —	1.375 —	2.421 pintes I.
1 — = 2 —	0.687 —	1.210 —
1 viertel ou rasière = 4 menken = 56 pots,	77.000 litres.	2.118 bush. I.
Le viertel pour l'avoine et le charbon de bois = 4 menken = 70 pots	96.250 —	2.648 —
Last de navire = 37 ½ viertels ou rasières.	28.889 hectol.	10.063 quart. I.
Last nouveau.	30.000 —	10.317 quart. I.

Pour la comparaison de 100 litres avec les diverses mesures, *voir* Paris.

ARAGON. (*Voir* Saragosse.)

ASSOMPTION (*Voir* Paraguay.)

ATHÈNES.

Une loi du 28 septembre 1836 a prescrit en Grèce le système décimal français avec une dénomination différente ; le litre seul conserve le même nom qu'en France.

MESURES NOUVELLES.

	Rapport français.	Rapport anglais.
1 litre = 10 kotylos (décilitres) = 100 mys-		
tron (centilitres) = 1000 kubus (millilitres).	1 litre.	1.760 pintes I.
1 kotylos = 10 mystron = 100 kubus. . . .	1 décil.	0.176 —
1 — = 10 —	1 centil.	0.017 —
L'hectolite porte le nom de kilo royal.	100 litres.	22.009 gall. I.

MESURES ANCIENNES.

L'ancien kilo de blé = 33.160 litres royaux, ou nouveaux litres.

Pour l'achat des blés à l'intérieur de la Grèce, Syra, Pyré, Negroponte, on se sert toujours du kilo de Constantinople = 35.270 litres ; suivant M. Lavello 35.560, suivant Doursther 35.110.

AUGSBOURG (Bavière).

	Rapport français.	Rapport anglais.
1 viertel=4 achtel=8 maestein=16 dreissiger	18.530 litres.	4.080 gall. I.
1 — =2 = = 4 — .	4.632 —	1.019 —
1 = — 2 — .	2.316 —	4.084 pintes.
1 . — .	1.158 —	2.042 —
Scheffel (légal) = 6 metzen = 12 vierstel . .	2.223 hectol.	6.117 bush. I.
Le scheffel d'avoine = 7 metzen	2.594 —	7.137 —

AUTRICHE. (*Voir* Vienne.)

BAHIA (Brésil).

	Rapport français.	Rapport anglais.
L'alquiere de Bahia pour le blé.	30.420 litres.	6.696 gall. I.
1 alquiere de Bahia = 2 $^1/_4$ alquieres de Rio-		
Janeiro et de Lisbonne.	31 000 kilog.	69 à 70 liv. adp.
et pèse en riz 68 livres de Portugal.		

BALE.

Pour les mesures nouvelles, *voir* Suisse.

MESURES ANCIENNES.

	Rapport français.	Rapport anglais.
Grand sester = 2 mudde = 8 koepflein. . .	31.164 litres.	7.515 gall. I.
1 sac = 4 grand sesters	136.656 —	3.759 bush. I.

BANKOK (Indes, royaume de Siam).

	Rapport français.	Rapport anglais.
1 kanan = 4 heengs.	2.380 litres.	4.198 gallons.
Pour le sel et le riz on se sert de la grande mesure = 22 pikuls	1347.060 kilog.	2970 liv. adp.
Le riz se mesure aussi au panier.	13.706 —	30 liv. adp. env.
Le pikul de Siam	61.230 —	135 —

BARCELONE (Espagne.)

	Rapport français.	Rapport anglais.
1 quartera = 12 cortanes = 48 picotins. . .	71.000 litres.	1.953 bush. I.
1 — = 4 — . . .	5.920 —	1.302 gall. I.
1 — . . .	1.480 —	2.604 pint. I.
1 salma ou tonnelada = 1 $^3/_5$ cargas	2.480 hectol.	7.813 bush. I.
1 carga = 2 $^1/_2$ quarteras = 30 cortanes . .	1.777 —	4.882 —

BASSORA (Arabie, ancienne Chaldée).

Les grains et les matières sèches se vendent au poids. (*Voir* l'article BASSORA, au *tableau poids*.)

BATAVIA.

Les mesures pour les grains et le riz sont le coyang et le picul.

Le coyang vaut 27 piculs = 22 hectolitres = 7.570 quarters anglais et pèse 1661 kilogrammes = 3656 livres *avdp.* anglais.

Le picul = 60.470 kilogrammes = 133 $^1/_2$ livres *avdp.* anglais.

5 piculs de froment = 1 timbang; 2 piculs = 1 amat; 1 picul = 2 sacs.

Le last de navire ou coyang = 1660 kilog. environ.

BAVIÈRE. (*Voir* Augsbourg.)

BENARÈS et BENGALE (*comme* Calcutta).

BERLIN.

Depuis le 1er janvier 1873, les nouvelles mesures métriques de France sont prescrites en Prusse. (*Voir* PARIS.)

MESURES ANCIENNES.

	Rapport français.	Rapport anglais.
1 scheffel = 4 vierstel = 16 metzen = 64 maesschen.	54.950 litres.	1.512 bush. I.
1 vierstel = 4 metzen = 16 maesschen . . .	13.740 —	3.024 gall. I.
1 — = 4 — . .	3.425 —	6.058 pintes I.
1 — . . .	0.859 —	1.514 —
1 winspel = 2 malter = 24 scheffels	13.190 hectol.	4.536 quart. I.
100 scheffels de Prusse	54.950 —	18.218 —
La tonne de grains de lin = 37 $^2/_3$ metzen .	129.300 litres.	3.560 bush. I.
Last de navire = 60 scheffels	32 à 33 hectol	11.000 quart. I.

Pour la comparaison de 100 litres (*voir* PARIS.)

BERNE.

Pour les mesures nouvelles, *voir* SUISSE.

MESURES ANCIENNES.

				Rapport français.		Rapport anglais.
1 mütt = 12 maess = 48 immi = 96 achterli.				168.130 litres.		4.626 bush. I.
1 — = 2 — .				3.503 —		6.018 pintes I.

BETELFAKI (Arabie.)

Les grains se vendent au poids.

Le teman, mesure de grains, pèse 76 kilogrammes = 168 livres avdp. anglais.
Le teman est subdivisé en 40 kellas.

BIRMAN (Asie). (*Voir* Rangon;)

BOGOTA (Nouvelle-Grenade).

Les mesures en usage sont les mêmes qu'en Espagne. (*Voir* MADRID.)

BOMBAY (Indes anglaises).

Les grains se vendent au poids. Le candy est la mesure la plus usitée.

				Rapport français.		Rapport anglais.
1 candy = 8 para = 128 pailys = 512 seers.				164.864 kilog.		363.500 liv. adp.
1 — = 16 — = 64 — .				20.608 —		45.437 —
1 — = 4 — .				1.288 —		2.839 —
1 — .				0.322 —		0.710 —
Le riz se vend au morah ou muddy de 25 paras				391.000 —		862.183 —
Doursther et Dechamps évaluent le morah .				222.240 —		490.000 —
Mais ordinairement le riz se vend par sac de 6 maunds de Bombay				76.200 —		168.000 —

Le sel se vend à l'anna de 100 paniers = 26.340 hectolitres = 2540 kilogrammes, qui forment 2 $\frac{1}{2}$ tonneaux anglais.

BRÊME.

				Rapport français.		Rapport anglais.
1 quart — 10 scheffel = 40 viertel = 160 spint.				7.407 hectol.		2.551 quart. I.
1 — = 4 — = 16 — .				74.068 litres.		2.038 —
1 — = 4 — .				18.517 —		4 075 gall. I.
1 — .				4.629 —		1.019 —
1 last = 4 quarts = 40 scheffel				29.627 hectol.		10.189 quart. I.

BRÉSIL. (*Voir* Bahia et Rio-Janeiro.)

BRUXELLES.

Pour les mesures nouvelles, *voir* PARIS.

MESURES ANCIENNES.

	Rapport français.	Rapport anglais.
1 viertel ou quart = 3 demi-quarts = 4 picotins = 18 pots	12.190 litres.	2.683 gall. I.
1 demi-quart = 2 picotins = 9 pots. . . .	6.095 —	1.441 —
1 — = 4 ½ —	3.047 —	5.374 pintes I.
1 —	0.667 —	1.175 —
1 rasière = 4 vierstel = 16 picotins = 72 pots.	48.760 —	1.341 bush. I.
La rasière d'avoine est plus forte 16 picotins	51.470 —	1.416 —
La rasière d'orge = 78 pots	52.820 —	1.453 —
La rasière de sel = 36 —	24.380 —	0.671 —

Pour la comparaison de 100 litres avec les mesures des principales places, *voir* PARIS.

————

BUCHAREST (Valachie).

Le système décimal, tel qu'il existe en France, est obligatoire dans les Principautés-Unies, depuis le 1er janvier 1866. (*Voir* PARIS).

MESURES ANCIENNES.

	Rapport français.	Rapport anglais.
1 kilo pour les blés = 2 mirze = 16 dimerlis.	3.937 hectol.	10.828 bush. I.
1 — = 8 — .	1.968 —	5.414 —
1 — .	24.600 litres.	5.414 gall. I.

Le kilo = 256 okes, pesant 328 à 329 kilog. = 723 à 725 livres *adp.* anglais. 100 kilos de Bucharest ont rendu à Marseille 420 charges de 160 litres. Pour les maïs, le rendement est calculé 5 °/₀ de moins, mais les rendements ne sont pas les mêmes, attendu les diverses manières de mesurer.

————

BUENOS-AYRES.

La fanega de Buenos-Ayres a une valeur supérieure à celle de Castille.

1 fanega = 4 quartillos = 137 litres ou 3.765 bushels Imp. ang.

Dans le commerce, la fanega de Buenos-Ayres est comptée 2 ½ fanegas de Castille.

————

CADIX.

On donne diverses évaluations à la fanega de Cadix, nous nous en tiendrons à celle donnée par Altès, Espagnol, qui a fourni les comparaisons les plus exactes sur les mesures d'Espagne, tout en indiquant aussi les autres.

	Rapport français.	Rapport anglais.
1 fanega = 12 almudes = 24 medios = 48 quartillos	55.330 litres.	1.522 bush. I.
1 almudes = 2 medios = 4 quartillos. . . .	4.610 —	1.012 gall. I.
1 — = 2 —	2.305 —	4.065 pintes I.
1 —	1.152 —	2.032 —
1 cahiz = 12 fanegas = 576 quartillos . . .	6.639 hectol.	2.300 quart. I.

Suivant Doursther, la fanega contient . . . . . 56.490 litres.
Suivant Flügel. . . . . 56.346 —
Suivant d'autres . . . . 54.800 —
1 fanega de blé pèse de 42 à 43 kilogrammes.

————

CAIRE (Égypte.) (*Voir* Alexandrie.)

CALCUTTA (Bengale).

Les grains et les matières sèches se vendent au poids du maund.

	Rapport français.	Rapport anglais.
1 maund=8 pallees=32 ralks=128 konkees.	33.865 kilog.	74.667 liv. adp.
1 — = 4 — = 16 — .	4.230 —	8.445 —
1 — = 4 — .	1.058 —	2.111 —
1 — .	0.264 —	0.527 —
1 khahoon = 40 maund = 1355 kilog. = 2986 livres avdp. et contient	17.450 hectol.	6 quart.
Le maund contient	43 litres.	1.200 bush. I.

CANADA (Nord d'Amérique).

Les mesures légales sont les mesures anglaises. (*Voir* LONDRES.)
Dans le commerce des blés, le minot, ancien français, est encore en usage.
9 minots sont comptés 10 anciens bushels de Winchester.
1 minot = 39.025 litres = 1.073 bushel impérial.

CANARIES (îles).

La fanega des îles Canaries est plus forte que la fanega de Castille.

	Rapport français.	Rapport anglais.
La fanega des îles Canaries = 12 almudes .	62.660 litres.	1.722 bush. I.
Pour le froment, mesure rase, toutes les autres espèces de grains, ainsi que le sel, à (la fanega colmada) comble.	88 —	2.423 —

CANDIE (îles de la Méditerranée).

La charge de Candie pour le blé = 1.523 hectolitres = 4.191 bushels impériaux.

CANTON (Chine).

Les grains, dans toute la Chine, sont généralement vendus au poids. Les mesures que nous indiquons ci-dessous servent pour la localité et pour le détail.

La vente en gros est faite par picul, dont on trouvera l'équivalent au tableau des poids.

	Rapport français.	Rapport anglais.
1 kok=5 tau=50 shing=500 kok=1000 gôh.	51.550 litres.	11.347 gall. I.
1 — =10 — =100 — = 200 — .	10.310 —	2.269 —
1 — = 10 — = 20 — .	1.031 —	1.818 pintes I.
1 — = 2 — .	0.103 —	0.181 —
ping = 46 kok = 80 tau — 8000 kok . . .	8.248 hectol.	2.840 quart. I.
Suivant Dœrsther, le ping n'est que	5.600 —	2.000 —

CARACAS (Venezuela).

Les mesures d'Espagne sont toujours en usage. (*Voir* MADRID et VENEZUELA.)

CARLSRUHE (Bade).

	Rapport français.	Rapport anglais.
1 malter = 10 sester = 100 maesslein = 1000 becher.	1.500 hectol.	4.127 bush. I.
1 sester = 10 maesslein = 100 becher . . .	15.000 litres.	3.300 gall. I.
1 — = 10 — . . .	1.500 —	2.640 pintes I.
1 — . . .	0.150 —	0.264 —
1 zuber = 10 malter.	15.000 hectol.	5.158 quart. I.

CARTAGENA de las Indias (Nouvelle Grenade).

Les mesures en usage sont les mêmes qu'en Espagne. (*Voir* MADRID.)

CASSEL (Hesse-Électorale).

Pour les mesures employées depuis l'annexion à la Prusse, *voir* BERLIN.

MESURES ANCIENNES.

	Rapport français.	Rapport anglais.
Metzen = 4 vierstel-metzen	10.029 litres.	2.200 gall. I.
1 —	2.507 —	4.421 pintes I.
Malter = 64 metzen.	641.872 —	17.663 bush. I.

CEYLAN.

Les mesures anglaises sont obligatoires depuis 1836. (*Voir* LONDRES).

Les anciennes mesures du pays sont toujours en usage. Pour le blé, la mesure principale est le parrah.

	Rapport français.	Rapport anglais.
1 parrah = 2 marcals = 24 seer = 96 cut chundoos.	25.562 litres.	5.626 gall. I.
1 marcal = 12 seer = 48 cut chundos. . .	12.780 —	2.813 —
1 — = 4 — . .	1.065 —	1.875 pintes I.
1 — . .	0.266 —	0.468 —
Garce = 200 parrahs	5.112 hectol.	1.762 quart. I.
et pèse environ.	4198 kilog.	9.256 liv. adp.

CHILI (*Voir* Santiago).

CHINE (Canton).

CHYPRE (île de la Méditerranée).

Les mesures en usage dans le commerce sont celles de la Turquie. (*Voir* CONSTANTINOPLE.)

L'île de Chypre a été gouvernée par les Vénitiens et il y a encore quelques mesures de ce temps ancien :

	Rapport français.	Rapport anglais.
Le medimmo, mesure de blé, est évalué. . .	72.000 litres.	2.007 bush. I.
Le coffino.	19.000 —	4.348 gall. I.

Ces mesures, mentionnées dans les métrologies, n'existent plus que de nom.

L'origine de leurs noms est italienne, ce qui fait supposer qu'elles ont été en usage aux temps de la domination vénitienne.

CHRISTIANIA (Norwége).

Les mesures sont les mêmes que celles du Danemark. (*Voir* COPENHAGUE.)

COCHINCHINE (Indes orientales).

Les mesures de grains et matières sèches sont les mêmes qu'à Canton.

	Rapport français.	Rapport anglais.
Les grains se vendent au picol ou pecul . .	60 kilog.	133 $\frac{1}{2}$ liv. adp.
Le sac de riz est compté 50 cattis ou demi-pecul	30 —	66 liv. adp.

COLOGNE.

Les nouvelles mesures sont celles de Prusse. (*Voir* BERLIN.)

MESURES ANCIENNES.

	Rapport français.	Rapport anglais.
Malter pour les blés = 16 viertel.	143.540 litres.	3.949 bush. I.
1 —	4.485 —	7.557 —
Last = 20 malter.	28.710 hectol.	9.872 quart. I.

COLOMBIE (Amérique du Sud).

Les poids et mesures sont ceux de Castille. (*Voir* MADRID.)

COLOMBO. (*Voir* Ceylan.)

CONSTANTINOPLE.

Un décret impérial, du 17 novembre 1841, a ordonné que le kiloz de Constantinople serait la mesure légale pour les grains dans tout l'Empire.

	Rapport français.	Rapport anglais.
Le kiloz pour le blé.	35.560 litres.	0.979 bush. I.
1 fortin = 4 kilos.	142.240 —	3.916 —
Le kiloz de blé est censé peser 24 okas. . .	31.000 kilog.	69.000 liv. adp.
— de seigle — 22 — . . .	28.000 —	62.000 —
— d'orge — 16 — . . .	20.590 —	45.270 —
— de graine de lin 20 — . . .	25.660 —	56.581 —

Pour les achats à l'intérieur, on compte :

1 kiloz de Burgas	= 2 kiloz de Constantinople	. . .	71 litres environ.	
1 — de Varna	= 1.9	—	. . . 170	—
1 — de Salonique	= 1	—	. . . 140	—
3 — de Smyrne	= 2	—	. . . 102	—

Les évaluations données au kiloz de Constantinople sont différentes, mais nous gardons celle donnée à Marseille par l'expérience et par la pratique, à cause du grand commerce que cette place fait avec la mer Noire.

D'après Doursther, le kiloz est égal à. . . . 35.110 litres.
D'après Dechamps, — . . . . 35.270 —

D'après M. Melas, Grec, négociant de Marseille, et auteur d'un ouvrage sur les poids et mesures, le kilos est de 35.240 litres.

D'après Kelly, il est égal à . . . . 33.470 litres.
D'après Altes, — . . . . 35.500 —

Comparaison de la mesure de Constantinople avec celles des principales places de l'Europe.

100 hectolitres de France.	281	kiloz de Constantinople.
100 — d'Italie	281	—
100 muddes d'Amsterdam	281	—
100 mines de Gênes, ancienne mesure. .	330	—
100 charges de Marseille	450	—
100 sacs de Livourne, ancienne mesure .	208	—
100 salmes de Naples.	830	—
100 staja de Trieste	238	—
255 alquieres de Lisbonne	100	—
1 last d'Amsterdam.	84	—
100 quarters d'Angleterre.	820	—
100 cetwerts de Russie.	668	—
100 fanegas de Castille.	158	—
100 salmas ou toneladas de Barcelone . .	798	—

COPENHAGUE.

	Rapport français.	Rapport anglais.
1 skieppe ou boisseau = 4 fierdingkar = 8 ottingkar = 16 sextingkar = 18 pots. .	17.390 titres.	3.827 gall. I.
1 fierdingkar = 2 ottingkar = 4 sextingkar = 4 ½ pots.	4.250 —	7.654 pintes I.
1 ottingkar = 2 sextingkar = 2 ¼ pots . .	2.170 —	3.827 —
1 — = 1 ⅛ — . .	1.090 —	1.912 —
1 — . .	0.966 —	1.701 —
1 tonne = frierding = 144 pots	139.110 —	3.827 bush. I.
Le last de navire = 22 tonnes	30.600 hectol.	10.525 quart.

CORFOU (îles Ioniennes).

Pour les mesures nouvelles, *voir* ATHÈNES.

MESURES ANCIENNES.

	Rapport français.	Rapport anglais.
Le moggio ancien = 8 mesures	168.420 litres.	4.634 bush I.

Dans le commerce, le moggio est compté 5 anciens gallons de Winchester.

Le sel se vend au centinajo = 30 sacs = 2000 kilogrammes environ.

CRACOVIE.

Les mesures nouvelles sont celles d'Autriche. (*Voir* VIENNE.)

MESURES ANCIENNES.

	Rapport français.	Rapport anglais.
1 korzec=4 cwierci=32 garcy=128 kwarty.	123.000 litres.	3.384 bush. I.
1 — = 8 — = 32 — .	30.754 —	0.846 —
1 — = 4 — .	3.843 —	6.767 pintes I.
1 — .	0.960 —	1.691 —
1 last = 30 korzec.	36.000 hectol.	12.390 quart. I.

CUBA (La Havane).

Pour les matières sèches, les mesures sont celles de Castille. (*Voir* MADRID.)

DANEMARK. (*Voir* Copenhague.)

DANTZIG.

Les mesures légales sont celles de Prusse. (*Voir* BERLIN.)

MESURES ANCIENNES.

	Rapport français.	Rapport anglais.
1 malter = 16 scheffels (boisseau) = 64 viertel = 256 metzen	8.243 hectol.	2.840 quart. I.
1 scheffel = 4 viertel = 16 metzen	51.523 litres.	1.418 bush. I.
1 — = 4 —	12.880 —	2.837 gall. I.
1 metze.	3.220 —	5.679 pintes I.
Le malter légal de Prusse = 12 scheffels. .	6.595 hectol.	18.145 bush. I.
Le last ancien de navire = 60 scheffels. . .	30.910 —	10.631 quart. I.
Le last légal de Prusse = 56 ½ scheffels .	31.050 —	10.679 —

La farine de froment se vend par tonne de 190 livres *avdp.* anglais net.

—   —   194   —   brut.

DARMSTADT (Hesse).

	Rapport français.	Rapport anglais.
1 malter = 4 simmer = 16 kumpf = 64 gescheid.	128.000 litres.	3.522 bush. I.
1 simmer = 4 kumpf = 16 gescheid	32.000 —	7.043 gall. I.
1 — = 4 —	8.000 —	1.761 —
1 —	2.000 —	3.522 pintes I.

DIJON (France).

A Dijon, et dans toute la Côte-d'Or, les blés, comme les grains grossiers, se vendent les 100 kilogrammes 1 0/0 de tare, c'est-à-dire 101 kilog. pour 100.

Les farines à la balle de 125 kilog. bruts, sac perdu.

DRESDE.

Pour les matières sèches, *voir* LEIPZIG.

DUBLIN. (*Voir* Londres.)

ÉGYPTE. (*Voir* Alexandrie).

ÉQUATEUR. (Amérique du Sud.)

On emploie les mesures de Castille. (*Voir* MADRID.)

ESPAGNE.

Voir MADRID, CADIX, BARCELONE, ALICANTE, MALAGA, etc.

ÉTATS-UNIS D'AMÉRIQUE. (*Voir* New-York.)

FLORENCE.

Pour les mesures légales depuis 1860, *voir* ITALIE.

MESURES ANCIENNES.

Pour les grains et matières sèches, elles sont les mêmes qu'à Livourne. (*Voir* LIVOURNE.)

	Rapport français.	Rapport anglais.
Le moggio de Florence=8|sacs de Livourne.	585.000 litres.	16.084 bush. I.

FRANCE. (*Voir* Paris.)

FRANCFORT-SUR-LE-MEIN.

Pour les mesures légales, *voir* BERLIN.

MESURES ANCIENNES.

	Rapport français.	Rapport anglais.
1 malter = 4 simmer = 8 metzen = 16 sechter = 64 gescheid	114.730 litres.	3.457 bush. I.
1 simmer = 2 metzen = 4 sechter = 16 gescheid.	28.680 —	0.789 —
1 metze = 2 sechter = 8 gescheid	14.342 —	3.156 gall. I.
1 — = 4 —	7.171 —	1.078 —
1 —	1.793 —	3.162 pintes I.

Les grains se mesurent ras, les légumes et les fruits comble.

Les avoines se pèsent; on compte 110 livres, poids de douane, 55 kilogr.

Les farines se pèsent; on compte pour 1 malter 138 livres, soit 67 $^1/_2$ kilogr.

sel se vend au poids.

GALATZ (Moldavie).

Le kilos de Galatz, selon les rendements obtenus à Marseille, est compté 4.080 hectolitres, soit 11.225 bushels impériaux.

100 kilos de Galatz ont rendu 260 charges de Marseille, c'est-à-dire 416 hectolitres de France ; prenant une moyenne, attendu les diverses manières de mesurer, l'évaluation de 4.080 est juste, les autres sont exagérées.

Dechamps évalue le kilos de Galatz . . . . . . 4.350 hectol.
Doursther. . . . . 4.250 —

Pour les maïs, le rendement est compté 5 0/0 de moins.

GÊNES.

Pour les mesures nouvelles, *voir* ITALIE.

MESURES ANCIENNES.

	Rapport français.	Rapport anglais.
Mina ou émine = 8 quarti = 96 gombette. .	416.740 hectol.	322.000 bush. I.
Last de navire = 25 émines	30.180 —	10.378 quart. I.
1 émine est évalué de 86 à 90 kilogrammes.		
Last de navire nouveau, égal à l'ancien de 25 émines.	30.000 hectol.	10.317 quart. I.

GENÈVE.

Pour les mesures nouvelles, *voir* SUISSE.

MESURES ANCIENNES.

	Rapport français.	Rapport anglais.
Coupe ou sac pour les grains = 2 bichets .	77.660 litres.	2.137 bush. I.
et pèse 110 livres poids fort	60.500 kilog.	133.550 liv. adp.

GIBRALTAR. (*Voir* Londres et Madrid.)

GOA (côte de Malabar).

Pour les grains et le riz, on se sert des mesures portugaises indiquées à l'article LISBONNE ou du candy indien.

	Rapport français.	Rapport anglais.
1 candy indien = 20 maunds	493 litres.	13.590 bush. I.

GRÈCE. (*Voir* Athènes.)

GUATÉMALA (Amérique centrale).

Les mesures de Cadix sont celles en usage. (*Voir* CADIX.)

HAMBOURG.

	Rapport français.	Rapport anglais.
1 fass = 2 himten = 8 spint = 32 grands mass = 64 petits mass	52.750 litres.	11.610 gall. I.
1 himten = 8 spint = 16 grands mass = 32 petits mass.	26.375 —	5.805 —
1 spint = 4 grands mass = 8 petits mass. .	6.592 —	1.451 —
1 — 2 — . .	1.648 —	2.902 pintes I.
1 — . .	0.824 —	1.451 —
1 scheffel de froment et de seigle = 2 fass .	105.500 —	23.220 gall. I.
1 — d'avoine et d'orge 3 — .	158.250 —	4.351 bush. I.

La mesure le plus usitée est le fass.

Le sac = 4 fass.	211 litres.	5.805 bush. I.
Le last de navire de froment et de seigle = 30 scheffel = 60 fass	31.650 hectol.	10.884 quart. I.
Le last de navire d'avoine et d'orge = 20 scheffel = 60 fass	31.650 —	10.884 —

HANOVRE.

Depuis 1866, les mesures en usage sont celles de Prusse. (*Voir* BERLIN.)

MESURES ANCIENNES.

	Rapport français.	Rapport anglais.
Pour les blés, himt = 3 drittel = 4 vierfass.	31.100 litres.	6.846 gall. I.
1 malter = 6 himten = 24 vierfass.	4.866 hectol.	5.134 bush. I.
Last de navire = 16 malter	29.860 —	10.269 quart. I.

HAVANE (La) (*comme* Madrid).

HONDURAS (*comme* Madrid).

HUÉ (*comme* Canton).

IBRAILA (Valachie).

	Rapport français.	Rapport anglais.
Le kilo d'Ibraïla égale.	6.640 hectol.	17.607 bush. I.

et = 4.150 charges de Marseille.

900 kilos d'Ibraïla ont rendu à Marseille 3780 charges de 160 litres, c'est-à-dire 604.800 hectolitres; mais, comme nous l'avons dit, cela dépend de la manière de mesurer.

100 kilos = 664 hectolitres.
100 — = 120 charges de Marseille.
21 charges de Marseille sont comptées 5 kilos d'Ibraïla.

D'après Doursther, le kilos d'Ibraïla = 6.400 hectolitres.

ITALIE.

MESURES NOUVELLES, DEPUIS 1859.

L'unité des mesures de capacité est le litre.

Sous-multiples.

			Rapport français.	Rapport anglais.
1 litro = 10 decilitri = 100 contilitri	1	litre.	0.220 gall) I.
1 — 10 —	0.1	—	0.176 pinte I.
1 —	0.01	—	0.017 —

Multiples.

			Rapport français.	Rapport anglais.
1 kilolitro = 10 ectolitri = 100 decalitri . .	1000	litri.	3.439 quart. I.
1 — 10 — . .	100	—	22.009 gall. I.
1 — . .	10	—	2.201 —
1	—	1.760 pinte. I.

Pour les grains, la mesure la plus usitée est l'hectolitre.

Nouveau last de navire = 30 hectolitres = 10.317 quarters imp. ang.

Pour la comparaison de 100 litres avec les principales places, *voir* PARIS.

Pour les mesures anciennes, *voir* MILAN, TURIN, VENISE, NAPLES, ROME, etc.

JAMAIQUE (*comme* Londres).

JAPON (Asie).

Dans le Japon, les mesures de capacité des matières sèches sont les mêmes que celles des liquides, indiquées au *tableau des* LIQUIDES.

JASSY. (*Voir* Galaz.)

KŒNIGSBERG (*comme* Berlin).

LEIPZIG (Saxe).

	Rapport français.	Rapport anglais.
1 winspel = 2 malter = 24 scheffels = 96 vierstel	25.783 hectol.	8.867 quart. I.
1 malter = 12 scheffels = 48 vierstel. . . .	12.892 —	4.433 —
1 — 4 —	1.074 —	2.956 bush. I.
1 viertel = 4 metzen = 16 maeschen	26.856 litres.	5.911 gall. I.

Pour les farines, on se sert de l'ancien scheffel = 81.570 litres.

LIMA (Pérou) (*comme* Madrid).

LISBONNE (Portugal).

L'adoption du système métrique français a été ordonnée par décret de 1852. Les nouvelles mesures sont obligatoires, depuis le 1ᵉʳ janvier 1863, pour les grains et matières sèches.

Les anciennes mesures sont toujours en usage.

	Rapport français.	Rapport anglais.
1 alquiere = 2 meios (demis) = 4 quartas = 8 octavas = 16 meias	13.520 litres.	2.976 gall. I.
1 meio = 2 quartas = 4 octavas = 8 meias.	6.760 —	1.488 —
1 — 2 — 4 — .	3.380 —	5.924 pintes.
1 — 2 — .	1.690 —	2.862 —
1 — .	0.845 —	1.431 —
Fanga ou fanega = 4 alquieres.	54.080 —	1.488 bush. I.
Meio ou muid = 15 fanegas	8.112 hectol.	2.789 quart. I.
Last de navire = 4 meios = 60 fanegas = 240 alquieres	32.450 —	11.159 —

LIVOURNE (Italie).

Pour les mesures nouvelles, *voir* ITALIE.

MESURES ANCIENNES.

L'unité des mesures pour les grains était le sac.

	Rapport français.	Rapport anglais.
1 sac = 3 staja = 6 mines = 12 quarti = 48 metadelle	73.080 litres.	2.011 bush. I.
1 staja = 2 mine = 4 quarti = 16 metadelle.	24.360 —	0.670 —
1 mina 2 — 8 — .	12.180 —	2.681 gall. I.
1 — 4 — .	6.090 —	1.340 —
1 — .	1.520 —	2.680 pintes I.
Le sac de froment pèse	54 à 56 kilog.	120 liv. adp.
Le sac de farine pèse	50 à 51 —	112 à 113 —
Last de navire = 40 sacs	29.230 hectol.	10.053 quart. I.

LONDRES.

L'unité de mesure pour les grains est le gallon (imperial standard gallon) = 4.543.5 litres.

La même mesure est usitée pour les liquides; les sous-multiples sont les mêmes, mais les multiples varient.

Sous-multiples.

1 gallon = 2 pottles = 4 quarts = 8 pints = 32 gills = 4.543.5 litres.
1 — 2 — 4 — 16 — 2.271 —
1 — 2 — 8 — 1.135 —
1 — 4 — 0.567 —
1 — 0.141 —

Multiples.

1 last = 2 weys = 10 quarters = 20 cooms = 40 strikes = 80 bushels — 320 pecks = 640 gallons = 29.078 hectolitres.

1 weys ou tun = 5 quarters = 10 cooms = 20 strikes = 40 bushels = 160 pecks 320 gallons = 14.539 hectolitres.

```
1 quarter=2 cooms=4 strikes=8 bushels=32 pecks=64 gallons=290.781 litres.
      1   —    2   —    4   —    16   —    32   —      145.390   —
            1   —    2   —    8   —    16   —       72.695   —
                  1   —    4   —    8   —       36.347   —
                        1   —    2   —        9.086   —
```

Les mesures le plus usitées sont le gallon, le bushel et le quarter.

Last de navire ou load. . . . . 29.080 litres. 10 quart. imp. ang.

ANCIENNES MESURES.

L'ancien bushel de Winchester, qui était, avant 1825, la mesure légale, avait les mêmes subdivisions et multiples que ci-dessus.

Ancien bushel de Winchester. . . . . . 35.240 litres. 0.969 bush. imp. ang·

Le Winchester gallon est encore en usage dans les Indes et dans les États-Unis d'Amérique, comme on le verra à l'article NEW-YORK.

	Rapport français.	Rapport anglais.
Winchester gallon.	4.404 litres.	0.969 gall. I.
Ancien last de Winchester.	28.190 hectol.	9.694 quart. I.

NOTA. Dans le commerce en gros, le quarter pour les froments est compté 290 litres, le bushels 36 litres, le quintal 112 livres avdp. = 50.800 kilog., la livre sterling 25 francs, le schilling 1 fr. 25.

A Londres, le blé se vend par quarter, à Liverpool, par 100 livres avdp ; les avoines se vendent par 320 livres avdp. ; les orges par 420 livres.

Le sac de farine = 127 kilogrammes.

LUBECK.

	Rapport français.	Rapport anglais.
1 tonne = 4 scheffels = 16 fass	1.336 hectol.	3.676 bush. I.
1 — 4 —	33.400 litres.	7.356 gall. I.
1 —	8.350 —	1.838 —

La tonne ci-dessus est pour le froment et le seigle.

	Rapport français.	Rapport anglais.
La tonne pour l'avoine, avec les mêmes sub-divisions, égale.	1.570 hectol.	4.318 bush. I.
Last de navire pour le froment et le seigle.	32.070 —	11.028 quart. I.
— pour l'avoine.	37.670 —	12.954 —

70 last de froment de Hambourg = 69 last de Lubeck.

MADRAS (Indes anglaises).

	Rapport français.	Rapport anglais.
1 candy = 4 parah = 20 marcals = 160 puddys.	2.457 hectol.	54.098 gall. I.
1 — 5 — 40 — .	61.450 litres.	13.524 —
1 marcal ou maund = 8 puddys.	12.290 —	2.705 —
1 puddy	1.538 —	2.705 pintes I.
1 garce = 20 candy = marcals ou maunds .	49.160 hectol.	16.900 quart. I.
Quand le grain se vend au poids, la garce est comptée	4198 kilog.	9256 liv. adp.

MADRID.

	Rapport français.	Rapport anglais.
1 fanega = 4 cuartillas = 12 almudes = 24 medios = 48 cuartillos	54.800 litres.	1.508 bush. I.
1 cuartilla = 3 almudes = 6 medios = 12 cuartillos	13.700 —	3.015 gall. I.
1 almude = 2 medios = 4 cuartillos	4.567 —	8.055 pintes I.
1 medio 2 —	2.283 —	4.027 —
1 —	1.142 —	1.018 —
1 cahiz = 12 fanegas	657.600 —	18.092 bush. I.

MALACCA (Indes anglaises).

Les grains se vendent au poids de picul.

	Rapport français.	Rapport anglais.
1 picul = 100 cattis	61.230 kilog.	135 liv. adp.
Le coyang de riz se divise en 40 piculs . . .	2449 —	5400 —
Le last de riz = 40 gantangs	20 hectol.	6.878 quart. I.

MALAGA (Espagne).

Pour les grains, on emploie la fanega de Castille. (*Voir* MADRID.)

MALTE (île de la Méditerranée).

	Rapport français.	Rapport anglais.
Pour les blés, la salma de Malte = 16 tomoli .	281.000 litres.	7.713 bush. I.
1 tomolo.	17.562 —	3.869 gall. I.

Pour les haricots, les lentilles, les pois, le maïs, la graine de lin, on emploie la salma comble, 16 % plus grande que la salma rase.

	Rapport français.	Rapport anglais.
La salma comble est comptée:	332 litres.	72 gall. I.

Le blé et l'orge se vendent à la salma rase.

Rapport pour la mesure des froments.

100 salmes rases. . . .	176 charges de Marseille.
— — —	281 hectolitres de France.
— — —	99 quarters d'Angleterre.
— — —	164 ardebs d'Alexandrie.
— — —	136 cetwerts de Russie.
— — —	800 kiloz de Constantinople.
— — —	845 staja de Trieste.
— — —	512 fanegas de Castille.

Quelques auteurs ont donné des évaluations plus fortes à la salme de Malte. Celle que nous donnons ici est basée sur les rendements des chargements arrivés à Marseille, et la moyenne est prise d'après les diverses manières de mesurer.

A Gênes, la salma de Malte est comptée 2 ¾ hectolitres; à Marseille, 1 ¾ charge.

MANILLE (îles Philippines).

	Rapport français.	Rapport anglais.
Pour les grains, on se sert du caban, égal à 25 gantangs.	98.300 litres.	21.415 gall. I.
Le caban de riz pèse.	60 kilog.	133 ½ liv. adp.

ce qui lui donne la valeur d'un picul. Les ventes en gros se font au picul.

Les autres mesures sont celles de Castille. (*Voir* MADRID.)

MAROC (Afrique).

Dans l'Empire du Maroc, la mesure pour les grains est principalement la fanega de Castille, que nous avons indiquée à l'article MADRID.

	Rapport français.	Rapport anglais.
La fanega de Castille est égale à	54.800 litres.	1.508 bush. I.
La mesure légale du pays est le cafisso = 16 webas = 192 saws	5.284 hectol.	1.817 quart. I.

MARSEILLE (France).

A Marseille, les blés se vendent à la charge de 160 litres.

	Rapport français.	Rapport anglais.
1 charge = 4 émines = 8 panaux = 32 civadiers = 64 picotins	160.000 litres.	4.402 bush. I.
1 émine = 2 panaux = 8 civadiers = 16 picotins	40.000 —	8.804 gall. I.
1 panau = 4 civadiers = 8 picotins	20.000 —	4.402 —
1 — 2 —	5.000 —	1.100 —
1 —	2.500 —	4.402 pintes I.
L'avoine se vend à la charge de	240.000 —	6.603 bush. I.

Les grains grossiers, comme maïs, orge et légumes sur place, se vendent par 100 kilogrammes.

Les farines se vendent à la balle de 122 ½ kilogrammes, poids établi, toile perdue = 270.121 livres *avdp*. anglaises.

POIDS EXIGIBLE DES BLÉS.

Le blé varie de poids, selon la provenance; nous indiquons ceux adoptés à Marseille pour la charge de 160 litres :

Blés tendres.

Maximum.	Minimum.		
118	114	kilogr.	Alexandrie, Égypte.
122	118	—	Ibraïla et Galatz.
123	120	—	Pologne, et aussi 127, 124.
124	121	—	Salonique.
128	125	—	Gkirka, 1re qualité.
127	124	—	2e —
123	125	—	Marianopoli, et aussi 130, 127.
130	127	—	Richelie, et aussi 132, 129.
130	127	—	Romagne.

Le poids de l'orge est de 100 à 104 kilog. la charge de 160 litres, ou de 62 à 64 hect. les 100 litres; de l'avoine, de 110 à 114 kilog. la charge de 240 litres, ou de 46 à 48 hect. les 100 litres.

Blés durs.

Maximum.	Minimum.		
123	120	—	Anatolie et Roumélie.
124	121	—	Volo et Salonique.
130	127	—	Tangarow, 1re qualité.
127	124	—	— 2e —
127	124	—	Marianopoli, et aussi 130, 127.
128	125	—	Odessa, et aussi 130, 127.
131	129	—	Manfredonia.

Blés mixtes.

124	121	—	Abruzzes.

Comparaison de 100 charges de Marseille avec la mesure des principales places

100 charges de Marseille. . .	160	hectolitres de France.
— — — . . .	160	ectolitri d'Italie.
— — — . . .	de 72 à 76	cetwerts de Russie.
— — — . . .	55	quarters impériaux d'Angleterre.
— — — . . .	300	tomoli de Naples (ancienne mesure).
— — — . . .	450	kiloz de Constantinople.
— — — . . .	115	kiloz de Salonique.
— — — . . .	92.50	ardebs d'Alexandrie (Égypte).
— — — . . .	5.333	last d'Amsterdam.
— — — . . .	1175	alquieres de Lisbonne.
— — — . . .	192.680	staja de Trieste.
— — — . . .	222	sacs de Livourne.
— — — . . .	292	fanegas de Castille ou Madrid.
— — — . . .	225.350	quarteras de Barcelone.
— — — . . .	55.450	salmes de Malte.
— — — . . .	205.130	coupes de Genève (mesure ancienne.)
— — — . . .	291.120	scheffels de Berlin.
— — — . . .	152.380	scheffels de Hambourg.
— — — . . .	148.150	malters de Francfort-sur-le-Mein.
— — — . . .	454.030	bushels Winchester des Etats-Unis.
— — — . . .	106.666	nouveaux malters de Suisse.
— — — . . .	60	salmes de Sicile.
— — — . . .	268.310	metze ou boisseau de Vienne (Autriche).
— — — . . .	137	émines de Gènes (mesure ancienne).

MARTINIQUE (*comme* **France**). (*Voir* **Paris.**)

MASCATE (**Perse**). (*Voir* **Téhéran.**)

MAYENCE (*comme* **Darmstadt**).

MEXIQUE (*comme* **Madrid**).

	Rapport français.	Rapport anglais.
La charge ou last de navire = 12 fanegas = 144 almudas.	657.000 litres.	17.096 bush. I.
Le cacao se vend par fanega de 110 livres de Castille.	50.755 kilog.	111.900 liv. adp.

MILAN.

Pour les mesures nouvelles, *voir* ITALIE.

MESURES ANCIENNES.

	Rapport français.	Rapport anglais.
L'ancien moggio = 8 staja.	146.230 litres.	4.023 bush. I.
1 stajo.	18.280 —	0.502 —
La soma pour le riz = 12 staja.	219.350 —	6.035 —

La soma de riz, bonne qualité, doit peser de 173 à 175 kilogrammes.

MOKA (Arabie).

Les grains se vendent au poids.

	Rapport français.	Rapport anglais.
Le teman ou tommond de riz = 40 kellas. .	76 kilog.	168 liv. adp.

MOLDAVIE. (*Voir* Galatz.)

MONTEVIDEO.

La fanega de Montevideo est égale à celle de Buenos-Ayres. (*Voir* BUENOS-AYRES.)

MUNICH (Bavière).

Les mesures sont les mêmes que celles d'Augsbourg. (*Voir* AUGSBOURG.)

NAPLES (Italie).

Pour les nouvelles mesures, *voir* ITALIE.

MESURES ANCIENNES.

L'ancienne unité de mesure pour les grains est le tomolo.

	Rapport français.	Rapport anglais.
1 tomolo = 2 mezette = 4 quarti = 8 stopelli = 24 misure.	54.000 litres.	11.866 gall. I.
1 mezetta = 2 quarti = 4 stopelli = 12 misure.	27.000 —	5.933 —
1 quarto 2 — 6 — .	13.000 —	2.966 —
1 — 3 — .	6.500 —	1.483 —
1 — .	2.166 —	3.802 pintes I.
1 carro = 36 tomoli.	1.944 hectol.	6.800 bush. I.
Le tomolo de froment pèse environ 45 rottoli.	40 kilog.	88 à 89 liv. adp.

NEWCASTLE (*comme* Londres).

NEW-YORK (États-Unis d'Amérique).

Les mesures de capacité des grains et matières sèches en usage aux États-Unis d'Amérique sont l'ancien gallon, et l'ancien bushel de Winchester, qui étaient en usage en Angleterre avant le 1er mai 1825.

Gallon de Winchester = 2 pottles = 4 quarts = 8 pintes = 4.404 litres.
              1 — 2 — 4 — 2.202.5 —
                       1 — 2 — 1.101 —
                                 1 — 0.551 —

Multiples du gallon.

Quarter de Winchester = 8 bushels = 32 pecks = 64 gallons = 2.819 hectol.

  1 bushel de Winchester = 35.237 litres.
  1 gallon   —   = 0.969 gallon impérial.
  1 bushel   —   = 0.969 bushel —

D'après convention, on compte quelquefois en gallons ou bushels impériaux, mais la mesure légale sans prévention est l'ancien bushel de Winchester.

NICARAGUA (Amérique) (*comme* Madrid).

NICE (*comme* France). (*Voir* Paris.)

MESURES ANCIENNES.

Charge = 4 setiers = 8 émines = 16 quar-   Rapport français.   Rapport anglais.
tiers . . . . 159.960 litres.   4.400 bush. I.

NORVÉGE. (*Voir* Christiania.)

NUREMBERG (Bavière). (*Voir* Augsbourg.)

ODESSA (Russie).

Les mesures sont les mêmes qu'à Saint-Pétersbourg. (*Voir* ST-PÉTERSBOURG.)

                          Rapport français.   Rapport anglais.
Le last de navire pour les blés = 16 letwerts.   33.560 hectol.   11.540 quart. I.

Le kilo de blé contient 2 1/2 cetwerts.

PALERME (Sicile).

Pour les mesures nouvelles, *voir* ITALIE.

MESURES ANCIENNES.

                          Rapport français.   Rapport anglais.
La salma de Palerme = 16 tomoli de Palerme. 274.060 litres.   7.540 bush. I.
                1 tomolo   —   . 17.130 —   3.817 gall. I.
        5 tomoli de Naples = 1 salme de Palerme.

Pour les légumes secs, les noisettes, la graine de lin, on emploie la salma grossa ou comble, qui est 1/4 plus forte, soit :

	Rapport français.	Rapport anglais.
20 tomoli égalent	343.860 litres.	9.425 bush. I.
1 salme de froment pèse 252 rottoli.	200 kilog.	410 à 450 l. adp.

PARIS (France).

L'unité des mesures de capacité est le litre.

Sous-multiples.

					Rapport anglais.
1 litre = 10 décilitres = 100 centilitres. . .	1	litre.	0.220 gall. I.
1 — 10 — . . .	0.1	—	0.176 pintes I.
1 — . . .	0.01	—	0.017 —

Multiples.

				Rapport anglais.
1 kilolitre = 10 hectolitres = 100 décalitres.	1000	litres.	3.439 quart. I.
1 — 10 — .	100	—	22.009 gall. I.
1 — .	10	—	2.201 —
1	—	1.760 pintes I.

Pour les grains, la mesure la plus usitée est l'hectolitre.

POIDS EXIGIBLE POUR LES BLÉS A PARIS.

Le poids des blés varie selon la provenance ; ceux que nous indiquons ici sont basés sur les poids de Marseille, place la plus importante de France pour les grains.

Les blés de France sont censés peser de 75 à 80 kilogr. les 100 litres.

Blés tendres.

Maxim.	Minim.		
73	70	kilogr.	Alexandrie, Égypte.
75	73	—	Ibraïla et Galatz.
77	74	—	Pologne, et aussi 80 à 75.
78	65	—	Salonique.
79	76	—	Ckirka, 1re qualité.
78	74	—	— 2e —
78	75	—	Marianopoli, et aussi 79 à 76.
80	76	—	Richelle.
80	76	—	Romagne.
80	76	—	Italie et Barletta.

Blés durs.

76	74	—	Anatolie et Roumélie.
77	75	—	Volo et Salonique.
79	76	—	Tangarow, 1re qualité.
77	75	—	— 2e —
76	74	—	Marianopoli.
78	76	—	Odessa, et aussi 80 à 76.
79	77	—	Manfredonia.
76	74	—	blés mixtes des Abruzzes.

Le poids moyen de l'orge est 64 kilog. l'hectolitre ; de l'avoine, de 47 kilog.

Comparaison de 100 litres avec la mesure des principales places d'Europe.

1 hectolitre, soit

100 litres	. . . .	0.343 quarters d'Angleterre.
— —	. . . .	2.751 bushels —
— —	. . . .	0.475 cetwerts de Russie.
— —	. . . .	0.033 last d'Amsterdam.
— —	. . . .	1.825 fanegas de Castille.
— —	. . . .	7.343 alquieres de Lisbonne.
— —	. . . .	1.626 metze ou boisseau d'Autriche.
— —	. . . .	1.819 scheffel de Prusse.
— —	. . . .	1.408 quarteras de Barcelone.
— —	. . . .	2.812 kiloz de Constantinople.
— —	. . . .	0.952 scheffel de Hambourg.
— —	. . . .	0.925 malter de Francfort-sur-le-Mein.
— —	. . . .	0.346 salme de Malte.
— —	. . . .	1.807 fanegas de Cadix.
— —	. . . .	0.718 kilos de Salonique.
— —	. . . .	1.210 staja de Trieste.
— —	. . . .	1.875 tomoli de Naples.
— —	. . . .	0.578 ardebs d'Alexandrie (Égypte).
— —	. . . .	1.387 sacs de Livourne (mesure ancienne).
— —	. . . .	0.856 émines de Gênes — —
— —	. . . .	100 litri d'Italie.
— —	. . . .	1.282 coupes de Genève (ancienne mesure).
— —	. . . .	0.666 malter de Suisse (mesure nouvelle).
— —	. . . .	2.837 bushels Winchester (Etats-Unis).
— —	. . . .	4.434 fanegas de Saragosse.
— —	. . . .	0.375 salmes de Sicile.
— —	. . . .	0.625 charges de Marseille.

La balle de farine à Paris se vend au poids de 159 kilogr. brut, pour la consommation, et 157 kilogr. net, sac à rendre.

La balle de farine, huit marques, 159 kilogr. brut, toile perdue.

MESURES ANCIENNES.

L'unité des mesures anciennes était le boisseau.

Sous-multiples.

		Rapport français.	Rapport anglais.
1 boisseau = 4 quarts = 16 litrons = 256 mesurettes.		13.010 litres.	2.841 gall. I.
1 quart = 4 litrons = 64 mesurettes		3.252 —	. 5.731 pintes I.
1 — 16 —		0.813 —	1.433 —
1 —		0.0508 —	0.089 —

Multiples.

			Rapport français.	Rapport anglais.
1 setier = 2 mines = 4 minots = 12 boiss^x.			156.100 litres.	4.295 bush. I.
1 — 2 — 6 —		.	78.050 —	2.147 —
1 — 3 —		.	39.030 —	1.073 —

Le setier, la mine et le minot, employés pour le mesurage de l'avoine, avaient une valeur double des précédentes et contenaient, par conséquent, un nombre double de boisseaux. — Le boisseau d'avoine se divisait en 4 picotins. Le setier de sel contenait 16 boisseaux. Le setier de charbon de bois contenait 32 boisseaux.

PARME (Italie).

Pour les mesures nouvelles, *voir* ITALIE.

MESURES ANCIENNES.

	Rapport français.	Rapport anglai .
1 stajo = 2 mine = 16 quartarole	47.040 litres.	1.293 bush. I.

PATNA (*comme* Calcutta).

PATRAS (*comme* Athènes).

PÉKIN. (*Voir* Canton.)

PÉROU (*comme* Espagne). (*Voir* Madrid.)

PERSE. (*Voir* Téhéran.)

PESTH (Hongrie). (*Voir* Vienne.)

PÉTERSBOURG (SAINT-) (Russie).

L'unité légale pour les matières sèches est l'osmin, moitié du cetwert.

		Rapport français.	Rapport anglais.
Tschetwrt ou cetwert = 2 osmin = 4 pajock = 8 tschetwerick = 32 tschetwerka = 64 garnetz		209.726 litres.	5.770 bush. I.
1 osmin = 2 pajock = 4 tschetwerick = 16 tschetwerka = 32 garnetz.		104.860 —	2.385 —
1 pajock = 2 tschetwerick = 8 tschetwerka = 16 garnetz		52.430 —	1.192 —
1 tschetwerick = 4 tschetwerka = 8 garnetz.		26.215 —	0.596 —
1	— 2 — .	6.554 —	1.442 gall. I.
	1 — .	3.277 —	5.770 pintes I.
Kul ou sac = 1 1/4 cetwert = 80 garnetz . .		2.621 hectol.	7.212 bush. I.
Le poids du cetwert est évalué 10 puds. . .		163.800 kilog.	361.100 liv. adp.
Le poids de l'avoine = 9 puds		147.470 —	324.990 —

Dans le commerce, le cetwert est compté 210 litres.

Comparaison de 100 cetwerts avec la mesure des principales places.

100 cetwerts. . . .	210 hectolitres de France.
— —	72 quarters d'Angleterre.
— —	131 charges de Marseille. Grains durs.
— —	128 — — — tendres.
— —	7 1/8 last d'Amsterdam.
— —	598 kiloz de Constantinople.
— —	1527 alquieres de Lisbonne.
— —	380 fanegas de Castille (Madrid).

100 cetwerts	. . . .	293 quarteras de Barcelone.
—	—	390 tomoli de Naples (ancienne mesure).
—	—	182 émines de Gênes — —
—	—	289 sacs de Livourne — —
—	—	252 staja de Trieste.
—	—	86 cahices d'Alicante.
—	—	382 scheffels de Berlin.
—	—	199 — de Hambourg.
—	—	140 malters nouveaux de Suisse.
—	—	342 Metzen de Vienne (Autriche).

	Rapport français.	Rapport anglais.
Last de navire pour froment et graines de lin = 16 cetwerts	33.560 hectol.	11.540 quart. I.

PLAISANCE (Italie).

Pour les mesures nouvelles, *voir* ITALIE.

MESURES ANCIENNES.

	Rapport français.	Rapport anglais.
1 stajo = 2 mine = 15 copelli	34.820 litres.	8.100 gall. I.

PONDICHÉRY.

Les grains se vendent de préférence au poids, mais ils se vendent aussi à la mesure.

MESURES DE CAPACITÉ.

	Rapport français.	Rapport anglais.
1 gallon = 12 markals = 24 pakka = 48 mesures.	35.000 litres.	7.700 gall. I.
1 markal = 2 pakka = 4 mesures	2.916 —	5.142 pintes I.
1 — 2 —	1.458 —	2.571 —
1 —	0.729 —	1.285 —
La garce ou garza = 600 markals	42 hectol.	14.445 quart. I.
et pèse	3527 kilog.	7773 liv. adp.
Le sesame se vend par sac de	45 —	164 —

PORT-AU-PRINCE (république de Haïti).

Pour les grains, on se sert de l'ancien bushel de Winchester. (*Voir* NEW-YORK.)

PORTO ou OPORTO (Portugal).

	Rapport français.	Rapport anglais.
1 fanga ou fanega = 4 alquieres	68.270 litres.	1.878 bush. I.
1 alquiere	17.070 —	3.756 gall. I.
1 mojo = 15 fanegas	9.240 hectol.	3.109 quart. I.

100 fangas ou fanegas de Lisbonne = 79 1/4 fangas d'Oporto.

5 1/2 alquieres = 1 hectolitre. — 16 alquieres = 1 quarters imp anglais.

Le sel se vend à la raza.

1 raza = 44 litres = 97 livres *avdp.* anglaises.

PORTO-RICO (*comme* Madrid).

QUÉBEC (Bas-Canada).

Depuis 1808, les mesures légales sont celles d'Angleterre.

Dans le commerce des grains, on se sert encore de l'ancien minot français.

	Rapport français.	Rapport anglais.
1 minot égale.	39.030 litres.	1.073 bush. I.

90 minots français sont comptés 100 Winchester bushels.

QUITO (république de l'Équateur, Amérique).

Les mesures en usage sont celles de Castille. (*Voir* MADRID.)

RANGOUN (empire birman, Asie).

Les matières sèches se vendent au poids.

	Rapport français.		Rapport anglais.	
1 ten ou panier = 4 saits = 8 sarots, et pèse.	26.500	kilog.	58.400	liv. adp.
1 — 4 — — .	6.625	—	14.600	—
1 — — .	1.606	—	3.650	—
Dans le commerce, le ten est compté un demi-quintal anglais, égale	25.398	—	56.000	—

REVEL (Russie).

Pour les mesures nouvelles, *voir* SAINT-PÉTERSBOURG.

MESURES ANCIENNES.

	Rapport français.	Rapport anglais.
1 loof = 3 kulmets = 36 stof.	39.430 litres.	1.085 bush. I.
Last de navire = 24 tonnes = 72 loof . . .	28.390 hectol.	9.764 quart. I.

RHODES (île de la Méditerranée).

Les mesures légales sont celles de Turquie. (*Voir* CONSTANTINOPLE.)

La mesure légale pour les grains est le quilo.

	Rapport français.	Rapport anglais.
Le quilo ou kiloz égale	33.148 litres.	7.290 gall. I.

RIGA (Russie).

Pour les mesures nouvelles, *voir* SAINT-PÉTERSBOURG.

	Rapport français.	Rapport anglais.
1 loof = 6 kulmets = 27 kannen = 54 stoff.	68.290 litres.	1.879 bush. I.
1 stof .	1.264 —	2.227 pintes I.
1 tonne ou baril = 2 loof = 108 stoff. . . .	136.570 —	3.757 bush. I.
Le last de navire pour froment, orge, graine de lin, graine de chanvre = 16 cetwerts = 24 tonnes	32.780 hectol.	11.272 quart. I.
Le last de seigle = 16 cetwerts = 22 ½ tonn.	30.730 —	10.568 —

RIO-JANEIRO (Brésil, Amérique du Sud).

	Rapport français.	Rapport anglais.
1 moio = 60 alquieres = 240 quartas = 960 sclamines.	21.761 hectol.	7.521 quart. I.
	36.269 litres.	0.997 bush. I.
1 alquiere = 4 quartas = 16 sclamines . . .	9.067 —	1.998 gall. I.
1 — 4 — . . .	2.267 —	4.000 pintes I.

La fanga ou fanega = 4 alquieres = 145.073 litres.

Dans le commerce, la fanega est comptée 4 bushels imp.

Les poids du Brésil sont les mêmes que ceux du Portugal, mais les mesures de capacité sont bien différentes. Plusieurs auteurs leur ont donné la même valeur, mais ils ont été induits en erreur.

	Rapport français.	Rapport anglais.
Pour le sel, on se sert de l'alquiere de Lisbonne	35.105 litres.	1 bush. I.

ROME (Italie).

Pour les mesures nouvelles, *voir* ITALIE.

	Rapport français.	Rapport anglais.
1 rubbio = 12 staja = 88 quartucci.	280.648 litres.	7.730 bush. I.
1 rubbio de blé est estimé peser 640 livres .	218 kilog.	480 liv. adp.

RUSSIE. (*Voir* Saint-Pétersbourg.)

SALONIQUE (Turquie).

	Rapport français.	Rapport anglais.
Le kilo de Salonique égale.	1.420 hectol.	3.907 bush. I.

4 kiloz de Constantinople sont comptés 1 kilo de Salonique.

Doursther évalue le kilo de Salonique 1.930 hectolitre, mais c'est une mesure ancienne ; Marseille, constamment en rapport avec Salonique, compte le kilo comme ci-dessus.

SAN FRANCISCO (Californie). (*Voir* New-York.)

SANTIAGO (Chili) (*comme* Valparaiso).

SANTIAGO DE GUATÉMALA (*comme* **Cadix**).

SARAGOSSE (Aragon, Espagne).

La fanega de Saragosse, dite fanega d'Aragon, est la plus petite de toutes les fanegas d'Espagne, qui sont très-nombreuses.

	Rapport français.	Rapport anglais.
1 fanega = 3 quartales = 12 almudes. . . .	22.560 litres.	4.982 gall. I.
1 almude	1.880 —	3.310 pintes I.
1 cahiz = 8 fanegas.	180.490 —	4.966 bush. I.

100 fanegas de Castille = 243 fanegas de Saragosse.

SAXE. (*Voir* **Dresde et Leipzig.**)

SÉVILLE (Espagne).

La fanega de Séville est un peu plus faible que celle de Castille.

	Rapport français.	Rapport anglais.
1 fanega = 12 celemines ou almudes	54.270 litres.	1.493 bush. I.
1 celemine ou almude	4.522 —	0.995 gall. I.

99 fanegas de Castille = 100 fanegas de Séville.

SHANGHAI (*comme* **Canton**).

SIAM. (*Voir* **Bankok.**)

SICILE. (*Voir* PALERME.)

SINGAPORE (Indes anglaises).

Le froment et le riz se vendent au poids ou par sac de 2 bazar maunds du Bengale.

	Rapport français.	Rapport anglais.
2 bazar maund du Bengale égalent	74.500 kilog.	164.250 liv. adp.
Le picul égale.	60.470 —	133.300 —
Coyang = 40 piculs.	35.600 hectol.	12.250 quart. I.

Cette mesure sert ordinairement pour la vente du sel et du riz de Siam.

SMYRNE.

Le kiloz de Constantinople est la mesure légale, prescrite par un décret du 17 novembre 1841 ; mais l'ancien kiloz de Smyrne est toujours en usage, avec des évaluations différentes.

	Rapport français.	Rapport anglais.
Le kiloz de Smyrne pour le froment égale. .	51.300 litres.	1.411 bush. I.
et pèse 32 okes	41.000 kilog.	90.000 liv. adp.
Le kiloz pour le riz pèse 10 okes.	12.850 —	28.300 —

Dans le gros commerce des blés, 3 kiloz de Smyrne sont comptés 2 kiloz de Constantinople. (*Voir* CONSTANTINOPLE.)

STETTIN. (*Voir* **Dantzig**.)

STOCKHOLM (Suède.)

L'unité de mesure pour les matières sèches est le pied cube.

MESURES NOUVELLES.

	Rapport français.	Rapport anglais.
1 pied cube = 10 kannes = 1000 pouces c.	26.172 litres.	5.760 gall. I.
1 — 100 — .	2.617 —	4.615 pintes I.

MESURES ANCIENNES.

	Rapport français.	Rapport anglais.
1 tunna ou tonne = 2 spann 22 kappar = 112 stop	146.590 litres.	4.030 bush. I.
10 tonnes anciennes = 63 pieds cubes.		
Last de navire = 22 tonnes	30.600 hectol.	10.525 quart. I.

STUTTGARD (Wurtemberg).

	Rapport français.	Rapport anglais.
1 simri = 4 vierling = 8 achtel = 16 mas-lein	22.150 litres.	4.875 gall. I.
1 vierling = 2 achtel = 4 maslein	5.538 —	1.218 —
1 — 2 —	2.770 —	4.885 pintes I.
1 —	1.385 —	2.442 —
1 scheffel = 8 simri = 128 maslein.	177.230 —	4.876 bush. I.

SUÈDE. (*Voir* **Stockholm**.)

SUISSE.

MESURES NOUVELLES POUR TOUTE LA CONFÉDÉRATION.

	Rapport français.	Rapport anglais.
1 malter = 10 vierteln = 40 vierling = 160 masslein	150.000 litres.	4.127 bush. I.
1 vierteln = 4 vierling = 16 masslein . . .	15.000 —	3.301 gall. I.
1 — 4 — . . .	3.750 —	6.613 pintes I.
1 — . . .	0.937 —	1.653 —

On divise également le viertel en 10 émines.

Pour les mesures anciennes, *voir* BALE, BERNE, GENÈVE, ZURICH, etc.

SUMATRA. (*Voir* **Achem**.)

SURATE (Indes anglaises).

Les grains comme les liquides se vendent au poids. (*Voir le tableau* POIDS.)

La phorra, mesure du pays = 20 pallies = 34 kilog. = 75 liv. avdp.

SYDNEY (Australie) (*comme* Londres).

SYRIE. (*Voir* Alep.)

TÉHÉRAN (Perse).

	Rapport français.	Rapport anglais,
1 artaba = 25 heminas = 50 chenicas = 200 sextarios	66.000 litres.	14.526 gall. I.
1 chenica = 4 sextarios	1.320 —	2.326 pintes I.

Le kœbbi est une poignée évaluée 1000 grains de riz.

L'artaba de perse conserve encore la même valeur que l'artaba des anciens Arabes, qui contenait 180 livres arabes d'eau.

TRIESTE (Illyrie, Autriche).

La mesure légale est la mesure d'Autriche. (*Voir* Vienne.)

MESURES DU PAYS.

	Rapport français.	Rapport anglais.
1 stajo = 3 pollinichi	82.600 litres.	2.272 bush. I.
1 pollinico	27.533 —	5.050 gall. I.

5 staja de Trieste sont comptés 6 metzen de Vienne.

| 40 staja = 1 last d'Amsterdam . . . . | 30 hectol. | 10.317 quart. I. |

Dans le commerce, il est compté égal au stajo de Venise.

| Le stajo de Trieste pour le blé pèse . . . . | 63 kilog. | 139 liv. adp. |

TRIPOLI (régence de) (Afrique).

	Rapport français.	Rapport anglais.
1 ueba = 4 temen ou quarts = 16 orbab . .	107.346 litres.	2.953 bush. I.
1 — 4 — . .	26.836 —	5.904 gall. I.
1 — . .	6.709 —	1.477 —
L'ueba de froment pèse 210 rottoli	104 kilog.	230 liv. adp.
— d'orge — 150 —	75 —	165 —
Le calisso, ancienne mesure abandonnée . .	3.267 hectol.	1.124 quart. I.

TUNIS (Afrique).

Les grains se mesurent au calisso ou kaffis.

	Rapport français.	Rapport anglais.
1 calisso = 16 whibas ou uebas = 192 sahas.	5.284 hectol.	1.817 quart. I.
1 ueba = 12 sahas.	33.030 litres.	7.270 gall. I.
1 —	2.752 —	4.846 pintes I.
1 calisso de blé pèse environ.	400 kilog.	880 liv. adp.

TURIN (Italie).

Pour les mesures nouvelles, *voir* ITALIE.

MESURES ANCIENNES.

	Rapport français.	Rapport anglais.
Sacco = 5 mine ou émines = 10 quartieri = 40 coppi	115.030 litres.	3.165 bush. I.
1 émine = 2 quartieri = 8 coppi.	23.010 —	5.063 gall. I.

TURQUIE. (*Voir* Constantinople.)

VALACHIE. (*Voir* Bucharest *et* Ibraïl.)

VALENCE (Espagne).

	Rapport français.	Rapport anglais.
Cahiz = 12 barchillas = 48 colomines = 192 quarterones.	203.020 litres.	5.586 bush. I.
1 barchilla = 4 colomines = 16 quarterones.	16.918 —	3.723 gall. I.
1 — 4 —	4.230 —	7.447 pintes I.
1 —	1.057 —	1.860 —

Dechamps évalue le cahiz de Valence 205.250 litres, mais nous gardons l'évaluation d'Altès en 203.020 litres, comme étant celui qui a donné les meilleurs renseignements.

VALPARAISO (Chili).

Avant 1848, on employait les mesures de Castille, mais un décret du 29 janvier 1848, en prescrivant le système métrique français, a fixé le rapport des anciennes mesures avec les nouvelles comme suit :

	Rapport français.	Rapport anglais.
1 fanega = 12 almudes	97.000 litres.	2.668 bush. I.
1 almude.	8.083 —	1.823 gall. I.
1 fanega de blé doit peser environ	70 kilog.	154 liv. adp.

1 fanega du Chili = 1.656 fanegas de Castille.

VARSOVIE (Pologne).

Les mesures de Russie sont obligatoires en Pologne depuis 1849; mais on fait encore usage des mesures anciennes, auxquelles la loi du 13 juin 1818 avait assigné les valeurs suivantes :

	Rapport français.	Rapport anglais.
1 korzetz ou boisseau = 32 garnietz = 128 kwarti	128.000 litres.	3.521 bush. I.
1 garnietz = 4 kwarti.	4.000 —	7.043 pintes I.
1 —	1.000 —	1.760 —
L'ancien korzetz valait.	120.610 —	3.318 bush. I.
Last de navire = 30 korzetz	38.400 hectol.	13.206 quart. I.
L'ancien last 30 — anciens	35.280 —	12.132 —

VÉNÉZUÉLA (*comme* Madrid).

A l'exception de la fanega employée pour le cacao, on compte :

	Rapport français.	Rapport anglais.
Fanega = 110 livres de Castille	50.000 kilog.	110.000 liv. ang.
A Maracaïbo, on la compte 96 liv. de Castille.	44.160 —	97.483 —

VENISE (Italie).

Pour les mesures nouvelles, *voir* ITALIE.

MESURES ANCIENNES.

	Rapport français.	Rapport anglais.
1 moggio = 4 staja = 16 quarti	333.250 litres.	9.168 bush. I.
1 — 4 —	83.310 —	2.292 —
Le stajo de froment pèse.	63 kilog.	139 à 140 l. adp.

VIENNE (Autriche).

Pour les grains et les matières sèches, le metze est la mesure légale de l'Empire.

	Rapport français.	Rapport anglais.
1 metze (boisseau) = 4 viertlen = 8 achteln = 16 massel = 64 futermassel	61.496 litres.	1.691 bush. I.
1 viertlen = 2 achteln = 4 massel = 16 futermassel.	15.374 —	3.384 gall. I.
1 achteln = 2 massel = 8 futermassel . . .	7.690 —	1.692 —
1 — 4 — . . .	3.843 —	6.768 pintes I.
1 — . . .	0.961 —	1.694 —
1 muth = 30 metzen = 480 massel	18.448 hectol.	6.344 quart. I.

Les farines se vendent au poids.

ZANTE (îles Ioniennes).

Annexée à la Grèce. Pour les mesures nouvelles, *voir* ATHÈNES.

MESURES ANCIENNES.

	Rapport français.	Rapport anglais.
Le bacile de Zante égale.	45 litres.	9.900 gall. I.
et pèse, pour le blé de 1re qualité, 72 livres poids fort.	34 à 35 kilog.	75 à 77 liv. adp.

ZURICH (Suisse).

Pour les mesures nouvelles, *voir* SUISSE.

MESURES ANCIENNES.

	Rapport français.	Rapport anglais.
Le malter pour les blés = 4 müt = 16 viertel = 64 vierling	3.303 hectol.	9.102 bush. I.
Le malter pour l'avoine et les légumes . . .	3.316 —	9.205 —
1 vierling de froment	5.169 litres.	1.235 gall. I.
1 — d'avoine et de légumes.	5.228 —	1.241 —

CINQUIÈME TABLEAU.

POIDS MODERNES.

ABYSSINIE.

	Rapport français.	Rapport anglais.
Rottolo = 12 wakeas (onces) = 120 drachmes.	0.311 kilog.	0.686 liv. adp.

ACHEM (Sumatra).

L'unité de poids est le catty = 0.960 kilog.

	Rapport français.	Rapport anglais.
1 catty = 20 bunkalls = 100 tales = 280 pagodes.	0.960 kilog.	2.111 liv. adp.
1 — = 5 — = 11 — .	48.000 gramm.	711.000 grains.
1 tael (1) = 2 ¹/₂ pagodes	9.600 —	148.000 —
1 pagode	3.129 —	52.930 —
1 bahar = 200 cattys	192.020 kil og.	423.440 liv. adp.

La pagode est employée aussi pour peser l'or et l'argent, et alors est subdivisée, 1 pagode = 8 maces = 32 copangs.

1 copangs = 1.500 décigramme = 2.315 grains anglais.

ACRE, (Saint-Jean-d') (Syrie).

L'unité de poids est le rottolo, mais on se sert de deux espèces de rottolo.

	Rapport français.	Rapport anglais.
Rottolo, pour le coton brut	2.206 kilog.	4.861 liv. adp.
Rottolo, pour le coton filé.	2.037 —	4.491 —

Le cantaro ou quintal = 100 rottoli.

	Rapport français.	Rapport anglais.
Dans le commerce avec les étrangers, on compte le rottolo ordinaire	2.056 kilog.	4.523 liv. adp.

ALEP (Syrie).

L'unité de poids, dans le commerce, est le rottolo ; sa valeur varie suivant la marchandise qu'il sert à peser.

	Rapport français.	Rapport anglais.
Le rottolo = 12 onces = 720 drachmes. . .	2.280 kilog.	5.033 liv. adp.

Le rottolo sert pour les marchandises d'exportation, le tabac, la noix de galle, le coton et les figues.

---

1) Le talos ou tael est le poids de 384 grains de rakat (glycine abrus, de Linné).

	Rapport français.	Rapport anglais.
Le rottolo, pour la soie de Syrie = 700 drachmes	2.216 kilog.	4.886 liv. adp.
Le rottolo, pour la soie de Perse = 680 drachmes	2.153 —	4.747 —
Le rottoto de Damas = 600 drachmes . . .	1.900 —	4.181 —

Ce dernier sert pour les métaux ordinaires, le camphre et les drogueries fines.

	Rapport français.	Rapport anglais.
1 cantaro ou quintal = 100 rottoli ou livres.	228.000 kilog.	502.710 liv. adp.

Mais sa valeur varie, comme celle du rottolo, selon la marchandises.

	Rapport français.	Rapport anglais.
5 rottoli = 1 vesno	11.400 kilog.	25.136 liv. adp.
7 vesno = 1 cola	79.800 —	175.950 —
L'oke d'Alep.	1.266 —	2.791 —
Cantaro ou quintal de Tripoli = 175 rottoli de 720 drachmes	218.010 —	480.690 —
La drachme est toujours la même	3.167 gramm.	48.875 grains.
Pour peser les perles et l'ambre on se sert du metikal = 1 1/2 drachmes	4.750 —	73.312 —

ALEXANDRIE (Égypte).

Il y a quatre espèces de rottolo, qui varient selon les marchandises qu'ils servent à peser.

	Rapport français.	Rapport anglais.
Rottolo du gouvernement = 144 drachmes .	0.450 kilog.	0.981 liv. adp.
Quintal du gouvernement = 100 rottoli. . .	45.000 —	98.100 —
Rottolo Forforo.	0.432 kilog.	
Rottolo zaidino	0.617 —	
Rottolo mina	0.772 —	

Ces poids sont hors d'usage, le poids le plus usité est l'oka.

	Rapport français.	Rapport anglais.
1 oka = 400 drachmes = 6400 carats. . . .	1.227 kilog.	2.705 liv. adp.
1 cantaro (quintal) = 36 okes = 100 rottoli.	45.500 —	99.100 —
La drachme, unité du poids = 16 carats = 64 grains.	3.068 gramm.	47.250 grains.

L'or et l'argent se pèsent à la drachme; elle sert aussi pour l'échelle des titres.

     1 carat = 4 grains = 1.917 décig. = 2.959 grains anglais.

Les pierres précieuses se pèsent au carat de 4 grains.

Les perles, le fil d'or et la soie se pèsent au miskal.

     1 miskal = 1 1/2 drachmes = 4.632 grammes = 71.492 grains anglais.

ALGER.

Le poids légal est le poids de France. (*Voir* PARIS.)

Dans la localité on se sert encore des anciens poids.

	Rapport français.	Rapport anglais.
1 rottolo-attari (d'épicier), pour drogueries = 16 onces.	0.546 kilog.	1.250 liv. adp.
1 rottolo-gredouri, pour les légumes et fruits = 18 onces.	0.614 —	1.355 —

	Rapport français.	Rapport anglais.
1 rottolo-kébir, grand rottolo, pour miel, beurre, fruits secs, dattes, huile, savon du pays, etc., 24 onces.	0.819 —	1.803 liv. adp.
1 rottolo-feudi, pour les articles précieux = 16 onces	0.497 —	1.097 —

Cantaro ou quintal attari = 110 rottoli attari = 60.069 kilog.
—   kébir = 166   —   = 90.649 —

L'or, l'argent et les pierres précieuses sont pesés aussi au metical.

1 metical = 24 karoubes = 4.665 grammes = 72 grains anglais.

ALICANTE (Espagne).

Le poids de commerce est le quintal = 4 arrobas.

L'arroba est subdivisée en 24 livres, à 18 onces (libras gruessas), ou en 36 livres, à 12 onces (libras pequeñas).

	Rapport français.	Rapport anglais.
1 arroba = 24 livres grosses, ou 36 petites .	12.816 kilog.	28.257 liv. adp.
Livre de 18 onces, ou grosse livre	0.534 —	1.177 —
Livre de 12 onces, ou petite livre.	0.356 —	0.785 —

L'once a toujours la même valeur.

	Rapport français.	Rapport anglais.
1 once = 4 quartos = 8 octavos = 16 adarmes = 48 tomines.	29.666 gramm.	454.137 grains.
Le quintal = 4 arrobas.	51.264 kilog.	113.030 liv. adp.
La charge = 2 1/2 quintaux	128.160 —	282,575 —

La grosse livre sert pour les anis, les amandes, la laine, les noix et les fruits, la petite pour les denrées coloniales et les marchandises fines.

	Rapport français.	Rapport anglais.
Pour l'or et l'argent, le marc égal	234.489 gramm.	134 drach. adp.

1 marc = 8 onces = 32 quartos = 128 adarmes = 4608 grains.

	Rapport français.	Rapport anglais.
Tonneau de navire = 80 arrobas de marchandises lourdes.	1025 kilog.	20.181 quint⁶.

ALTONA (comme Hambourg).

AMSTERDAM.

Depuis 1816, les poids sont les mêmes qu'en France, avec des noms divers.

	Rapport français.	Rapport anglais.
1 pond = 10 osen = 100 looden = 1000 wigtjes (grammes)	1.000 kilog.	2.204 liv. adp.
1 osen = 10 looden = 100 wigtjes.	100 gramm.	0.220 —
1 — = 10 —	10 —	154.340 grains.
1 —	1 —	15.434 —

Le wigtje est divisé en 10 korrels ou décigrammes.

	Rapport français.	Rapport anglais.
Quintal ou centenaar = 100 ponds	100 kilog.	220.400 liv. adp.
Tonneau = 1000 ponds	1000 —	2204.900 —
Last de navire = 2 tonneaux.	2000 —	4409.800 —

Depuis 1817, la livre de pharmacie a été fixée à 375 wigtjes ou grammes.

		Rapport français.	Rapport anglais.
1 livre = 12 onces = 95 drachmes = 288 scrupules = 576 oboles (grains)		375 gramm.	5760 grains.

1 grain (obole) = 6.510 centigrammes.

ANCIENS POIDS.

L'ancienne livre de commerce ou pound se subdivise :

	Rapport français.		Rapport anglais.	
1 livre ou pound = 16 onces = 32 looden = 128 drachmes.	0 491	kilog.	1.089	liv. adp.
1 quintal ou centenaar = 100 livres	49.408	—	108.900	—
1 schippond = 300 livres	148.230	—	326.820	—
1 lys-pond = 15 —	7.411	—	16.340	—
1 steen = 8 —	3.953	—	8.720	—

Last ancien de navire = 4000 livres, aujourd'hui 2000 kilogrammes.

POIDS DE TROY.

Encore en usage dans les Indes orientales.

	Rapport français.		Rapport anglais.	
1 livre de Troy = 2 marcs = 16 onces = 320 engels = 10240 as.	0.492.16	kilog.	1.085	liv. adp.
1 marc = 8 onces = 160 engels = 5120 as .	0.246.08	—	3788.000	grains.
1 — = 20 — = 640 — .	30.760	gramm.	476.000	—
1 — = 32 — .	1.538	—	23.710	—
1 — .	4.806	centig.	0.741	—

Le marc servait à peser l'or et l'argent, et on le divisait comme ci-dessus.

Pour peser les perles et le diamant, on le divisait en 1200 carats.

7 $^1/_2$ carats = 1 engel.

1 carat = 2.051 décigrammes = 3.165 grains anglais.

Le titre, pour l'or et l'argent, s'exprime comme en France, par 1000/1000, anciennement, pour l'or, était de 24 carats de 12 grains, pour l'argent, de 12 deniers de 24 grains.

Pour la comparaison de 100 pond ou kilog. (*Voir* PARIS.)

ANDRINOPLE (*comme* Constantinople).

ANGLETERRE. (*Voir* Londres.)

ANVERS.

Poids nouveaux, comme en France. (*Voir* PARIS.)

ANCIENS POIDS.

	Rapport français.		Rapport anglais.	
Livre = 16 onces = 256 mains	0.470	kilog. ·	1.037	liv. adp.
Quintal = 100 livres	47.017	—	103.700	—
Schippond = 300 livres	141.051	—	311.100	—

Last de navire actuel = 2 tonneaux = 2000 kilog.

L'ancien poids, pour l'or et l'argent, était la livre de Troy de Hollande, avec les mêmes subdivisions. (*Voir* AMSTERDAM.)

212.740 livres anciennes = 100 kilogrammes.

ARAGON. (*Voir* Saragosse.)

ASSOMPTION. (*Voir* Paraguay.)

ATHÈNES.

POIDS NOUVEAUX.

La drachme est égale au gramme français, mais les composés ont une valeur différente.

	Rapport français.	Rapport anglais.
1 tonne = 10 talents = 1000 mines royales = 1500000 drachmes	1500 kilog.	3307 liv. adp.
1 talent = 100 mines = 150000 drachmes. .	150 —	330.735 —
1 — = 1500 — . .	1.500	3.307 —
1 — . .	1 gramm.	15.434 grains.

Le décigramme porte le nom d'*obole*, le centigramme celui de grain.

Tonne de navire = 10 talents = 1000 mines.

POIDS ANCIENS.

	Rapport français.	Rapport anglais.
Oka = 400 drachmes	1.280 kilog.	2.822 liv. adp.
Le pinaki = 9 okes	11.520 —	25.398 —
Cantaro on quintal = 44 okes	56.320 —	124.168 —

Courtage 2 0/0, commission d'achat et vente 2 à 3 0/0.

AUGSBOURG (Bavière.)

Depuis 1811, la livre de Bavière est la seule légale dans le royaume.

	Rapport français.	Rapport anglais.
1 livre = 16 onces = 32 loths = 128 quentchen.	0.560 kilog.	1.235 liv. adp.
1 quentchen = 4 pfennigs	4.380 gramm.	67.257 grains.
Centner ou quintal = 100 livres	56.000 kilog.	123.470 liv. adp.
Stein = 5 livres.	11.200 —	24.690 —

La livre de pharmacie (*voir* NUREMBERG), est la même dans presque toute l'Allemagne, avec les mêmes subdivisions.

Pour l'or et l'argent le poids usité est le marc de Cologne. (*Voir* COLOGNE.)

Pour le titre de l'or, le marc se divise en 24 carats à 12 grains ; pour le titre de l'argent, en 16 loths à 18 grains.

Le carat pour peser le diamant, les perles et les pierres fines = 4 grains = 2.055 décigrammes = 3.172 grains anglais. Le grain se subdivise en 1/2, 1/4, 1/8, 1/32, 1/64.

100 marcs d'Augsbourg = 47.185 livre de 500 grammes.

La livre de douane est de 500 grammes, soit 1/2 kilogramme.

AUTRICHE. (*Voir* **Vienne.**)

BADE. (*Voir* **Carlsruhe.**)

BAHIA. (*Voir* **Rio-Janeiro.**)

BALE (Suisse.)

Pour les poids nouveaux, *voir* Suisse.

POIDS ANCIENS.

	Rapport français.	Rapport anglais.
Livre de commerce = 16 onces = 32 loths .	0.493 kilog.	1.087 liv. adp.
Livre pour l'argent = 16 onces = 32 loths = 128 quentchen	0.467 —	1.029 —

La livre de pharmacie était égale à celle de France. (*Voir* Paris.)

Pour peser l'or on se servait du krone ou couronne = 3.370 grammes = 52.023 grains anglais.

BANKOK (Asie, royaume de Siam).

Le poids de commerce est le picul ou pecul.

	Rapport français.	Rapport anglais.
1 picul = 100 cattys ou kœttis	61.230 kilog.	135.000 liv. adp.
1 —	0.612 —	1.350 —

Suivant Dechamps, le picul = 50 kœttis et pèse 58.500 kilog.
Suivant d'autres, — = 80 — — 60.000 —

	Rapport français.	Rapport anglais.
Pour l'or et l'argent, le tikal = 4 salungs = 8 fuangs = 64 sagas ou haricots rouges .	15.292 gramm.	233.200 grains.

BARCELONE (Espagne).

La livre de Barcelone = 401 grammes, mais en commerce elle est comptée 400 grains.

	Rapport français.	Rapport anglais.
1 livre = 12 onces = 48 quartos = 192 arienzos.	0.400 kilog.	0.883 liv. adp.
1 once = 4 — = 16 — .	33.375 gramm.	545.670 grains.
1 — = 4 — .	8.334 —	128.901 —
L'arroba ou cantaro = 26 livres	10.401 kilog.	22.932 liv. adp.
Le quintal = 4 arrobas	41.604 —	91.728 —
La charge = 3 quintaux.	124.810 —	275.180 —
Le tonneau de mer = 200 livres de Castille.	920.000 —	20 1/2 quintaux.

Last de navire = 2 tonneaux.

Le marc de Catalogne, pour peser l'or et l'argent = 1 marc = 8 onces = 32 quartos = 128 arienzos = 4608 grains = 265.700 grammes = 4116 **grains** anglais.

La livre de pharmacie est égale à celle de Madrid. (*Voir* Madrid.)

Les marchandises ou poids se vendent par quintal ou par livre.

Courtage 1/2 0/0 par le vendeur et l'acheteur.

Commission 2 1/2 0/0 pour l'achat, 2 0/0 pour la vente.

BASSORA (Arabie.)

Dans le commerce on se sert de trois sortes de poids :

	Rapport français.	Rapport anglais.
Le maund attari = 24 vakias attari	12.027 kilog.	28.500 liv. adp.
1 —	0.501 —	1.187 —
Maund sofi (1) ou de Bassora = 24 vakias sofi.	40.936 —	90.250 —
L'oke de Bağ lad = 2 $^1/_2$ vakias attari . . .	1.346 —	2.946 —
La kutra, pou. l'indigo	63.000 —	138.900 —

Le riz se vend au poids du maund sofi de 78 $^1/_2$ vakias attari = 105 kilog.

Pour l'or et l'argent on se sert du chéki.

	Rapport français.	Rapport anglais.
1 chéki = 100 miskal	466.500 gramm.	7200 grains.
1 —	4.665 —	72 —

BATAVIA (Sumatra.)

Le poids du pays est le picul, un peu plus fort que le picul chinois.

	Rapport français.	Rapport anglais.
1 picul = 100 cattis = 1600 taels.	61·750 kilog.	135.540 liv. adp.
1 — = 16 —	0.617 —	1.356 —
1 —	38.590 gramm.	594.544 grains.
Grand bahar = 1 $^1/_2$ petit bahar = 4 $^1/_2$ piculs.	277.880 kilog.	612 liv. adp.
Petit bahar = 3 piculs.	185.250 —	407 —

Dans le commerce avec les étrangers, on emploie la livre de Troy hollandaise et aussi l'ancienne livre de commerce. (*Voir* HOLLANDE.)

Pour l'or et l'argent on se sert du marc de Troy de Hollande.

BAVIÈRE. (*Voir* Augsbourg.)

BENGALE. (*Voir* Calcutta.)

BENARÈS (*comme* Calcutta).

BENCOOLEN (île de Sumatra.) (*Domination hollandaise*).

Dans le gros commerce le poids est le bahar.

	Rapport français.	Rapport anglais.
1 bahar = 4 $^1/_2$ piculs à 100 cattis	254 kilog.	560 liv. adp.
1 picul	60.470 —	133 $^1/_2$ —

Le poids pour l'argent est le tail à 16 maces.

	Rapport français.	Rapport anglais.
1 tail ou tael = 16 maces ou mas = 100 condorines.	41.340 gramm.	638.000 grains.
1 condorine (2)	4.134 —	6.380 —

(1) Suivant **Dourather** le maund sofi = 52.611 kilog. = 116 livres avdp. anglais.

(2) Le condorine est une graine de fève écarlate qui sert de poids aux Chinois; ils l'appellent fwen, 100 forment un tail, qui correspond à l'once européenne.

BERLIN.

Depuis l'adoption du système décimal français, l'unité des poids, en Prusse et dans toute la Confédération de l'Allemagne du Nord, est la livre de 500 grammes, c'est-à-dire le demi-kilogramme ; il est déjà établi que toute l'Allemagne, la Bavière, la Saxe, le Wurtemberg, Bade, etc., à l'exception de l'Autriche, aura le même système de mesures, poids et monnaies. Cette loi ne tardera pas à être mise à exécution ; en Prusse, elle est déjà en vigueur.

POIDS NOUVEAUX.

	Rapport français.	Rapport anglais.
1 livre = 5 hectogrammes = 50 décagrammes.	500 grammi.	1.102 liv. adp.
1 — = 5 — .	100 —	1543.400 grains.
1 — .	10 —	154.340 —
	1 —	15.431 —
1 quintal ou centner.	50 kilog.	110.245 liv. adp.
1 tonneau = 20 quintaux	1000 —	19.686 quint.

2 livres = 1 kilogrammes.

POIDS ANCIENS.

La livre légale de Prussel ou pfund = 2 mares = 167.711 grammes.

	Rapport français.	Rapport anglais.
1 livre = 16 onces = 32 gros = 128 quenti-chen = 512 pfennig.	0.467 kilog.	1.031 liv. adp.
Quintal = 110 livres	51.448 —	113.440 —
Stein lourd = 2 steins légers = 22 livres. .	10.290 —	22.690 —
Charge = 3 quintaux	154.344 —	340.320 —
Ancien last de navire = 4000 livres	1870 —	4100 —

Pour l'échelle des titres des matières d'or et d'argent on se servait du marc, divisé en 288 grains = 24 karats à 12 grains.

1 karat = 2.055 décigrammes = 3.172 grains anglais.

Pour l'argent, le karat égalait 16 loths de 18 grains ; 1 loths = 4086 richt pfennigs.

Pour les perles et les pierres précieuses on se servait du même karat, subdivisé en 4, 8, 16, 32, 64 parties.

La livre de pharmacie était égale à 3/4 de la livre de commerce.

	Rapport français.	Rapport anglais.
1 livre = 12 onces = 96 drachmes = 288 scrupules = 576 oboles = 5760 grains	350.783 gramm.	5504 grains.

BERNE (Suisse).

Pour les poids nouveaux, *voir* SUISSE.

POIDS ANCIENS.

	Rapport français.	Rapport anglais.
Livre, poids de commerce, = 16 onces = 32 loths	0.520 kilog.	1.146 liv. adp.
Livre, poids de marc pour les marchandises fines, pour l'or et l'argent, = 2 mares = 16 onces = 32 loths.	0.489 —	1.078 —
Le centner ou quintal = 100 livres	52.010 —	114.670 —

BETELFAKI (Arabie).

Le poids usité dans le commerce est le bachar ou bahar.

			Rapport français.	Rapport anglais.
1 bachar = 40 faercels = 400 maunds	. . .	369.910 kilog.	815.600 liv. adp.
1 — 10 —	. . .	9.250 —	20.390 —
1 —	. . .	0.925 —	2.039 —

10 faercels de Betelfaki = 7 faercels de Moka.

BIRMAN (Asie). (*Voir* Rangoun.)

BOGOTA (Nouvelle-Grenade).

Depuis 1854, le système décimal français est décrété.

Les anciennes mesures sont celles de Castille. (*Voir* Madrid.)

BOLIVIE.

Les poids en usage sont ceux d'Espagne. (*Voir* Madrid.)

BOLOGNE (Italie.)

Pour les poids nouveaux, *voir* Italie.

POIDS ANCIENS.

	Rapport français.	Rapport anglais.
Livre = 12 onces = 192 ferlini = 7680 grains.	0.362 kilog.	5587 grains.

La même livre servait pour l'or et l'argent.

Les perles et autres pierres précieuses se vendaient à l'once de Troy de Hollande = 640 as = 30.760 grammes.

BOMBAY (Indes anglaises).

Dans la présidence de Bombay, les poids anglais sont en usage ; cependant, les indigènes se servent encore de leurs poids. Le candy et le maund sont les plus usités.

			Rapport français.	Rapport anglais.
1 candy = 20 maunds = 80 seer = 24000 pices	254.010 kilog.	560 liv. adp.
1 — 4 — 1200 —	12.700 —	28 —
soit 1 quarter de quintal.		
1 — 30 —	. 317.500 gramm.	4900 grains.
1 —	. 10.580 —	163 —

On emploie aussi :

	Rapport français.	Rapport anglais.
Le maund de Surate.	17.000 kilog.	37.500 liv. adp.
— bazar de Bengale	33.865 —	74.667 —
— de Madras.	11.339 —	25.000 —
— de Travancore	14.889 —	32.829 —

Le candy et le maund varient de valeur, selon les marchandises à peser.

Voici les différents poids :

	Rapport anglais.	Rapport français.
Candy pour le coton = 7 quintaux anglais. .	784.000 liv. adp.	355.578 kilog.
— pour le chanvre, la laine et le poivre de Butcollah	588.000 —	266.684 —
— pour le poivre d'Aleppy.	500.000 —	226.772 —
— — de Tellichery.	640.000 —	290.268 —
Maund pour le café	41.000 —	18.622 —
— pour le sucre.	46.000 —	20.863 —
— pour l'indigo	38.250 —	17.348 —
— pour l'ivoire et le safranum	37.500 —	17.008 —
La gomme, la nacre et les graines oléagineuses se vendent par quintal	112.000 —	50.797 —
La soie se vend à la serre.	1.855 —	0.840 —

Les peaux et les marchandises de manufacture indienne se vendent par **corge** de 20 pièces.

Les vachettes, par 12 livres *avdp*.

Pour l'or et l'argent, on emploie le seer = 24 tolas.

	Rapport français.	Rapport anglais.
1 tola = 10 wals = 50 gonzes = 600 chows.	11.600 gramm.	179.000 grains.
1 wal $2\frac{1}{2}$ — 15 — .	2.900 décigr.	4.475 —
1 gonze ou grain = 6 ch.	11.600 centigr.	1.790 —
1 —.	1.930 —	0.298 —
1 seer = 24 tolas = 14400 chows.	278.350 gramm.	4296.000 —

Le poids réel pour les perles et pierres précieuses, en usage à Bombay, est le tank.

	Rapport français.	Rapport anglais.
1 tank = 24 ruttee = 96 quarts = 384 annas = 480 vassas	4.665 gramm.	72.000 grains.
1 ruttee = 4 quarts = 16 annas = 20 vassas.	1.943 —	3.000 —
1 vassa .	9.719 milligr.	0.142 —

Commission de vente ou d'achat sur les perles, pierres précieuses, opium : 2 1/2 °/₀ ; sur les autres marchandises, 5 °/₀

BRÊME.

Depuis le 1ᵉʳ juin 1858, la livre de 500 grammes est le seul poids légal, avec les subdivisions suivantes :

	Rapport français.	Rapport anglais.
1 livre = 10 neuloths (loths nouveaux) = 100 quentchen = 1000 orths (demi-gramm.).	0.500 kilog.	1.102 liv. adp.
1 quintal = 100 livres.	50.000 —	110.245 —

POIDS ANCIENS.

	Rapport français.	Rapport anglais.
Livre de commerce = 16 onces = 32 loths = 128 quentchen	0.498 kilog.	1.099 liv. adp.
Marc = 8 onces = 16 loths = 64 quentchen.	0.249 —	0.549 —
Centner ou quintal ancien = 116 livres. . .	57.800 —	127.430 —
Schiff-pfund = 2 1/2 quintaux = 290 livres. .	144.490 —	318.890 —
Tonneau = 2000 livres	996.500 —	2199.000 —
Sshiff-last ou last de navire = 2 tonneaux.	1993.000 —	4398.000 —
Last nouveau = 2 tonneaux nouveaux = 4000 livres	2000.000 —	4418.000 —

Commission pour les achats et ventes d'outre-mer, 2 °/₀.

BRÉSIL. (*Voir* Rio-Janeiro.)

BRUXELLES.

On fait usage des poids métriques de France. (*Voir* PARIS.)

POIDS ANCIENS.

	Rapport français.	Rapport anglais.
Livre de commerce = 16 onces = 64 satins = 128 gros.	0.467 kilog.	1.031 liv. adp.

La livre poids de marc, pour les orfévres et pour peser l'or et l'argent, était la livre de Troy de Hollande. (*Voir* AMSTERDAM.)

BUCHAREST (Valachie.)

L'oka de Bucharest est égale à celle de Constantinople.

	Rapport français.	Rapport anglais.
1 oka = 4 littre = 400 drachmes.	1.283 kilog.	2.829 liv. adp.
1 quintal = 44 okes	56.408 —	124.000 —

BUENOS-AYRES.

Les poids sont les mêmes que ceux d'Espagne. (*Voir* MADRID.)

Les cuirs se vendent à la pesada.

	Rapport français.	Rapport anglais.
Pesada pour les cuirs salés = 60 livres de Castille.	27.600 kilog.	60.759 liv. adp.
Pesada pour les cuirs secs = 35 livres de Castille.	16.100 —	35.500 —

CADIX.

Les poids de Castille sont en usage à Cadix. (*Voir* MADRID.)

Le tonneau de navire est celui établi par la loi du 18 décembre 1844, pour toute l'Espagne.

	Rapport français.	Rapport anglais.
1 tonneau de navire = 20 quintaux.	920 kilog.	2028 liv. adp.

CAIRE. (*Voir* Alexandrie.)

CALCUTTA (Indes anglaises).

On emploie deux espèces de poids :

	Rapport français.	Rapport anglais.
Le bazar-maund (maund du bazar)	37.251 kilog.	82.135 liv. adp.
Le bazar de factorerie anglais, 10 % plus petit	33.865 —	74.666 —

La subdivision est la même pour tous les deux.

1 maund = 40 seers = 640 chattaks = 3200 siccas.

100 bazar-maunds = 110 maunds factory.

Pour peser l'or et l'argent, on emploie le sicca.

		Rapport français.	Rapport anglais.
1 sicca = 10 massa = 320 grains = 1280 pun-khos		11.640 gramm.	179.667 grains.
1 massa		1.164 —	17.966 —

COMPARAISON DES POIDS.

			Rapport français.	Rapport anglais.
1 quintal anglais =	1.364 bazar-maund	= 112 liv. adp. =		50.797 kilog.
1 bazar-maund	1.100 factory —	82.135 —		37.251 —
1 factory —	0.999 bazar-maund	74.666 —		33.865 —
1 tonneau anglais	27.272 — —	30 factory mnd		20 quint^x ang.
100 kilogrammes	2.684 — —	2.955 —		1.969 —
100 —	8.818 mnd de Madras	7.875 maund de Bombay.		

La commission de vente et d'achat pour les marchandises est de 2 1/2 %.

CALICUT (Côte de Malabar).

		Rapport français.	Rapport anglais.
Candy = 20 maunds = 1360 seers		315.460 kilog.	695.540 liv. adp.
1 — 68 —		15.773 —	34.777 —
1 —		0.231 —	3580 grains.

Pour l'or et l'argent, on se sert du tanam, dont 11 1/2 font 1 miscal.

	Rapport français.	Rapport anglais.
1 miscal	4.322 gramm.	66.700 grains.
1 tanam	3.758 décigr.	5.800 —

CANADA (*comme* Londres).

CANARIES (îles.)

Les poids sont les mêmes que ceux d'Espagne. (*Voir* MADRID.)

	Rapport français.	Rapport anglais.
Tonneau de mer égal à celui d'Espagne. . .	920 kilog.	2028 liv. adp.

CANDIE (île de la Méditerranée).

	Rapport français.	Rapport anglais.
L'oka de Candie pèse	1.201 kilog.	2.653 liv. adp.
1 cantaro = 44 okes	52.870 —	116.570 —

CANTON (Chine).

Selon les évaluations les plus exactes, le picul ou pecul chinois vaut :

	Rapport français.	Rapport anglais.
1 picul ou tan = 100 catties = 1600 taëls . .	60.473 kilog.	133.300 liv. adp.
1 — 16 — . .	0.604 —	1.333 —
1 — . .	37.800 gramm.	583.333 grains.

Le taël est subdivisé en 100 condorines.

Le condorine pèse 3.780 décigrammes = 5.833 grains anglais.

Le condorine est une espèce de fève écarlate qui sert de poids en Chine et dans le Japon.

Dans le commerce, le picul est compté 133 $\frac{1}{2}$ livres *avdp*.

1 shih ou pierre = 1 $\frac{1}{3}$ picul = 60 yin = 120 catties = 72.568 kilogr.

Le taël ou liang se divise aussi décimalement :

1 taël = 10 tsien ou mace = 100 fen ou condorines = 1000 li ou cash
= 10000 hao = 100000 sse.

Comme nous l'avons indiqué ci-dessus,

1 taël = 37.800 grammes = 583.333 grains anglais.

Le poids chinois varie suivant les lieux.

Catty du Trésor à Peking.	611.910	grammes.
— usuel en Chine	601.280	—
— usité dans le Nord	602.590	—
— de la Douane.	604.530	—

Le titre de l'or et de l'argent se détermine par centième, que l'on nomme toques (ou essais). L'argent doit être au titre de 80 toques, c'est-à-dire 800 millièmes.

Le droit de commission est très-variable. Pour l'achat et la vente des marchandises ordinaires, il est de 5 %; pour l'opium, le coton, le camphre, les perles, les pierres précieuses, les nids d'oiseaux des Indes, il est de 3 %.

CARACAS (Venezuela) (*comme* Madrid).

CARLSRUHE (Grand duché de Bade).

La livre légale de Bade est égale au demi-kilogramme.

	Rapport français.	Rapport anglais.
1 livre = 10 zehnling = 100 centass = 1000 pfennig	500 gramm.	1.102 liv. adp.
1 zehnling = 10 centass = 100 pfennig . .	50 —	771.700 grains.
1 — 10 — . .	5 —	77.170 —
1 quintal = 10 stein = 100 livres.	50 kilog.	110.245 liv. adp.

La livre de pharmacie est celle de Nuremberg.

Le marc étalon des monnaies égale.	250 gramm.	3858 grains.

CEYLAN (Indes-Orientales).

On se sert des poids anglais ou de la livre de Troy de Hollande.

	Rapport français.	Rapport anglais.
Le candy du pays ou bahar est compté par les Anglais pour	226.770 kilog.	500.000 liv. adp.
La garce de 20 parahs égale	4198.000 —	9256.500 —
La balle de cannelle = brut, 94 livres; net .	39.386 —	80.000 —

CHILI (Amérique).

Les poids en usage sont les mêmes qu'à Madrid. (*Voir* MADRID.)

CHINE. (*Voir* Canton).

CHRISTIANIA (Norwége).

Les poids sont les mêmes que ceux de Danemark. (*Voir* COPENHAGUE.)

CHYPRE (île de la Méditerranée).

	Rapport français.	Rapport anglais.
1 oke = 400 drachmes	1.268 kilog.	2.800 liv. adp.
1 rottolo ou livre = 12 onces	2.378 —	5.231 —
1 quintal = 100 rottoli	237.800 —	523.100 —

COCHINCHINE (Asie).

Les poids de Cochinchine ont presque les mêmes noms que les poids chinois ; ils sont cependant plus lourds.

	Rapport français.	Rapport anglais.
1 ta = 2 bink = 10 yen = 100 lan = 160 nen.	62.480 kilog.	137.700 liv. adp.
1 — 5 — 50 — 80 —.	31.240 —	68.850 —
1 — 10 — 16 —.	6.248 —	13.770 —
1 —.	0.624 —	1.377 —
1 quan = 5 ta = 500 lan.	312.400 —	688.500 —

Le ta équivaut au pecul de Cochinchine.

COLOGNE.

Pour les poids nouveaux, *voir* BERLIN.

POIDS ANCIENS.

	Rapport français.	Rapport anglais.
Livre = 16 onces = 32 loths = 128 quentins.	0.467 kilog.	1.031 liv. adp.
1 quintal = 100 livres	49.567 —	109.286 —

Le marc de Cologne, moitié de la livre, était anciennement l'étalon de la monnaie pour toute l'Allemagne ; il servait également à peser toutes les matières d'or et d'argent.

1 marc = 233.8123 grammes — 3608 grains anglais.

1 marc = 8 onces = 16 loths = 64 quentins = 256 pfenning = 512 heller = 4352 eschen = 65536 richtpfen.

L'échelle servant à déterminer les titres de l'or et de l'argent est le marc de 24 carats à 12 grains ; et, pour l'argent, de 16 loths à 18 grains, soit 288 grains pour l'un et pour l'autre.

COLOMBIE (Amérique) (*comme* Madrid).

COLOMBO. (*Voir* Ceylan.)

CONSTANTINOPLE (Turquie).

Dans le commerce, les deux poids les plus usités sont l'oke et le rottolo.

	Rapport français.	Rapport anglais.
1 oke = 4 cheki = 400 drachmes = 2560 grains.	1.283 kilog.	2.829 liv. adp.
1 batman = 6 okes = 24 cheki.	7.700 —	16.968 —
1 rottolo = 176 drachmes	0.564 —	1.243 —
1 quintal = 44 okas = 100 rottoli.	56.450 —	124.300 —
1 chek ou yusdromo = 100 drachmes . . .	320.700 gramm.	4950.000 grains.
1 — . . .	3.207 —	49.500 —
La tonne = 136 batmans	1047.200 kilog.	2309.000 liv. adp.

Les poids varient suivant les marchandises.

	Rapport français.	Rapport anglais.
Le quintal de coton = 45 okes	57.700 —	127.200 —
Le cheki d'opium = 250 drachmes.	0.801 —	1.768 —
Le cheki de poil de chameau = 800 drachmes ou 2 okes	2.560 —	5.656 —

Pour l'or, l'argent et les pierres précieuses, on emploie le cheki ordinaire.

	Rapport français.	Rapport anglais.
1 cheki = 100 drachmes = 1600 karats = 6400 grains.	320.700 gramm.	4950.000 grains.
1 karat = 4 grains.	2.005 décigr.	3.094 —

Le titre de l'or est 24 karats à 4 grains ; celui de l'argent est de 100 karats à 4 grains.

	Rapport français.	Rapport anglais.
La soie de Brussa se vend par teffel = 610 drachmes	1.956 kilog.	4.314 liv. adp.
La soie de Perse, par batman = 6 okes. . .	7.698 —	16.968 —

COPENHAGUE (Danemark).

La livre de commerce est égale au demi-kilogramme, avec les subdivisions suivantes :

	Rapport français.	Rapport anglais.
1 livre = 16 onces = 32 loths = 128 quentins	0.500 kilog.	1.102 liv. adp.
1 quintal = 100 livres	50.000 —	110.245 —
Schiffpund (livre de navire = 20 liepfund = 320 livres.	160.000 —	352.811 —
Last de navire = 52 quintaux = 5200 livres.	2600 —	5730.000 —

La livre de pharmacie est la livre de Nuremberg.

	Rapport français.	Rapport anglais.
La livre, poids pour l'or et l'argent, = 2 marcs 16 onces = 32 loths = 128 quentins = 8192 es ou grains.	469.938 gramm.	7260 grains.

La Monnaie royale fait usage du marc de Cologne. (*Voir* COLOGNE.)

L'échelle pour déterminer les titres des matières d'or et d'argent est :

Pour l'or, 24 carats à 12 grains ; pour l'argent, 16 loths à 18 grains

---

CORFOU (îles Ioniennes).

Depuis l'annexion à la Grèce, les poids en usage sont ceux d'Athènes.

POIDS ANCIENS.

La livre grosse est la livre anglaise (avoir du poids). (*Voir* LONDRES.)
La livre sottile (petite) est la livre de Troy anglaise. — —
Anciennement, on se servait des poids de Venise. (*Voir* VENISE.)
1 centinajo = 100 livres; 1 migliajo = 1000 livres.

CRACOVIE (Autriche).

Pour les poids nouveaux, *voir* VIENNE (Autriche).

POIDS ANCIENS.

	Rapport français.	Rapport anglais.
1 livre ou funt = 16 onces = 32 loths = 128 drachmes.	0.405 kilog.	0.894 liv. adp.
1 quintal = 100 livres	40.500 —	89.400 —
1 stein 25 —	10.125 —	22.350 —

138 livres de Cracovie = 100 livres de Vienne.

Le poids pour l'or et l'argent était le marc de Cologne.
La livre de pharmacie était celle de Nuremberg.

CUBA. (*Voir* la Havane.)

DANEMARK. (*Voir* Copenhague.)

DANTZIG (Prusse).

Pour les poids nouveaux, *voir* BERLIN.

POIDS ANCIENS.

	Rapport français.	Rapport anglais.
1 livre = 2 marcs = 16 onces = 32 gros = 128 quentchen.	0.435 kilog.	0.960 liv. adp.
Petite stein pour le sucre, le riz, le sirop, etc., 22 livres de Prusse.	10.290 —	22.690 —
Grosse stein pour le chanvre, les cordages, le lin, = 33 livres de Prusse.	15.430 —	34.024 —
Schiffpund (livre de navire) = 10 grosse stein.	154.300 —	340.240 —
Liepfund = 16 ½ livres	7.717 —	17.000 —

Last de navire = 4000 livres de Prusse (poids ancien).

Pour l'or et l'argent, on se servait de l'ancien marc de Cologne.

On divisait aussi ce marc en 24 schott ou carats.

	Rapport français.	Rapport anglais.
1 carat ou schott	9.711 gramm.	149.700 grains.

DARMSTADT (Hesse).

Les poids en usage sont les mêmes qu'à Carlsruhe.

DOMINGUE (SAINT-) (Haïti). (*Voir* Port-au-Prince.)

DRESDE (Saxe).

Pour les poids, *voir* Leipzig.

ÉGYPTE. (*Voir* Alexandrie.)

ESPAGNE. (*Voir* Madrid, Cadix, Barcelone, Alicante.)

ÉTATS-UNIS (Amérique). (*Voir* New-York.)

FIUME, *comme* Vienne (Autriche).

FLORENCE (Italie).

Pour les poids nouveaux, *voir* Italie.

POIDS ANCIENS.

	Rapport français.	Rapport anglais.
1 livre de Toscane = 12 onces = 96 drammes = 288 denari	0.339 kilog.	0.748 liv. adp.

La même livre servait pour l'or et l'argent.

FRANCFORT-SUR-LE-MEIN.

Depuis 1866, les poids en usage sont ceux de Prusse. (*Voir* Berlin.)

POIDS ANCIENS.

Il y avait trois sortes de livres :

La livre poids léger, pour le commerce de détail et pour l'or et l'argent.

	Rapport français.	Rapport anglais.
1 livre = 2 marcs = 16 onces = 32 loths = 128 quentchen = 512 pfennig = 1024 heller ou grains	0.467 kilog.	1.031 liv. adp.
La livre forte pour le commerce en gros, avec la même subdivision	0.505 —	1.114 —
25 livres fortes = 27 livres légères.		
La livre, poids de douane, égale	0.500 —	1.102 —
1 quintal = 108 livres légères = 100 livres fortes	50.500 —	111.400 —
Le stein ou pierre = 22 livres fortes . . .	11.113 —	24.508 —

La tonne = 1010 kilogr. Le last = 2 tonnes — 2020 kilog.

Pour les métaux précieux, on se servait aussi du marc de Cologne, qui est égal au marc de Francfort, soit la moitié de la livre légère.

Pour peser les perles et les diamants, on divisait le marc en 1136 carats à 4 grains.

1 carat = 2.058 décigrammes = 3.176 grains anglais.

La livre de pharmacie est celle de Nuremberg.

Le titre de l'or s'évalue en carats.

24 carats = 1 marc. 1 carat = 12 grains.

Le titre de l'argent s'évalue en loths.

16 loths = 1 marc. 1 loth = 18 grains.

GALATZ (Moldavie).

Les poids en usage sont ceux de Turquie. (*Voir* Constantinople.)

Dans le commerce, on compte généralement 44 okes = 100 pfund ou livres de Vienne.

GÊNES (Italie).

Pour les poids nouveaux, *voir* Italie.

POIDS ANCIENS.

	Rapport français.	Rapport anglais.
1 livre = 12 onces = 288 denari = 6912 grani.	0.316 kilog.	0.696 liv. adp.
1 rottolo = 18 onces = 1 ½ livre	0.475 —	1.045 —
1 rubbo = 25 livres	7.920 —	10.450 —
1 cantaro ou quintal = 100 rottoli.	47.524 —	104.500 —

La livre servait pour peser l'or, l'argent et les pierres précieuses.

Tonneau (tonnellata) = 1000 kilog. = 19.686 quintaux anglais.

GENÈVE (Suisse).

Pour les poids nouveaux, *voir* Suisse.

POIDS ANCIENS.

	Rapport français.	Rapport anglais.
Livre, gros poids, = 18 onces = 431 deniers.	0.550 kilog.	1.210 liv. adp.
— petit — 15 — 360 — .	0.458 —	1.009 —

Le poids employé pour l'or et l'argent est l'ancien marc de Paris, égal à 244.753 grammes.

L'échelle de ce marc se divisait en 32 carats à 24 parties, pour l'or ; en 12 deniers à 24 grains pour l'argent.

POIDS DE PHARMACIE.

	Rapport français.	Rapport anglais.
1 livre = 16 onces = 128 drachmes = 8916 grains.	0.500 kilog.	1.102 liv. adp.

GIBRALTAR.

On se sert des poids anglais et des poids de Castille. (*Voir* Londres et Madrid.)

GOA (Côte de Malabar) (*comme* Lisbonne).

Les perles se vendent au chego.

1 quitate ou carat de Lisbonne =   5 chego.
12   —   sont comptées. . . .   100   —

	Rapport français.	Rapport anglais.
1 quitate ou carat égale.	2.058 décigr.	3.176 grains.

GRÈCE. (*Voir* Athènes.)

GUATÉMALA et GUAYAQUIL (Amérique).

Les poids sont les mêmes qu'en Espagne. (*Voir* MADRID.)

GUINÉE (Afrique).

Le poids en usage est le benda.

	Rapport français.	Rapport anglais.
1 benda = 2 benda-offa = 4 egebba = 8 piso ou onces	64.120 gramm.	989.600 grains.
1 piso ou once = 4 medius tablas.	8.015 —	123.700 —
L'or se vend par ackey	1.299 —	20.005 —
Le quintal de gomme = 5 gamelles.	97.500 kilog.	215 liv. adp.

HAMBOURG.

La livre légale, depuis le 1ᵉʳ juillet 1858, est le demi-kilogramme, comme en France.

POIDS NOUVEAUX.

	Rapport français.	Rapport anglais.
1 livre = 10 neuloths = 100 quintins = 1000 halbgramme	500 gramm.	1.102 liv. adp.
1 neuloth = 10 quintins = 100 halbgramme.	50 —	771.700 grains.
1 — 10 — .	5 —	77.170 —
1 -- .	1/2 —	7.717 —
1 quintal ou centner = 100 livres.	50 kilog.	110.245 liv. adp.
Tonneau nouveau = 2000 livres.	1000 kilog.	2204 liv. adp.

La livre de pharmacie a été supprimée ; l'once égale à 6 quintins a été adoptée comme unité.

1 once = 6 quintins = 30 grammes.

	Rapport français.	Rapport anglais.
1 once = 8 drachmes = 24 scrupules = 480 grains	30 grammes.	463.020 grains.

La livre ancienne de pharmacie était celle de Nuremberg.

Pour l'or et l'argent, on continue à se servir du marc de Cologne. (*Voir* COLOGNE.)

Pour les perles et les pierres précieuses, on emploie le carat de Hollande.

1 carat de Hollande = 2.051 décigrammes = 3.165 grains anglais.

	Rapport français.	Rapport anglais.
1 livre de commerce = 16 onces = 32 loths 128 quentchen.	0.484 kilog.	1.068 liv. adp.
Liespfund = 14 livres.	6.780 —	14.950 —
Stein de lin = 20 livres.	9.690 —	21.360 —
Stein de laine et plumes = 10 livres	4.840 —	10.680 —
Schiffspfund = 20 liespfund de 14 livres . .	135.630 —	299.050 —
Quintal ou centner = 8 liespfund = 112 liv.	54.250 —	119.620 —
Tonneau pour marchandises lourdes égale 2000 livres	968.000 —	19.072 quint^x.

L'échelle du titre pour l'or est de 24 carats à 12 grains.

L'échelle du titre pour l'argent est de 16 loths à 18 grains.

La commission d'achat pour l'Allemagne est de 1 $^1/_2$ %; pour l'intérieur, il est de 2 %. Courtage, 1 à 1 $^1/_2$ %.

HANOVRE.

Pour les poids nouveaux, *voir* BERLIN.

Ces poids étaient les mêmes que ceux en usage à Hambourg. Le royaume de Hanovre avait adopté, en 1858, le système des poids et mesures de Hambourg. (*Voir* HAMBOURG, *nouveaux poids*.)

HAVANE (La).

Les poids du commerce sont les poids de Castille. (*Voir* MADRID.)

	Rapport français.	Rapport anglais.
Le quintal est compté	46 kilogramm.	101.430 liv. adp.

Un décret du 18 décembre 1844 a établi que le tonneau, pour tous les ports de l'Espagne et dépendances, sera de 20 quintaux à 4 arrobas, c'est-à-dire égal à 920 kilogrammes = 2028 livres *avdp.* anglaises, soit 18.937 quintaux anglais.

HEIDELBERG (Bade) (*comme* Carlsruhe).

HOLLANDE. (*Voir* Amsterdam.)

HONDURAS. (Amérique.)

Les poids d'Espagne sont toujours en usage. (*Voir* MADRID.)

HONG-KONG. (*Voir* Canton.)

ITALIE.

POIDS NOUVEAUX.

L'unité légale est le gramme; mais, dans le commerce, le kilogramme est considéré comme l'unité principale.

Les multiples du kilogramme ne suivent pas leur nomenclature : ce sont le quintal et le tonneau (tonellata).

Sous-multiples du gramme.

	Rapport français.		Rapport anglais.	
1 grammo = 10 decigrammi = 100 centigrammi = 1000 milligrammi.	1	gramm.	15.434	grains.
1 decigrammo = 10 centigr. = 100 milligr.	0.1	—	1.543	—
1 — 10 — .	0.01	—	0.154.34	—
1 — .	0.001	—	0.015.434	—

Ce poids sert pour l'or et l'argent et pour le poids de pharmacie.

Le titre de l'or est à 1000 millièmes = 24 anciens carats.

Le titre de l'argent est à 1000 millièmes = 12 anciens deniers.

Multiples du gramme.

	Rapport français.		Rapport anglais.	
1 kilogrammo = 10 ectogrammi = 100 decagrammi = 1000 grammi.	1	kilog.	2.204	liv. adp.
1 ectogrammo = 10 decagr. = 100 grammi.	0.1	—	0.220	—
1 — 10 — .	0.01	—	154.340	grains.
1 — .	0.001	—	15.434	—
1 livre usuelle égale.	0.500	—	1.102	—

Multiples du kilogramme.

	Rapport français.		Rapport anglais.	
1 quintale metrico égale	100	kilog.	220.490	liv. adp.
1 tonnellata = 10 quintali metrici	1000	—	2204.900	—

soit 19.686 quintaux anglais.

Pour la comparaison de 100 kilogrammes avec les principales places, *voir* PARIS.

Pour les poids anciens, *voir* TURIN, MILAN, ROME, GÊNES, VENISE et NAPLES.

JAPON.

L'unité des poids, soit pour le commerce, soit pour peser l'or, l'argent, les perles et les pierres précieuses, est le monme.

	Rapport français.		Rapport anglais.	
1 monme = 10 pun = 100 rin = 1000 mon.	1.750	gramm.	27.009	grains.
1 — 10 — 100 — .	0.175	—	2.700	—
1 — 10 — .	17.500	milligr.	0.270	—
1 — .	1.750	—	0.027	—
Le kwan-mé = 1000 monmes	1.750	kilog.	3.638	liv. adp.
Le kyak-mé 100 —	0.175	—	2700	grains.
Le kin (livre) = 160 —	0.280	—	0.617	liv. adp.

On se sert aussi du picul.

	Rapport français.	Rapport anglais.
Suivant les uns, il est égal au picul chinois = 100 cattis	60.473 kilog.	env. 133 ½ l. adp
Suivant les autres, le picul du Japon, qui n'est que de	58.960 —	130 —
1 cattis = 16 tails.		
1 tail = 10 mas = 100 condorines	36.850 gramm.	569.000 grains.
1 —	3.685 décigr.	5.687 —

Le condorine est une espèce de fève écarlate qui sert de poids aux Chinois et aux Japonais.

JASSY (Moldavie).

Les poids en usage sont ceux de Turquie. (*Voir* CONSTANTINOPLE.)

	Rapport français.	Rapport anglais.
Dans le commerce, 44 okes sont comptées 100 livres ou pfunds de Vienne.	56 kilogramm.	123.470 liv. adp.

KHIVA (Tartarie).

Le batman est compté 1.200 puds de Russie = 48 livres de Russie.

	Rapport français	Rapport anglais.
1 batman égale	17.748 kilog.	43.542 liv. adp.

KŒNIGSBERG.

Pour les poids nouveaux, *voir* BERLIN.

POIDS ANCIENS.

	Rapport français.	Rapport anglais.
1 livre = 2 marcs = 16 onces = 32 loths = 128 quentchen.	0.381 kilog.	0.840 liv. adp.
Stein ou grosse pierre, pour le lin, le chanvre, le plomb, le suif, = 33 livres	15.120 —	34.030 —
Petite pierre = 20 livres.	9.350 —	20.620 —
Schiffpund = 3 quintaux = 10 grosses pierres.	154.330 —	340.280 —
Last de navire = 12 schiff-funds = 36 centner ou quintaux	1752.000 —	4084.000 —

LA VALETTE. (*Voir* Malte.)

LEIPZIG.

L'Allemagne ayant adopté un seul système de poids et mesures, pour les nouveaux poids, *voir* BERLIN.

POIDS ANCIENS.

Depuis le 1ᵉʳ novembre 1858, la livre de commerce pour toute la Saxe était égale à la livre usuelle de France, soit 500 grammes, subdivisée ainsi :

	Rapport français.	Rapport anglais.
1 livre ou pfund = 30 loths = 300 gros = 3000 cents = 30000 grains	0.500 kilog.	1.102 liv. adp.
1 loth (demi-once) = 10 gros = 100 cents.	166.670 gramm.	2563 grains.
1 — 10 —	16.660 —	256 —
Quintal ou centner = 10 stein = 100 livres .	50 kilog.	110.245 liv. adp.
Schiffpund ou livre de navire = 3 quintaux.	150 —	330.735 —
Schifflast ou last de navire = 40 quintaux = 4000 livres	2000 —	29.372 quint^x.

D'après l'ordonnnce du 12 mars 1858, 100 nouvelles livres = 107 livres anciennes.

Pour l'or et l'argent, le marc était égal à 233.812 grammes.

L'échelle de titre pour les matières d'or et d'argent était la même qu'à Berlin. D'après le nouveau système, le titre est exprimé en millièmes.

LIMA (Pérou).

Les poids sont les mêmes qu'en Espagne. (*Voir* MADRID.)

Dans le commerce, on compte 100 livres d'Espagne = 101.500 liv. *adp.* ang.

LISBONNE.

Le système métrique français, adopté en Portugal en 1852, est devenu obligatoire pour les poids à partir du 1er juillet 1861.

ANCIENS POIDS.

	Rapport français.	Rapport anglais.
1 livre ou arratel = 4 quartas = 16 onças = 128 octavas = 384 escrupulos	0.459 kilog.	1.012 liv. adp.
1 onça = 8 octavas = 24 escrupulos	28.687 gramm.	412.750 grains.
1 arroba = 32 livres.	14.688 kilog.	32.385 liv. adp.
1 quintal = 4 arrobas	58.752 —	129.540 —
Une loi du 24 avril 1841 a établi que le tonneau de fret serait égal à 18.600 quintaux = 2381 livres.	1093.000 —	21.100 quint^x.
La livre de pharmacie = 12 onces = 96 octavas = 288 escrupulos = 6912 grains . .	344.250 gramm.	5309 grains.

Le poids pour l'or et l'argent est le marc.

	Rapport français.	Rapport anglais.
1 marc = 8 onças = 64 octavas = 4608 grains.	229.500 gramm.	3542 grains.

Pour peser les perles et les pierres précieuses, on emploie le quitate (carat).

	Rapport français.	Rapport anglais.
1 carat = 4 grains	2.058 décigr.	3.176 grains.

Les lapidaires comptent 151 carats de Portugal = 1 once poids de Troy d'Angleterre.

L'échelle de titre, pour l'or, est le marc, divisé en 24 carats à 4 grains; pour l'argent, divisé en 12 deniers à 24 grains.

LIVOURNE.

Pour les poids anciens, *voir* Florence; pour les nouveaux, *voir* Italie.

	Rapport français.	Rapport anglais.
L'ancien quintal ou centinajo = 100 livres. .	33.955 kilog.	74.860 liv. adp.
Le migliajo = 10 centinari = 1000 livres. .	339.550 —	748.600 —
Le last ancien = 5600 livres	1900.000 —	37.400 quint^x.

LONDRES.

La livre légale de commerce, en Angleterre, est la livre avoir du poids.

			Rapport français.
1 livre (pound) = 16 onces = 256 drachmes.	7000 grains.	453.550 gramm.
1 — 16 — .	437 $^1/_2$ —	28.350 —
1 — .	27 $^{11}/_{32}$ —	1.770 —
1 —	0.064 —
1 stone égale	14 liv. adp.	6.350 kilog.
1 quarter	28 —	12.700 —
1 quintal (hundredweight)	112 —	50.800 —
1 tonneau (ton) = 20 quintaux	2240 —	1016.048 —

1 kilogramme = 2 livres 3 onces 4 drachmes 12 $^1/_8$ grains.

La stone varie suivant les objets qu'elle sert à peser.

		Rapport français.
1 stone de viande égale	8 liv. adp.	3.628 kilog.
1 — de poisson	8 —	3.628 —
1 — de verre.	5 —	2.267 —
1 — de laine.	14 —	6.349 —
1 — de fromage	16 —	7.256 —
1 — de chanvre	32 —	14.502 —
1 firkin de beurre.	56 —	25.396 —
1 — de savon	64 —	29.024 —
1 last (load) de laine = 12 sacks = 312 stones.	4368 —	1980.000 —

Le poids légal pour le charbon de terre est le tonneau.

1 tonneau = 10 sacks = 20 quintaux. . . . 2240 liv. adp.   1016 kilog.

Le chaldron de Londres   = 25 $^1/_2$ quintaux = 1295 kilogr.
—   —   Newcastle   53   —   2692 —

Le keel de Newcastle = 8 chaldron de Newcastle ; il pèse 424 quintaux, soit 21538 kilogrammes et contient 16 $^5/_8$ chaldron de Londres.

Il y a encore la livre de Troy, qui sert pour peser l'or, l'argent, les monnaies, les bijoux, les perles, la soie, les grains, les médicaments, le pain, etc.

		Rapport français.
1 livre de Troy = 12 onces = 240 deniers = 5760 grains	115200 mites.	373.200 gramm.
1 once = 20 deniers = 480 grains	9600 —	31.100 —
denier ou pennyweight = 24 grains . . .	480 —	1.560 —
1 grain. . . .	020 —	6.480 centigr.
	1 —	3.240 milligr.

175 livres poids de Troy = 144 livres avdp.
175 onces — — 192 onces —

Les sous-multiples de l'once varient suivant les objets qu'on a à peser.

L'once, pour les diamants et les pierreries, est de 151 $^1/_2$ carats de 4 grains ou 606 grains-diamants.

L'once pour les perles est de 20 deniers ou pennyweights de 30 grains (au lieu de 24) ou 600 grains-perles.

	Rapport français.	Rapport anglais.
Le carat des diamants égale	2.053 décigr.	3.168 grains.
Le grain des diamants.	5.132 centigr.	1 —
Le carat des perles	2.073 décigr.	3.200 —
Le grain des perles	5.183 centigr.	1 —

Les perles se pèsent au grain, qui est la 30e partie du pennyweight.

5 grains-perles = 4 grains de Troy.

Pour l'échelle des titres, la livre de Troy se divise en 24 carats à 4 grains, pour l'or, et en 12 onces = 240 deniers ou pennyweights, pour l'argent.

LUBECK.

POIDS ANCIENS.

	Rapport français.	Rapport anglais.
Livre de commerce = 32 loths = 128 quentins	0.484 kilog.	1.072 liv. adp.
1 quintal ou centner = 8 liespfund = 112 liv.	54.280 —	119.670 —

Last de navire et tonneau, comme Hambourg. (*Voir* HAMBOURG.)

Lubeck ayant adhéré à la convention du 1er juillet 1858, les poids actuels sont les mêmes que ceux de Hambourg. (*Voir* HAMBOURG.)

MACAO (*comme* Canton).

MADRAS.

Le poids en usage à Madras est le candy.

	Rapport français.	Rapport anglais.
Selon sa juste valeur, égale	218.740 kilog.	482.290 liv. adp.
Mais les Anglais le complent.	226.770 —	500.000 —
1 candy = 20 maunds = 800 seers	226.770 kilog.	500 liv. adp.
1 — 40 —	11.338 —	25 —
1 —	0.283 —	4375 grains a.,

soit 10 onces *avdp.*

1 candy ou baruay = 6400 pollams = 64000 pagodes.

	Rapport français.	Rapport anglais.
1 pagode égale	3.543 gramm.	54.687 grains.
La garce = 20 candy	4375.000 kilog.	9646 liv. adp.
Le picul de Madras	59.875 —	132 —
L'or et l'argent se pèsent à la pagode-star. .	3.405 gramm.	52.560 grains.
Les diamants, au carat de 4 grains = au carat anglais	2.053 décigr.	3.168 —
Les perles se pèsent au mangalin divisé en 16 parties; 1 mangalin.	3.887 —	6.000 —

MADRID.

L'Espagne a adpoté le système décimal français depuis le 1er janvier 1858; cependant, les anciens poids sont toujours en usage.

L'unité de poids est la livre de Castille.

	Rapport français.	Rapport anglais.
1 livre = 16 onces = 128 ochaves = 256 adarmes = 9216 grains	460.500 gramm.	1.012 liv. adp.
1 once = 8 och^{es} = 16 adarmes = 576 grains .	28.780 —	443.750 grains.
1 arroba = 25 libras ou livres	11.512 kilog.	25.383 liv. adp.
Dans le commerce, est compté ordinairement	11.500 —	25.000 —
Petit quintal ou quintal ordinaire = 4 arrobas = 100 libras	46.000 —	101.430 —
Quintal macho ou grand quintal = 6 arrobas = 150 livres	69.000 —	152.145 —
Tonnelada ou tonneau = 20 quintaux. . . .	920.000 —	2028.000 —

comme il a été établi par décret du 18 décembre 1811, pour tous les ports d'Espagne et dépendances.

	Rapport français.	Rapport anglais.
Pour les matières d'or et d'argent, on emploie le marc = 8 onces = 64 ochaves = 128 adarmes = 4608 grains.	230.250 gramm.	3553.680 grains.
Pour les perles et les diamants, on se sert de l'once, divisée en 140 carats	27.953 —	431.420 —
Le carat de diamants = 4 grains.	1.999 décigr.	3.085 —

Le titre de l'or s'évalue au marc subdivisé en 24 carats ou quitates à 4 grains, celui de l'argent, au marc de 12 deniers de 24 grains.

La livre de pharmacie = 345.400 grammes; elle est subdivisée de la manière suivante :

	Rapport français.	Rapport anglais.
1 livre = 12 onces = 96 drachmes = 288 scrupules = 6912 grains.	345.400 gramm.	5330.500 grains.
La livre médicale égale	368.000 —	5679.712 —

MALAGA.

Les poids sont les mêmes que ceux de Castille. (*Voir* MADRID.)

	Rapport français.	Rapport anglais
La carga (charge) de raisins secs = 2 paniers ou 7 arrobas.	80.500 kilog.	177.500 liv. adp.
La tonne de raisins = 1.750 quintaux ou 7 arrobas.		
Le tonneau d'amandes = 300 liv. de Castille.	138.150 —	304.630 —
Tonneau de navire, comme pour toute l'Espagne	920.000 —	2028.000 —

MALTE.

	Rapport français.	Rapport anglais.
Rottolo, poids de commerce, = 30 onces . .	0.791 kilog.	1.745 liv. adp.

Dans le commerce, le cantaro de 100 rottoli est compté 175 livres *avdp*.

Libbre ou livre pour peser l'or et l'argent :

	Rapport français.	Rapport anglais.
1 livre = 12 onces = 384 trapesi = 6912 grains.	316.600 gramm.	4886 grains.

MANILLE (îles Philippines).

Les poids sont les mêmes que ceux de Castille. (*Voir* MADRID.)

Dans le gros commerce, on se sert du pecul de 100 cattis ; mais le pecul de Manille est plus fort que le pecul chinois.

	Rapport français.	Rapport anglais.
1 pecul = 100 cattis = 137 ½ livres de Castille	63.250 kilog.	139.460 liv. adp.
1 cattis = 22 onces de Castille = 16 taëls. .	0.632 —	1.394 —
1 — . .	39.500 gramm.	612 grains.

La tonnelada, tonneau, est égale à la tonne anglaise = 1016.048 kilogrammes.

Pour peser l'or et l'argent, les perles et les pierres précieuses, on se sert de la piastre que l'on compte 1 once, mais la piastre n'est que 0.9365 once de Castille = 27.060 grammes = 430.420 grains anglais.

8 piastres =	1 marc ;
9 —	1 punto, fil d'or et d'argent ;
10 —	1 tola, poids d'or ;
11 —	1 tola, poids pour la soie ;
16 —	1 livre = 432.963 grammes = 6672.300 grains anglais (soit 15 ¼ onces *avdp.* anglais) ;
22 —	1 cattis.

MAROC.

	Rapport français.	Rapport anglais.
L'artal ou livre (rottle), dans le nord, à Tanger et à Tetuan, est compté 1 demi-kilogramme	500 gramm.	1.102 liv. adp.
Dans le sud, à Mogador et à Mazagan, il est compté de	508 jusqu'à 537 gramm.	
1 kintar (quintal), 100 artal	50 kilog.	110.245 liv. adp.
ou en proportion.		

MARSEILLE. (*Voir* Paris.)

Dans la localité et pour les petites transactions de place, l'ancienne livre est encore en usage, la vraie valeur de la livre ancienne = 407 930 grammes, mais on la compte 400 grammes ; 2 ½ livres = 1 kilogramme.

1 livre = 16 onces = 128 gros = 9216 grains = 407.930 grammes = 6296 grains anglais.

100 livres = 1 quintal ; 3 quintaux = 1 charge (last).

MASCATE, Perse. (*Voir* Moka.)

MAYENCE. (*Voir* Darmstadt.)

MELBOURNE, Australie (*comme* Londres).

MEXIQUE.

Le système décimal a été décrété par l'empereur Maximilien, mais l'application n'est pas en pratique.

Pour poids on se sert de la livre de Castille. (*Voir* MADRID.)

	Rapport français.	Rapport anglais.
La carga de maïs = 8 arrobas de Castille = 200 livres.	92 kilog.	202 liv. adp.
La carga de tabac = 12 arrobas de Castille = 300 livres	138 —	304 —
Carga ordinaire, pour toutes marchandises, = 16 arrobas = 400 livres.	184 —	405 —
Quintal = 100 libras.	46 —	101.430
Tonneau de mer = 20 quintaux	920 —	2028 —

MILAN.

Pour les poids nouveaux, *voir* ITALIE.

POIDS ANCIENS.

	Rapport français.	Rapport anglais.
Petite livre = 12 onces = 288 denari = 6912 grains.	326.800 gramm.	5044 grains.

Elle servait pour peser la soie filée, le cocon, tous les comestibles et aussi comme livre de pharmacie.

	Rapport français.	Rapport anglais.
Libra grossa, grande livre = 4 quarti = 28 onces	0.762 kilog.	1.681 liv. adp.

Servait pour les soies gréges, l'huile, le beurre, le cuir et toutes les marchandises.

7 petites livres = 3 grosses livres.

	Rapport français.	Rapport anglais.
1 rubbo = 25 grosses livres.	19 kilog.	41.675 liv. adp.

Les métaux précieux se pesaient au marc.

	Rapport français.	Rapport anglais.
1 marco = 8 oncie = 192 denari = 4608 grani.	234.997 gramm.	3627 grains.

Pour le titre des métaux on subdivise le marc en 24 carats à 24 parties pour l'or, pour l'argent, en 12 deniers de 24 grains.

MOKA.

	Rapport français.	Rapport anglais.
1 maund ou mon = 2 rattles = 30 vakias (onces)	1.361 kilog.	3.001 liv. adp.
1 rattle = 15 —	0.680 —	1.500 —
1 —	45.350 gramm.	701.740 grains.
1 farcell ou farzil = 10 maunds	13.610 kilog.	30.000 liv. adp.
1 bahar = 150 maunds	204.000 —	450.000 —

Le rattle ou rottole ne vaut que 14 $\frac{1}{2}$ vakias = 657.675 grammes.

Pour les métaux précieux on emploie le beak = 1 $\frac{1}{2}$ vakias, subdivisé en 10 miscals = 15 coffalas = 240 carats = 68.025 grammes.

MOLDAVIE. (*Voir* **Jassy.**)

MONTEVIDEO.

Les mesures sont celles de Castille. (*Voir* MADRID.)

MOSCOU (*comme* **Saint-Pétersbourg.**)

MUNICH. (*Voir* **Augsbourg.**)

NAPLES.

Pour le nouveau système, *voir* ITALIE.

POIDS ANCIENS.

Le poids de commerce était le grand rottolo à 33 $1/_3$ oncies.

	Rapport français.	Rapport anglais.
1 rottole grosse = 33 $1/_2$ onces	0.891 kilog.	1.964 liv. adp.
1 cantaro grosso = 100 rottoli grossi. . . .	89.100 —	196.450 —

L'once = 26.730 grammes, invariable dans les divers poids.

	Rapport français.	Rapport anglais.
Cantaro piccolo, ou petit quintal = 150 pe-tites livres . . . ./	48.110 kilog.	106 liv. adp.

Livre petite = 12 onces = 360 trapesi = 7200 accini = 320.760 grammes; cette livre servait pour peser l'or et l'argent, les marchandises de valeur.

Le titre de l'or se détermine par once à 24 carats, à 100 parties; pour l'argent par once à 12 deniers, à 100 parties.

La tonellata (tonneau) = 1140 rottoli grossi = 1016 kilog. = 1 tonne anglaise.

NEW-YORK (États-Unis).

Les poids légaux sont les mêmes qu'en Angleterre, soit la livre avdp. = 453.5 grammes, avec multiples et sous-multiples. (*Voir* LONDRES.)

D'après convention on compte le quintal 100 livres avdp., au lieu de 112, comme en Angleterre, mais le quintal légal, sans convention, est 112 livres.

Il y a aussi le tonneau de convention de 2000 livres *avdp.*, employé en particulier dans le commerce des céréales.

1 quintal de 100 livres *avdp*.	45.354 kilogrammes.
1 tonneau de 2000 livres *avdp*.	907 —

NICE.

Pour les poids nouveaux comme France. (*Voir* PARIS.)

POIDS ANCIENS.

	Rapport français.	Rapport anglais.
Livre ancienne = 12 onces = 96 ottavi = 288 denari	311.600 gramm,	4809 grains,

suivant quelques auteurs elle est de 323 grammes.

	Rapport français.	Rapport anglais.
Rubbio = 25 livres	7.790 kilog.	17.171 liv. adp.
1 quintal = 6 rubbi = 150 livres	46.740 —	103.026 —

Le même rubbio sert à peser l'huile.

NORWÉGE. (*Voir* Christiania.)

NOUVELLE-GRENADE (Colombie).

Depuis le 1ᵉʳ janvier 1854, le système métrique français est en vigueur dans la République de la Nouvelle-Grenade.

Les poids anciens sont les mêmes que ceux de Castille. (*Voir* MADRID.)

NUREMBERG (Bavière).

Pour les poids de commerce, *voir* AUGSBOURG.

L'ancienne livre de pharmacie ou médicale de Nuremberg servait pour toute l'Allemagne. Aujourd'hui même, dans plusieurs pays, on se sert encore de la livre de pharmacie de Nuremberg.

LIVRE DE PHARMACIE.

	Rapport français.	Rapport anglais.
1 livre = 12 onces = 96 drachmes = 288 scrupules = 5760 grains.	357.854 gramm.	4966.855 grains.

ODESSA (*comme* Saint-Pétersbourg).

PALERME.

Pout le nouveau système, *voir* ITALIE.

ANCIENS POIDS.

La livre légale de tout le royaume, avant l'annexion à l'Italie, était la livre que nous avons indiquée à l'article Naples, soit 320.760 grammes.

L'ancienne livre de Sicile proprement dite égale :

	Rapport français.	Rapport anglais.
1 livre = 12 onces = 5760 cocci = 7128 accini de Napoli.	317.620 kilog.	0.705 liv. adp.
1 rottolo = 30 onces	0.792 —	1.740 —
1 cantaro (quintal) = 100 rottoli	79.250 —	174.720 —

PARAGUAY (Amérique).

La livre du Paraguay est plus forte que la livre de Castille.

	Rapport français.	Rapport anglais.
1 livre = 12 onces = 128 ochaves = 26 adarmes.	495.640 gramm.	1.095 liv. adp.
Arroba = 25 livres	12.500 kilog.	25.759 —
Pesada pour les peaux = 35 livres.	16.110 —	35.520 —

PARIS.

SYSTÈME MÉTRIQUE DÉCIMAL.

L'unité légale des poids est le gramme; mais, dans le commerce, le kilogramme est considéré comme l'unité principale. Les multiples du kilogramme sont le quintal et le tonneau, qui ne suivent pas la nomenclature décimale.

Multiples du gramme.

			Rapport anglais.
1 kilogramme = 10 hectogrammes = 100 décagrammes =			
1000 grammes = ... 1 kil..			2.204 liv. adp.
1 hectogramme = 10 décagrammes = 100 grammes = 0.1. .			0.220 —
1 — = 10 — = 0.01 .			0.020 —
1 — = 0.001.			0.002 —

ou 15.434 grains anglais.

1 livre usuelle = 500 grammes = 1.102 livres avdp.

Multiples du kilogramme.

	Rapport anglais.
Tonneau métrique = 10 quintaux = 1000 kilog	2204.900 liv. adp.
1 quintal = 100 —	220.490 —

1 tonneau = 19.686 quintaux anglais.

Sous-multiples du gramme.

			Rapport anglais.
1 gramme = 10 décigrammes = 100 centigrammes =			
1000 milligrammes = ... 1 gr..			15.434 grains.
1 décigramme=10 centigrammes=100 milligrammes=0.1. .			1.543 —
1 — = 10 — =0.01 .			0.154 —
1 — =0.001.			0.015 —

Il sert pour peser l'or et l'argent, les perles et les pierres précieuses, et comme poids médical et de pharmacie.

Le titre de l'or est de 1000 millièmes = 24 carats de 32 parties.

Le titre de l'argent de 1000 millièmes = 12 deniers de 24 grains.

Comparaison de 100 kilogrammes avec le poids des principales places.

100 kilogrammes =	220.490 livres avdp. anglaises.
— —	267.930 livres de Troy anglaises.
— —	178.530 livres ou pfund de Vienne.
— —	165.360 cattis de Canton (Chine).
— —	227.800 rottoles d'Alexandrie (Egypte).
— —	217.160 livres de Castille (Espagne).
— —	249.380 livres de Barcelone.
— —	220.490 livres des Etats-Unis d'Amérique.
— —	206.440 livres de Hambourg.
— —	200.000 livres nouvelles.
— —	314.980 seers de Bombay.
— —	352.780 seers de Madras.
— —	77.942 okes de Turquie.
— —	177.160 rottoles de Turquie.
— —	162.550 cattis de Batavia.
— —	239.230 livres de Riga.
— —	118.120 seers factorerie de Calcutta.
— —	107.380 seers bazar de Calcutta.

100 kilogrammes = 235.180 seers de Surate.
— — 244.270 livres de Russie.
— — 6.104 puds de Russie.
— — 217.860 livres ou arratels de Portugal.
— — 213.830 livres anciennes de Prusse.
— — 200.000 livres nouvelles de Prusse.
— — 112.230 rottoles de Naples.
— — 100.000 ponds nouveaux de Hollande.
— — 202.400 livres anciennes d'Amsterdam.
— — 200.000 livres ou punds nouveaux de Suisse.
— — 209.620 grosses livres de Milan, poids ancien.
— — 246.610 livres anciennes de Pologne.
— — 217.860 livres de Brésil, poids ancien.

POIDS ANCIENS.

L'unité de poids, avant l'adoption du système décimal, était la livre poids de Marc, ainsi appelée pour la distinguer de la livre esterlin de Charlemagne, qu'elle avait remplacée.

	Rapport français.	Rapport anglais.
1 livre = 2 marcs = 16 onces = 128 gros = 384 deniers = 9216 grains	489.505 gramm.	1.079 liv. adp.
1 marc = 8 onces = 64 gros = 192 deniers = 4608 grains.	244.752 —	3777.500 grains.
1 once = 8 gros = 24 deniers = 576 grains.	30.594 —	472.187 —
1 gros (drachme) = 3 — = 72 — .	3.824 —	59.023 —
1 denier (scrupule) = 24 grains	1.274 —	19.674 —
1 grain.	5.311 centig.	0.819 —

On divisait le grain en 24 primes ou carobes.

1 kilogramme = 2.042 livres poids de marc.

1 quintal = 100 livres = 48.950 kilogrammes = 107.900 livres avdp. anglais.

1 last ou charge = 300 livres = 3 quintaux.

1 millier = 10 quintaux = 1000 livres.

Dans le commerce des métaux précieux, on divisait le marc en 20 esterlins de 2 mailles ; la maille en 2 félins de 7 $^1/_5$ grains de marc.

Dans la joaillerie, on employait le carat qui valait 4 grains = 2.059 décigrammes = 3.177 grains anglais.

1 grain-diamant, 4e partie du carat = 5.146 centigrammes = 0.794 grains ang.

Le titre de l'or était 24 carats de 32 parties 1000/1000.

Le titre de l'argent était 12 deniers de 24 grains 1000/1000.

La livre esterlin ou de Charlemagne, en usage en France, dans le moyen âge, se divisait en 12 onces-esterlin = 20 sous-esterlin = 240 deniers-esterlin = 5760 grains-esterlin = 367.100 grammes = 5666.250 grains anglais.

PARME.

Pour le système nouveau, *voir* ITALIE.

POIDS ANCIENS.

	Rapport français.	Rapport anglais.
Livre ancienne = 12 onces.	328.000 gramm.	5062 grains.
Peso ou rubbo = 25 livres	8.200 kilog.	18.000 liv. adp.

PATRAS. (*Voir* **Athènes.**)

PÉKIN. (*Voir* **Canton.**)

PÉROU. (*Voir* **Lima.**)

PERSE. (*Voir* **Téhéran.**)

PESTH (Hongrie).

Le système de poids est celui d'Autriche. (*Voir* Vienne.)

Dans quelques localités de la Hongrie on se sert encore de l'ancienne oke, dite de Hongrie.

	Rapport français.	Rapport anglais.
1 oke de Hongrie = 400 drachmes	1.260 kilog.	2.778 liv. adp.

Dans le commerce l'oke est comptée 2 $^1/_4$ livres ou pfund de Vienne.

PÉTERSBOURG (Saint-).

L'unité de poids, pour tout l'empire, est la livre dont la valeur est fixée, par documents officiels, à 409.517 grammes.

	Rapport français.		Rapport anglais.
1 livre = 12 lana = 16 onces = 32 loths = 96 solotnitck = 9216 dolis (grains)	409.517 gramm.		0.903 liv. adp.
1 lana = 1 $^1/_3$ onces = 2 $^2/_3$ loths = 8 solotnick = 768 dolis	34.126	—	526.500 grains.
1 once = 2 loths = 6 solotnick = 576 dolis.	25.595	—	394.900 —
1 — = 3 — = 238 — .	12.797	—	197.000 —
1 — = 96 — .	4.266	—	65.800 —
1 pud = 40 livres	16.381 kilog.		36.110 liv. adp.
1 berkowitz (livre de navire russe) = 10 puds = 400 livres..	163.810	—	361.100 —
Tonneau de mer = 6 berkowitz = 2400 livres.	982.$^1/_2$	—	19.343 quint^x.
Last de navire = 2 tonneaux = 12 berkowitz = 4800 livres	1965	—	38.686 —
La livre médicale = 12 onces = 96 drachmes = 288 scrupules = 5760 grains	358.322 gramm.		4970 grains.
La livre d'artillerie	489.108	—	1.078 liv. adp.

Pour les perles et les pierres précieuses on se sert du carat de Hollande = 2.051 décigrammes = 3.165 grains anglais. (*Voir* Amsterdam.)

PLAISANCE.

Pour les poids nouveaux, *voir* Italie.

POIDS ANCIENS.

	Rapport français.	Rapport anglais.
Livre = 12 onces = 24 deniers	317.517 gramm.	4900 grains.
Peso ou rubbo = 25 livres	7.937 kilog.	17.479 liv. adp.

PONDICHÉRY.

L'unité de poids est le candy.

	Rapport français.	Rapport anglais.
Maund ou toulan = 8 vis = 40 seers = 320 pollams.	11.748 kilog.	25.993 liv. adp.
1 vis = 6 1/4 seers = 40 pollams	1.468 —	3.237 —
1 seer = 8 pollams.	279.000 gramm.	4294.000 grains.
1 —	36.710 —	566.620 —
1 candy = 20 maunds = 160 vis = 800 seers.	231.960 kilog.	518.06. liv. adp.

Les Anglais comptent le candy de Pondichéry 500 livres *avdp.*

Pour peser l'or et l'argent, on se sert du seer et de ses subdivisions :

1 seer = 24 3/8 roupies = 81 1/4 pagodas = 11.700 nelles ou grains = 279 grammes = 4293 grains anglais.

L'unité, pour l'essai de l'or et de l'argent, est le tical, que l'on divise en 10 toques de 128 parties pour l'or, et 100 pour l'argent.

Le poids pour les perles est le calanchi à 20 manchadis.

1 calanchi = 14 centigrammes = 2.156 grains anglais.

PORT-AU-PRINCE (Haïti).

On se sert des anciens poids de Paris. (*Voir* PARIS.)

PORTO ou OPORTO.

Les poids sont ceux de Lisbonne. (*Voir* LISBONNE.)

PORTUGAL. (*Voir* Lisbonne.)

POULO-PINANG (île du prince de Galles).

	Rapport français.	Rapport anglais.
Picul = 100 cattis.	60.478 kilog.	133 1/2 liv. adp.
1 cattis = 16 taels.	604.780 gramm.	1.333 —
1 koyang = 40 peculs.	2419 kilog.	5340 —
Le picul est égal au picul chinois.		
Le riz se vend par sac de 2 maunds. . . .	74.380 kilog.	164.000 liv. adp.

PRUSSE. (*Voir* Berlin.)

QUÉBEC (*comme* Londres).

QUITO (Équateur) (*comme* Madrid).

RANGOUN (empire Birman, Asie).

	Rapport français.	Rapport anglais.
Le kyats ou tical = 4 math = 16 mus = 32 bais = 138 grandes rwch (1) = 256 petites rwch (2)	15.300 gramm.	237. $\frac{1}{2}$ grains.
Le paiktha ou vis = 100 kyats ou ticals . .	1.539 kilog.	3.650 liv. adp.
Le candy est compté 150 pakthas	230.850 —	508.930 —

Les Anglais comptent ce candy 500 livres *avdp*.

Le même tical sert pour l'or, l'argent et les pierres précieuses.

REVEL (*comme* Saint-Pétersbourg).

RHODES (île de la Méditerranée) (*comme* Constantinople).

RIGA.

Pour le poids de l'empire, *voir* SAINT-PÉTERSBOURG.

POIDS ANCIENS.

	Rapport français.	Rapport anglais.
Livre = 12 onces = 32 loths = 128 quintins.	418.830 gramm.	0.923 liv. adp.
Liespfund ou livre de navire = 20 livres .	8.376 kilog.	18.460 —

La livre de pharmacie était celle de Nuremberg.

	Rapport français.	Rapport anglais.
Tonneau = 120 liespfund = 2400 livres. . .	1003 kilog.	19.751 quint^x.

Last de navire = 2 tonneaux.

RIO-JANEIRO (Brésil).

Suivant la loi du 26 juin 1862, le système métrique français est obligatoire à partir du 1er janvier 1872.

Les poids anciens du Brésil ne varient point de ceux du Portugal. (*Voir* LISBONNE.)

	Rapport français.	Rapport anglais.
Le tonneau de fret contient 13 $^1/_2$ quintaux = 54 arrobas	793.000 kilog.	15.614 quint^x.

ROME.

Pour le système nouveau, *voir* ITALIE.

POIDS ANCIENS.

	Rapport français.	Rapport anglais.
Libbra (livre) = 12 onces = 228 deniers = 6912 grains.	339.100 gramm.	5.231 grains.
Centinajo ou quintal = 100 livres	33.910 kilog.	7. liv. avp.
Migliajo = 10 quintaux = 1000 livres . . .	339.100 —	7. —

Le titre des matières d'or et d'argent s'exprimait en carats: l'or pur étant à 24 carats à 12 deniers; et pour l'argent à 1 once de 24 deniers.

---

(1) La grande rwch est une graine de la Faba Adenanthera pavonia de l'Inde.

(2) La petite rwch est une graine de l'Abrus precatorius de l'Inde.

RUSSIE. (*Voir* Saint-Pétersbourg.)

SANTIAGO (Chili).

Le système métrique français a été décrété au 29 janvier 1848, cependant on se sert encore des poids de Castille. (*Voir* Madrid.)

SAINT-DOMINGUE et PORTO-RICO.

Les poids en usage sont les mêmes qu'en Espagne. (*Voir* Madrid.)

SAXE. (*Voir* Dresde et Leipzig.)

SIAM. (*Voir* Bankok.)

SAINT-THOMAS.

Les poids sont ceux du Danemark. (*Voir* Copenhague.)

SARAGOSSE.

L'unité est la livre de commerce de Saragosse.

	Rapport français.	Rapport anglais.
1 livre = 12 onces = 48 quarts = 192 adarmes = 6144 grains	350 gramm.	5401.900 grains.
Arroba = 36 livres	12.600 kilog.	27.781 liv.adp.
1 quintal = 4 arrobas = 144 livres	50.100 —	111.124 —

Pour l'or et l'argent on emploie le marc.

	Rapport français.	Rapport anglais.
1 marc = 8 onces = 32 quarts = 128 arienzos = 4096 grains.	230 gramm.	3550 grains.

SÉVILLE (*comme* Madrid.)

SHANG-HAI (*comme* Canton.)

SINGAPORE.

Les poids sont ceux de Calcutta. (*Voir* Calcutta.)

On se sert également du picul chinois.

	Rapport français.	Rapport anglais.
1 picul = 100 cattis	60.172 kilog.	133. $^1/_2$ liv.adp.

Le poids pour l'or et l'argent est le catty = 20 bunkals = 320 mayams.

1 catty = 59.010 grammes, soit le poids de 2 piastres d'Espagne.

	Rapport français.	Rapport anglais.
Le mayam = 12 sagas.	2.904 gramm.	44.825 grains.
1 —	2.808 décig.	4.330 —

SMYRNE.

Les poids légaux sont ceux de Constantinople, avec les différences suivantes :

L'oke de Smyrne est un peu plus forte que celle de Constantinople.

	Rapport français.	Rapport anglais.
1 oke = 400 drachmes.	1.285 kilog.	2.834 liv. adp.
1 quintal = 100 rottoles = 45 okes	57.850 —	120.530 —
1 rottolo	578.500 gramm.	1.205 —
Le batman pour la soie de Perse = 6 okes.	7.710 kilog.	17.000 —
Le tscheki pour le poil de chameau = 2 okes.	2.570 —	5.667 —
Le tscheki pour l'opium = 250 drachmes .	804.000 gramm.	1.773 —
Le miskal ou métikal qu'on emploie pour les matières précieuses et l'huile de rose.	4.818 —	71.360 grains.

STETTIN (*comme* Dantzig).

STOCKHOLM (Suède).

La loi du 31 janvier 1855 a institué le nouveau système de poids.

	Rapport français.	Rapport anglais.
1 livre = 100 ort = 1000 korns ou grains .	423.538 gramm.	0.933 liv. adp
1 — = 100 — .	4.235 —	65.636 grains.
1 quintal = 100 livres.	42.353 kilog.	93.300 liv. adp.
Last de navire = 100 quintaux = 4250 livres.	2350 —	23 quint^x.

ANCIEN SYSTÈME.

	Rapport français.	Rapport anglais.
Livre = 16 onces = 32 lods = 128 quintin .	425.050 gramm.	0.937 liv. adp.
Ancien quintal = 100 livres	42.505 kilog.	93.700 —
Scheplast ou last de navire = 5760 livres. .	2440 —	24 quint^x.

La livre de pharmacie est celle de Nuremberg.

STUTTGARDT.

Depuis le 1er janvier 1860, on emploie la livre à 500 grammes ou 1/2 kilog.

	Rapport français.	Rapport anglais.
1 livre = 32 loths = 128 quintins	0.500 kilog.	1.102 liv. adp.

ou en 500 grammes subdivisés en décigrammes et centigrammes.

	Rapport français.	Rapport anglais.
1 quintal = 100 livres	50 kilog.	110.245 liv. adp.

ANCIEN POIDS.

	Rapport français.	Rapport anglais.
Livre = 16 onces = 32 loths = 128 quintins.	467.800 gramm.	1.031 liv. adp.

Pour l'or et l'argent on emploie l'ancien marc de Cologne, qui est exactement la moitié de l'ancienne livre de Stuttgardt.

La livre médicale était celle de Nuremberg.

SUÈDE. (*Voir* Stockholm.)

SUISSE (Confédération).

NOUVEAU SYSTÈME.

		Rapport français.	Rapport anglais.
Livre ou pfund = 16 onces = 32 loths . . .	500.000 gramm.	1.102 liv. adp.
1 — = 2 — . . .	31.250 —	482.310 grains.
1 — . . .	15.630 —	241.155 —
Quintal ou centner = 100 livres	50 kilog.	110.245 liv. adp.

Pour les poids anciens, *voir* BALE, BERNE, GENÈVE, ZURICH, etc.

La livre de pharmacie est celle de Nuremberg.

SUMATRA. (*Voir* Achem.)

SURATE (Présidence de Bombay).

Le poids de commerce est le candy.

		Rapport français.	Rapport anglais.
1 candy = 20 maunds = 800 seers = 24000 pices	340.160 kilog.	750.000 liv. adp.
1 maund = 40 seers = 1200 pices	17.008 —	37.500 —
1 — = 30 —	425.200 gramm.	0.937 —
1 —	11.173 —	218.750 grains.
1 bahar = 1 1/5 candy = 24 maunds	408.190 kilog.	900.000 liv. adp.

Le candy varie de poids suivant la marchandise qu'il sert à peser.

Le candy de coton et d'oliban	21 maunds de Surate.
— de curcuma et de soufre	22 —
— de poivre et de bois de sandal . . .	21 maunds de Bombay.

La maund varie de la même manière :

Le maund d'huile de ricin et de safran	40 1/4 seers de Surate.
— de sucre brut	41 — —
— de sucre en pain.	43 1/4 — —
— de gomme.	44 — —
— d'huile, noix de coco et de coton . .	42 — —

L'or et l'argent se pèsent à la tola.

		Rapport français.	Rapport anglais.
1 tola = 12 massa = 32 valls = 96 ruttes = 576 chonvels	42.149 gramm.	487.500 grains.
1 massa = 2 2/3 valls = 8 ruttes = 48 chonvels	1.012 —	15.625 —
1 vall = 3 ruttes = 18 chonvels	3.798 décig.	5.859 —
1 — = 6 —	1.265 —	1.953 —
1 —	2.109 centig.	0.325 —

Les perles et les pierres précieuses se pèsent avec la tola, ayant à peu près les mêmes dénominations, mais des valeurs différentes.

		Rapport français.	Rapport anglais.
1 tola = 4 tank = 32 valls = 96 ruttes = 1920 vassa	17.702 gramm.	273.216 grains.
1 tank = 8 valls = 24 ruttes = 480 vassa. .	4.425 —	68.304 —
1 — = 3 — = 60 — . .	5.531 décig.	8.538 —
1 — = 20 — . .	1.844 —	2.846 —
1 — . .	9.220 millig.	0.142 —

SYDNEY (*comme* Londres).

TAÏTI ou OTAITI.

Les Français et les Anglais vendent et achètent d'après leurs poids.

TÉHÉRAN (Perse).

Les poids de commerce sont les batmans, il y en a deux sortes :

	Rapport français.	Rapport anglais.
Batman de Tauris ou ordinaire = 6 rateles = 300 derhems = 600 miskalls = 3600 dungs.	2.790 kilog.	6.150 liv. adp.
Le batman, poids de chahi ou batman royale = 2 batmans de Tauris	5.580 —	12.300 —
1 miskal = 6 dungs.	4.649 gramm.	71.750 grains.

Le miskal est le poids qui sert pour peser l'or et l'argent.

e poids pour les perles et les pierres précieuses est l'abas.

	Rapport français.	Rapport anglais.
1 abas	1.863 décig.	2.875 grains.

TRIESTE.

Les poids légaux sont les poids d'Autriche. (*Voir* VIENNE.)

Les poids de Venise étaient en usage, et dans le commerce la grosse livre.

Une ordonnance du 1er janvier 1858 a fixé la valeur de la livre comme ci-dessous :

	Rapport français.	Rapport anglais.
1 livre forte = 0.851 livre de Vienne .	477 gramm.	1.061 liv. adp.
La livre ou pfund de Vienne	560 —	1.234 —
1 quintal ou centner = 100 livres.	56 kilog.	123.470 .—
Le last pour les marchandises lourdes est de 4000 livres anciennes de Hollande	1976 —	19.460 quint^x.

TRIPOLI (Afrique).

	Rapport français.	Rapport anglais.
Le rotal ou rottole (livre) = 16 okies (onces) = 160 drachmes	0.497 kilog.	1.097 liv. adp.
L'oke est comptée 2 1/2 rottoli = 40 okies = 400 drachmes.	1.244 —	2.743 —
1 cantaro ou quintal = 100 rottoles.	49.760 —	109.700 —
L'or en poudre se pèse avec le métical *aghis*.	4.082 gramm.	63 grains.
L'or ouvré avec le métical *mumini* = 24 kharobas.	4.665 —	72 —
1 kharoba	1.944 décig.	3 —

TUNIS.

Il y a trois rottels ou rottoles.

	Rapport français.	Rapport anglais.
1° Rottel-kaddari = 20 ukies (onces) . . . . sert pour les légumes ;	0.639 kilog.	1.410 liv. adp.

2° Rottel-souky pour la viande, les fruits et l'huile = 18 ukies. . . . .   *Rapport français.* 0.568 —   *Rapport anglais.* 1.254 —

3° Rottel-attari, pour les métaux, l'or et l'argent = 16 ukies. . . . .   0.506 —   1.117 —

Le quintal est 100 rottels suivant la marchandise.

Le quintal de coton pèse de 110 à 150 rottel-attari.

Le quintal de fer, 150 rottel-attari.

TURIN.

Pour les poids nouveaux, *voir* ITALIE.

POIDS ANCIENS.

1 livre = 12 onces = 96 ottave = 288 denari = 6912 grains. . . . .   *Rapport français.* 368.844 gramm.   *Rapport anglais.* 5692 grains.

1 marc = 8 onces = 192 denari = 4608 grains.   245.896 —   3795 —

1 rubbo ou rubbio = 25 livres . . . .   9.220 kilog.   20.330 liv. adp.

Le titre de l'or était à 24 carats de 24 grains ; celui de l'argent, à 12 deniers de 24 grains.

Le marc servait pour peser l'or et l'argent.

TURQUIE. (*Voir* Constantinople et Smyrne.)

VALACHIE. (*Voir* Bucharest.)

VALENCE (Espagne).

Il y a deux livres : la petite livre (libra sutil ou menor), la grande livre (libra gruesa ou mayor).

Petite livre = 12 onces = 48 quartos = 192 adarmes = 6912 granos . . . .   *Rapport français.* 356 gramm.   *Rapport anglais.* 0.786 liv. adp.
sert pour peser, le café, le sucre, les épices, le tabac.

Grande livre ou libra mayor = 18 onces . .   *Rapport français.* 534 gramm.   *Rapport anglais.* 1.400 liv. adp.
sert pour peser les cuirs, les poissons, les peaux, la viande, etc.

Pour le safran, la livre est de 16 onces . . .   *Rapport français.* 473 gramm.   *Rapport anglais.* 1.044 liv. adp.

L'arrobe est de 24 grandes livres ou de 36 petites livres.

L'once a toujours la même valeur, 29.800 grammes.

1 arrobe . . . .   *Rapport français.* 12.816 kilog.   *Rapport anglais.* 28.257 liv. adp.

1 cantaro ou quintal = 4 arrobes, ...   51.264 —   113.000 —

1 charge (carga) = 3 quintaux . . . .   153.792 —   339.000 —

Tonneau ou tonnelada = 20 quintaux. . . .   920.000 —   2028.000 liv. adp.

Le poids pour l'or et l'argent est le marc.

1 marc = 8 onces = 32 quartos = 128 adarmes = 4608 granos . . . .

Rapport français. 237 gramm.   *Rapport anglais.* 3557 grains.

1 marc de Valence = 1 1/31 marc de Castille.

VALPARAISO (Chili). (*Voir* Santiago.)

VARSOVIE (Pologne).

Les poids de Russie sont obligatoires depuis 1849 (*voir* SAINT-PÉTERSBOURG),
cependant on fait encore usage des poids polonais prescrits par la loi du
13 juin 1818.

	Rapport français.	Rapport anglais.
1 livre = 16 onces = 32 loths = 48 skoyciecs = 128 drachmes	405.504 gromm.	0.827 liv. adp.
Quintal ou centnar = 4 kamieni ou pierres = 100 livres	40.550 kilog.	82.700 —
La laine se vend par pierre forte de 32 livres.	12.980 —	28.610 —

Pour le tonneau et le last de navire, *voir* SAINT-PÉTERSBOURG.

VÉNÉZUÉLA (Amérique).

Les poids d'Espagne sont en usage. (*Voir* MADRID.) Les Anglais et les Américains du Nord, qui font le plus grand commerce, y introduisent leurs usages.

VENISE.

Pour les poids nouveaux, *voir* ITALIE.

POIDS ANCIENS.

	Rapport français.	Rapport anglais.
Livre, petit poids = 12 onces = 72 sazi = 1728 carati = 6912 grains	301.300 gramm.	4650 grains.

servait à peser le café, le sucre, le thé, le riz, les drogueries, etc.

	Rapport français.	Rapport anglais.
Livre grand poids ou livre de commerce = 2 marcs = 12 onces = 72 sazi = 2304 carati.	477.050 gramm.	1.051 liv. adp.

19 petites livres = 12 grandes livres.

	Rapport français.	Rapport anglais.
Le quintal = 100 petites livres.	30.130 kilog.	66.490 liv. adp.
La carica (charge) = 4 quintaux	120.420 —	265.000 —
La livre pour la soie = 12 onces = 72 sazi = 1485 carati.	307.440 gramm.	4745 grains.

Le marc pour l'or et l'argent et les pierres précieuses était égal à la moitié
de la grosse livre.

	Rapport français.	Rapport anglais.
1 marc = 8 onces = 32 quarti = 192 denari 1152 carati = 4608 grains	238.520 gramm.	3686 grains.

La livre de pharmacie était la livre petite ou libbra sottile.

VIENNE (Autriche).

Le système décimal français sera obligatoire à partir du 1er janvier 1876, facultatif à partir du 1er janvier 1873.

POIDS EN USAGE.

	Rapport français.	Rapport anglais.
Livre ou pfund = 4 vierling = 16 onces = 32 loths = 128 quenten	560.100 gramm.	1.234 liv. adp.
1 vierling = 4 onces = 8 loths = 32 quenten.	140.000 —	2161 grains.
1 — = 2 — = 8 — .	35.000 —	540 —
1 — = 4 — .	17.500 —	270 —
1 — .	8.376 —	67.500 —
1 quintal centner = 10 stein ou pierres = 100 livres.	56 kilog.	123.470 liv. adp.
Le karch (charge) = 400 livres	224 —	493.600 —
Le saum = 275 livres.	154 —	340.000 —

Le marc qui sert pour peser les matières d'or et d'argent n'est pas exactement la moitié de la livre, mais 280.640 grammes exacts.

	Rapport français.	Rapport anglais.
1 marc = 8 onces = 16 loths = 64 quenten = 256 pfennigs (deniers) = 65526 richt-pfennigs	280.640 gramm.	4331.460 grains.

5 marcs de Vienne sont comptés 6 marcs de Cologne.

Les perles et les pierres précieuses se pèsent au carat.

	Rapport français.	Rapport anglais.
1 carat = 4 grains = 48 1/8 richt-pfennig-theile.	2.031 décig.	3.181 grains.

Pour l'échelle des titres on divise le marc en 24 carats à 12 grains, pour l'or; pour l'argent, en 16 loths à 18 grains = 288 grains pour tous les deux.

La nouvelle livre monétaire est de 500 grammes et se divise en dixièmes et millièmes.

1 millième = 1/2 gramme, que l'on nomme as.

Les nouveaux titres s'expriment en millièmes de livre.

	Rapport français.	Rapport anglais.
La livre médicale = 12 onces = 96 drachmes = 288 scrupules = 5760 grains	420.000 gramm.	6485 grains.

WIESBADEN (ancien Duché de Nassau). (*Voir* Berlin.)

ZANTE (îles Ioniennes).

Les poids légaux sont ceux de Grèce. (*Voir* ATHÈNES.)

ZURICH.

Pour les poids nouveaux, *voir* SUISSE.

POIDS ANCIENS.

	Rapport français.	Rapport anglais.
Livre ordinaire, poids gros = 18 onces. .	528 gramm.	1.164 liv. adp.

Livre faible, poids d'Antorf qui servait pour peser l'or et l'argent.

	Rapport français.	Rapport anglais.
1 livre = 2 marcs = 16 onces	469.800 gramm.	8251 grains.

Origine du Carat.

Nous croyons qu'il ne sera pas désagréable à nos lecteurs de donner une petite notice sur l'origine du carat; ce mot a deux acceptions différentes :

1° On donne le nom de carat à chacune des parties d'or fin contenues dans une certaine quantité d'or prise pour unité, appelée marc, que l'on suppose partagée en 24 parties appelées carats; l'or à 23 carats est celui qui contient 23 parties d'or fin et une partie d'alliage.

2° Le carat est un poids réel auquel on rapporte les diamants et les pierres précieuses et d'après lequel on en détermine la valeur; le carat varie de poids suivant les pays, et dans notre Traité nous les avons indiqués, avec la plus grande précision possible, au cinquième tableau des poids.

Le carat était une fève d'une espèce d'erythrina, arbre commun dans la partie d'Afrique où l'on faisait le commerce de l'or, et dont les indigènes se servaient pour peser l'or qu'on vendait aux étrangers.

Dans l'île de Sumatra on se sert toujours, pour peser l'or, de la petite graine rouge, tachée de noir, qu'on nomme rakat ou saga timbangan: c'est le grain du *glycine abrus* de Linné, ou l'abrus maculatus des Mémoires de la Société Batave; 24 de ces grains font un mas, 16 mas font un tail ou tael qui correspond à l'once des Européens. D'autres font ressortir l'origine du mot carat du mot grec kération, ou du mot arabe kirat; mais je pense que l'origine de ce mot nous vient plutôt de l'Afrique que des anciens Grecs, à cause du commerce que les Africains ont toujours fait avec l'Europe, en matières d'or et de pierres précieuses.

Le carat, comme poids réel pour peser les diamants, les perles, etc., est calculé de la manière suivante :

Les diamants bruts, susceptibles d'être taillés, sont estimés ordinairement à 48 francs le carat; mais lorsque le poids de la pierre dépasse le carat, sa valeur s'estime par le carré de son poids, multiplié par le prix ci-dessus, c'est-à-dire qu'un diamant brut de 3 carats vaudra 432 francs ($3 \times 3 \times 48 = 432$). Les diamants taillés sont censés avoir perdu la moitié de leur poids et s'évaluent par cette raison par le carré du double de leur poids multiplié par 48, ou par carré du double de leur poids, multiplié par le quadruple du prix, ce qui donne le même résultat. En prenant, par exemple, un diamant taillé, du poids de 3 carats, on a $6 \times 6 \times 48$ (ou $3 \times 3 \times 192 = 1728$. Cette estimation des diamants taillés est bien loin d'être exacte, leur prix dépend de la pureté de leur eau. Ainsi le diamant de l'empereur d'Autriche, qui pèse 139 carats et qui vaudrait, selon la règle, 3.709.639 francs, n'est estimé que 2.600.000 francs, parce qu'il est d'une teinte jaunâtre et taillé en rose; tandis que le *régent* (1), diamant de la couronne de France, qui est beaucoup plus pur, mais ne pèse que 136 carats, est estimé 5 millions de francs, quoiqu'il ne vaille, d'après la règle, que 3.551.232 francs.

(1) Ce diamant est nommé régent parce qu'il fut acheté par le régent d'Orléans, au prix de 2 millions de livres tournois.

Nous donnons ci-dessous le poids du carat qui sert à peser les diamants et les perles dans les principales places du monde.

Le carat se divise partout en 4 grains et le grain en 1/2, 1/4, 1/8, 1/16, 1/32 et 1/64.

	Rapport français.	Rapport anglais.
Alexandrie, Égypte, quirate ou carat = 4 grains	1.917 décig.	2.959 grains.

En Allemagne, le carat de Cologne est employé presque partout.

	Rapport français.		Rapport anglais.	
Cologne, carat = 4 grains.	2.055 décig.		3.171 grains.	
Amsterdam, le carat = 4 grains = 4.096 as.	2.051	—	3.165	—
Arabie ancienne, kirat ou carat = 2 tassoudj 4 chabba ou grains.	2.546	—	3.930	—
Berlin, carat à 4 grains.	2.055	—	3.171	—
Bologne, Italie, carato = 4 grains, 1/10 du ferlino	1.885	—	2.910	—
Constantinople, le kara ou taim = 4 grains.	2.005	—	3.094	—

Coromandel, carat d'Angleterre. (*Voir* LONDRES.)

	Rapport français.		Rapport anglais.	
Espagne, quilate ou carat = 4 grains de marc de Castille	1.999 décig.		3.085 grains.	
Florence, Italie, carato = 4 grains, 144e partie de l'once	1.965	—	3.033	—
France, carat = 4 grains = 3.876 grains de marc.	2.059	—	3.177	—
Francfort-sur-Mein, carat = 4 grains	2.058	—	3.176	—

Hambourg, carat de Cologne. (*Voir* COLOGNE.)

	Rapport français.		Rapport anglais.	
Lisbonne, quilate ou carat = 4 grains	2.058	—	3.176 grains	
Londres et toute l'Angleterre, le carat-diamant = 4 grains-diamant = $3\ ^{17}/_{101}$ grains = $151\ ^1/_2$ carats = 1 once de Troy.	2.055	—	3.168	—
Le carat-perle = 5 grains-perle = 4 grains de Troy	2.073	—	3.200	—

Madras, Indes-Orientales. (*Voir* Londres.)

	Rapport français.		Rapport anglais.	
Moka, le karat ou kirat, 160me du vakia	1.944	—	3.000	—
Rio-Janeiro, Brésil, quilate ou carat = 4 grains	1.922	—	3.075	—

on se sert également du carat de Lisbonne.

Russie, on se sert du carat de Hollande. (*Voir* AMSTERDAM.)

	Rapport français.		Rapport anglais.	
Turin, carat = 4 grains.	2.135	—	3.295	—
Venise, carato-carat, pour l'or, l'argent et les pierres précieuses = 4 grains	2.070	—	3.196	—
Vienne, carat = grains = $48\ ^1/_2$ richtpfennigtheile	2.061	—	3.181	—

Conversion des anciens titres, ou carats, des matières d'or, au nouveau titre de millièmes.

CARATS RÉDUITS EN PARTIES INTRINSÈQUES DE MILLIÈMES.

CARATS.	PARTIES.	MILLIÈMES.	GRAINS.	PARTIES.	MILLIÈMES.	DIVISION EN 32 PARTIES.		
						PARTIES.	PARTIES.	MILLIÈMES.
1	41	667	1	1	736	1	1	300
2	83	333	2	3	472	2	2	600
3	125	»	3	5	208	3	3	900
4	166	667	4	6	944	4	4	200
5	208	333	5	8	681	5	6	500
6	250	»	6	10	417	6	7	800
7	291	667	7	12	153	7	9	100
8	333	333	8	13	889	8	10	400
9	375	»	9	15	625	9	11	700
10	416	667	10	17	361	10	13	»
11	458	333	11	19	097	20	26	»
12	500	»	12	20	833	30	39	»
13	541	667	13	22	569	31	40	300
14	583	333	14	24	306	32	41	600
15	625	»	15	26	042			
16	666	667	16	27	778			
17	708	333	17	29	514			
18	750	»	18	31	250			
19	791	667	19	32	986			
20	833	333	20	34	722			
21	875	»	21	36	458			
22	916	667	22	38	194			
23	958	333	23	39	931			
24	1000	»	24	41	600			

Le carat était généralement divisé en 24 parties à 4 grains; en France, il était subdivisé en 32 parties.

Conversion des anciens titres, ou deniers, des matieres d'argent, au nouveau titre de millièmes.

DENIERS.	PARTIES.	MILLIÈMES.	GRAINS.	PARTIES.	MILLIÈMES.
1	83	333	1	3	472
2	166	667		6	944
3	250	»	2	10	417
4	333	333	4	13	889
5	416	667	5	17	316
6	500	»	6	21	833
7	583	337	7	24	306
8	666	667	8	27	778
9	750	»	9	31	250
10	833	333	10	34	722
11	916	667	11	38	194
12	1000	»	12	41	667
			13	45	139
			14	48	711
			15	52	083
			16	55	556
			17	59	028
			18	62	500
			19	65	972
			20	69	444
			21	72	917
			22	76	389
			23	79	861
			24	83	333

Le titre de l'argent se subdivisait en 12 deniers à 24 grains, soit 288 grains.

Poids spécifique des métaux

supposés d'un volume égal à 1 décimètre cube ou litre d'eau distillée (à 18°).

1 litre d'eau. . . . .   1.000 kilogramme.

MÉTAUX.

Platine laminé.	22.069	—
— forgé	20.337	—
— purifié	19.500	—
Or forgé	19.362	—
— fondu	19.258	—
Mercure à 0°	13.598	—
Plomb fondu	11.352	—
Argent fondu	10.474	—
Cuivre en fil.	8.879	—
— fondu rouge	8.788	—
Nickel fondu	8.279	—
Acier non écroui.	7.816	—
Fer en barres ou forgé.	7.788	—
— fondu.	7.207	—
Étain fondu.	7.291	—
Zinc fondu	6.861	—
Aluminium fondu	2.560	—
— laminé.	2.670	—

PIERRES.

Diamants les plus lourds.	3.531	—
— les plus légers.	3.501	—
Flintglass anglais.	3.329	—
Saphir du Brésil.	3.131	—
Marbre de Paros.	2.838	—
Émeraude.	2.776	—
Perles	2.750	—
Corail.	2.680	—
Cristal de roche pur.	2.653	—
Cornaline.	2.614	—
Agathe orientale.	2.590	—
Porcelaine de Chine.	2.385	—
— de Sèvres.	2.146	—
Albâtre.	1.874	—
Pierre ponce	0.915	—

BOIS.

Bois de Gayac.	1.333	—
— d'ébène	1.331	—
— de chène.	1.170	—
— du Brésil.	1.031	—
— de Campêche.	0.913	—

Bois de frêne	0.845	kilogramme.
— d'orme	0.800	—
— de prunier	0.785	—
— de pommier	0.733	—
— de citronnier	0.726	—
— d'oranger	0.705	—
— de noyer	0.671	—
— de sapin jaune	0.657	—
— peuplier ordinaire	0.383	—
— de liége	0.240	—

SUBSTANCES DIVERSES.

Soufre natif	2.033	—
Ivoire	1.917	—
Alun	1.720	—
Gomme arabique	1.452	—
Sandaraque	1.092	—
Cire blanche	0.969	—
— jaune	0.965	—
Lard	0.948	—
Suif	0.942	—
Beurre	0.942	—
Sodium	0.973	—
Potassium	0.875	—

MONNAIES MODERNES

ET

COURS DES CHANGES.

ABYSSINIE.

Dans le royaume d'Abyssinie, on ne frappe pas de monnaie; les monnaies en circulation sont les sequins de Venise, les piastres espagnoles et les thalers de convention d'Allemagne. Les gros payements s'effectuent en barres d'or, que l'on compte d'après le wakea (once), qui vaut 61 francs environ. Pour la monnaie de billon, on se sert de verroteries (borjookes).

	Rapport français.	Rapport anglais.
1 sequin = 2 ¼ patakas = 51 ¾ harf = 207 divanis = 6210 borjookes . . . . environ	11.70 francs.	9 sch. 4 d.
1 palakas.	5.19 —	4 — 2 —
1 divani	5 centim.	1/2 —

ACHEM (île de Sumatra).

L'unité monétaire est le macc ou mœnna en or, d'un titre très-bas; il pèse 52 centigrammes, et sa valeur est de 1.35 franc environ.

La monnaie de billon est le cash, en plomb ou en zinc. 1600 font 1 macc.

	Rapport français.	Rapport anglais.
1 talc ou tœhls = 4 pardow = 16 maces = 64 copangs	21.70 francs.	17 sch. 4 d.
1 pardow = 4 maces = 16 copangs	5.43 —	4 — 4 —
1 — 4 —	1.35 —	1 — 1 —
1 —	0.34 —	3. ⅘ —

Les comptes se tiennent en tales, pardow, maces et copangs.

ACRE (Saint-Jean d') (Syrie).

Pour les monnaies, *voir* CONSTANTINOPLE.

ALEP (Syrie).

Pour les monnaies, *voir* CONSTANTINOPLE.

ALEXANDRIE (Égypte).

Pour les monnaies, *voir* ÉGYPTE.

COURS DES CHANGES.

Variable.			*Invariable.*
Londres, 3 m/ de date .	98 piastres du pays pour		1 livre sterling.
Paris et Marseille . . .	5.25 francs	—	1 piast. forte d'Espagne.
Trieste, 3 m/ de date. .	158 kreutzer	—	1 — —
Livourne, 3 m/ de date.	5.25 francs	—	1 — —
Caire, courts jours. . .	98 piast. à Alexandrie	—	100 au Caire.
Amsterdam, 3 m/. . . .	102 florins	—	40 piastres d'Espagne.

COURS DES MONNAIES ÉTRANGÈRES.

Or.

Quadruple d'Espagne	313 à 315	piastres d'Égypte la pièce.			
Souverain anglais	97	100	—	—	—
Pièce de 20 francs de France. . . .	77	78	—	—	—
Sequin de Venise.	46	47	—	—	--
Ducat de Hollande.	45	46	—	—	--
Stamboul ou livre de Turquie . . .	87	88	—	—	.—

Argent.

Piastre forte d'Espagne.	20 piastres 28 para.		
Tallero ou thaler de Marie-Thérèse.	20	—	
Pièce de 5 francs de France	19	—	10 —
Dollar des Etats-Unis d'Amérique.	19	—	
Ruble de Russie.	14	—	27 —
1 franc de France.	3	—	34
Megid de Turquie.	16	—	35

La monnaie de compte est la piastre.

1 piastre = 40 medini ou paras = 100 bon aspres = 120 aspres courants.

Les payements importants se font par Bourse kiss de 500 piastres.

La loi pour les changes et les effets de commerce est la même qu'en France.

ALICANTE. (*Voir* Espagne.)

ALLEMAGNE (Empire d').

Par la loi du 4 décembre 1871, toute l'Allemagne a été soumise au même système monétaire : Saxe, Bavière, Bade, Wurtemberg, Mecklembourg, etc.

Pour la nouvelle monnaie, *voir* BERLIN.

Les cours des changes seront cotés en reichs-marck, et le reich-marck sera la nouvelle monnaie de compte.

ALTONA.

Monnaies réelles et de compte, comme en Danemark. (*Voir* COPENHAGUE.)

AMSTERDAM et toute la Hollande.

Or.

	Poids.	Titre.	Valeur.	Rapport anglais.
Double ducat	6.988 gr.	983	23.48 fr.	18 sch. 9 d.
Ducat	3.494 —	»	11.74 —	9 — 4.$^1/_2$—
Guillaume d'or	6.729 —	900	20.80 —	16 — 8 —
1/2 —	3.364 —	»	10.40 —	8 — 4 —

Argent.

	Poids.	Titre.	Valeur.	Rapport anglais.
Florin ou gulden	10 gr.	945	2.10 fr.	1 sch. 8 d.
1/2 florin = 50 cents	5 —	»	1.05 —	10.$^1/_2$ —
Rixdaler = 2 $^1/_2$ florins = 250 cents	25 —	»	5.20 —	4 sch. 2 d.

Le florin est subdivisé en 100 centimes.

1 centime = 2.10 centimes de franc.

L'or a été démonétisé, en Hollande, et n'a plus cours forcé.

Les écritures se tiennent en florins à 100 ou centimes.

COURS DES CHANGES.

Variable.		*Invariable.*
Paris.	56.40 fl. pour	120 francs.
Augsbourg	35.30 —	20 thalers ou 30 fl. conv.
Bordeaux.	55.80 —	120 francs.
Francfort-s.-M..	99.80 —	100 fl. au pied 24.
Gênes	44.88 —	100 lire italiane.
Hambourg	59.58 —	100 reich-marks.
Lisbonne et Oporto	41. » —	40 crusados à 400 reis.
Londres	11.88 —	1 livre sterling.
Madrid	2.40 —	1 piastre d'argent.
Saint-Pétersbourg.	187.10 —	100 roubles d'argent.
Vienne et Trieste.	27.50 —	30 florins d'argent.

L'or en barres vaut 1442.60 1000/1000 florins le kilogramme, avec un bénéfice de tant %.

ANDRINOPLE (*comme* Constantinople).

ANGLETERRE. (*Voir* Londres.)

ANVERS.

La monnaie, en Belgique, est la même qu'en France. (*Voir* Paris.)

COURS DES CHANGES.

Variable.			*Invariable.*
Amsterdam	210.00 fr. pour		100 florins.
Berlin	3.70	—	1 thaler.
Francfort-s.-M.	211.00	—	100 florins au pied de 24.
Gênes	99.00	—	100 lire italiane.
Paris.	99.25	—	100 francs à Paris.
Hambourg	123.00	—	100 reich-marcks.
Lisbonne.	5.55	—	1 mil reis.
Londres	24.80	—	1 livre sterling.
Saint-Pétersbourg. . . .	3.75	—	1 rouble d'argent.
Naples	98.50	—	100 lire italiane.
Vienne et Trieste	236.00	—	100 florins de convention.

Le code de commerce français est en vigueur en Belgique.

ARAGON et SARAGOSSE (*comme* Madrid).

ASSOMPTION. (*Voir* Paraguay.)

ATHÉNES.

Le système monétaire français est adopté en Grèce, avec une dénomination différente.

SYSTÈME NOUVEAU.

Or.

	Poids.	Titre.	Valeur.	Rapport anglais.
Pièce de 20 drachmes	6.451 gr.	900	20. » fr.	16 schillings.
— 10 —	3.225 —	»	10. » —	8 —
— 5 —	1.612 —	»	5. » —	4 —

Argent.

	Poids.	Titre.	Valeur.	Rapport anglais.
Pièce de 2 drachmes.	10 gr.	835	2. » fr.	1 sch. 7.$^1/_2$ d.
— 1 — =100 lepta	5 —	»	1. » —	10 —
— 50 lepta	2.50 —	»	0.50 —	5 —
— 20 —	1 —	»	0.20 —	2 —

Cuivre, 5 lepta = 1 sou français. 1 lepta = 1 centime de France.

SYSTÈME ANCIEN.

Or.

	Poids.	Titre.	Valeur.
Tessara-conta = 40 drachmes	5.776 gr.	900	17.80 fr.
Icosi. . . . . 20 —	11.552 —	»	35.65 —

Argent.

	Poids.	Titre.	Valeur.
Pente-drachme ou écu de 5 drachmes	22.385 gr.	900	4.40 fr.
Drachme = 100 lepta	4.477 —	»	0.89 —

La monnaie de billon se composait de pièces de 1, 5, 10 lepta.

COURS DES MONNAIES ÉTRANGÈRES (*en vieille monnaie*).

Pièce de 20 francs de France. .	22	drachmes	33	lepta, plus ou moins.
Souverain anglais.	28	—	12	—	—
Ducat de Hollande.	13	—	»	—	—
— d'Autriche	13	—	6	—	—
Sequin de Venise	13	—	40	—	—
Thaler de convention allemand.	5	—	78	—	—
Pièce de 5 francs de France . .	5	—	58	—	—
Schilling anglais	1	—	30	—	—

AUGSBOURG.

La Bavière fait partie de la nouvelle convention de l'Allemagne et frappe la nouvelle monnaie. (*Voir* BERLIN.)

SYSTÈME ANCIEN.

Or.

	Poids.	Titre.	Valeur.	Rapport anglais.
Ducat (*ad legem imperii*). . . .	3.468 gr.	986	11.85 fr.	9 sch. 6 d.
Carolin à 3 florins d'or	4.975 —	»	17. » —	13 — 4.$^{1}/_{2}$ —
Couronne d'or. (Traité du 27 janvier 1857.) (1).	11.111 —	900	34.40 —	£ 1.6 sch. 1 d.
1/2 couronne.	5.550 —	»	17.20 —	13 sch. 9 $^{1}/_{2}$ d.

Argent.

	Poids.	Titre.	Valeur.	Rapport anglais.
Thaler d'association. (Traité du 27 janvier 1857.)	18.519 gr.	900	3.70 fr.	2 sch. 10 d.
Gulden ou florin	10.582 —	»	2.10 —	1 — 8 —
1/2 gulden	5.291 —	»	1.05 —	10 —
1/4 de florin (billon)	4.578 —	520	0.61 —	6 —

Le florin est subdivisé en 60 kreutzers.

1 kreutzer = 3.6 centimes de France.

Les comptes se tiennent en florins à 60 kreutzers.

COURS DES CHANGES.

Variable.			*Invariable.*
Amsterdam, 1 et 2 m/ . .	83.$^{1}/_{4}$ fl. d'Augsbourg pour	100 florins de Hollande.
Francf.-s.-M., 1 à 3 m/ .	99.$^{1}/_{2}$ —	— 100 fl. de Francfort.
Hambourg	60.00 —	— 100 reich-marcks.
Berlin	105.00 kreutzer	— 1 thaler au pied de 30.
Londres, 1, 2 et 3 m/ . .	9.50 florins	— 1 livre sterling.
Paris.	117.00 —	— 300 francs.
Brême	80.00 —	— 50 thalers.
Milan et Gènes, 1 et 2 m/	117.00 —	— 300 lire italiane.
Vienne, Trieste, 1, 2, 3 m/	94.$^{1}/_{2}$ —	— 100 fl. d'Autriche.

La pièce de 20 francs = 9 florins 20 kreutzers.
— — 5 — 2 — 20 —

(1) La convention du 27 janvier 1857 a été annulée et remplacée par la nouvelle loi du 4 décembre 1871, pour toute la Confédération de l'Allemagne du Nord.

AUTRICHE. (*Voir* **Vienne.**)

BADE.

Le grand-duché de Bade fait partie de la nouvelle convention monétaire de la Confédération de l'Allemagne du Nord.

Pour la nouvelle monnaie, *voir* Berlin.

MONNAIES ANCIENNES.

Or.

	Poids.	Titre.	Valeur.	Rapport anglais.
Ducat *(ad legem imperii)* . . .	3.468 gr.	986	11.85 fr.	9 sch. 6 d.
Couronne d'or. (Traité du 24 janvier 1857.)	11.111 —	900	34.40 —	£ 1.6 sch. 1 d.

Argent.

	Poids.	Titre.	Valeur.	Rapport anglais.
Florin ou gulden à 60 kreutzers.	10.582 gr.	900	2.10 fr.	1 sch. 8 d.
1/2 gulden	5.291 —	»	1.05 —	10.$^1/_2$ —
Thaler de l'Union. (Traité du 24 janvier 1857.)	18.519 —	»	3.70 —	2 sch. 10 —

1 kreutzer = 3.5 centimes de France.

Pour les changes, on se guide sur les cours de Francfort-sur-le-Mein.

Les comptes se tiennent en florins à 60 kreutzers ou en thalers à 100 kreutz^{rs}.

BAHIA (Brésil).

Pour les monnaies, *voir* Rio-Janeiro.

COURS DES CHANGES.

Variable.	*Invariable.*
Londres, 90 j/ de vue . .	28 pence sterling pour 1000 reis.
Lisbonne	1 à 3 p. 0/0 au-dessous du pair, suivant le cours.

BALE.

Depuis 1851, on frappe, en Suisse, la monnaie comme en France, au même poids et au même titre.

La Suisse fait partie de la convention monétaire conclue entre la France, l'Italie et la Belgique. (*Voir* Paris et Suisse.)

ANCIENNES MONNAIES.

Or.

	Poids.	Titre.	Valeur.
Double ancienne = 16 frankens.	7.648 gr.	900	23.70 fr.
Ducat *(reipub. Basilensis)*	3.187 —	915	10. » —

Argent.

	Poids.	Titre.	Valeur.
Écu *(Conserva nos in pace)*.	25.814 gr.	854	4.88 fr.
Franken ou franc suisse = 10 batzens.	7.50 —	900	1.50 —

1 batzen = 10 rappens = 15 centimes de France.

COURS DES CHANGES.

Variable.		*Invariable.*
Amsterdam, 3 m/	213.00 fr.	pour 100 fl. à Amsterdam.
Paris, Lyon et Bruxelles.	98 à 99 fr.	— 100 fr. à Paris, Lyon et Bruxelles.
Augsbourg	212.00 fr.	— 100 florins.
Hambourg	124.00 —	— 100 reicht-marcks.
Francfort-sur-le-Mein . .	214.00 —	— 100 fl. à Francfort.
Berlin	376.00 —	— 100 thalers de Prusse.
Londres, 1 et 3 m/ . . .	25.30 —	— 1 livre sterling.
Milan et Turin	99.00 —	— 100 francs.
Vienne, Trieste, bref terme	180.00 —	— 100 fl. de Banque.

Les comptes et les écritures se tiennent en francs à 100 centimes.

BANKOK (Siam, Asie).

On ne possède que des données très-incertaines sur la valeur des monnaies en usage dans le royaume de Siam. Elles sont généralement en argent et ont la forme d'un anneau marqué de plusieurs poinçons. La petite monnaie se compose de coquillages.

Voici leur valeur approximative :

1 tical ou bat = 4 salung = 8 fuang = 32 pai = 3 francs environ.
         1 —   2 —   8 —   75 centimes —
                 1 —   4 —   37   —   —
                          1 —   9   —   —

Le pai se subdivise en 32 haricots rouges ou sagas.

Les piastres d'Espagne ne sont prises à Bankok qu'en échange de marchandises.

La monnaie de compte est le tical, comme il est indiqué plus haut.

BARCELONE.

La monnaie et les comptes, comme dans toute l'Espagne. (*Voir* Madrid.)

L'ancienne monnaie catalane est absolument abandonnée aujourd'hui.

BATAVIA.

Le système monétaire de Java est fondé sur le système hollandais.

Le guilder de Java équivaut au florin hollandais.

Les comptes sont tenus en guilders. Le guilder se divise en 100 parties qu'on appelle duitens.

1 guilder = 2.10 fr., = 1 duiten = 2.10 centimes.

L'argent est d'une grande rareté, ce qui fait qu'il existe un agio de 10, 12 et 14 %, suivant la recherche.

COURS DES CHANGES.

Variable.		*Invariable.*
Amsterdam, 6 m/	101 à 105 fl. ou guilder pour	100 fl. de Hollande.
Londres, —	11.25 — —	1 livre sterling.
Canton, courts j/	2.75 — —	1 piastre d'Espagne.

BAVIÈRE. (*Voir* Augsbourg.)

BELGIQUE. (*Voir* Anvers et Bruxelles.)

BENARÈS.

Les monnaies sont les mêmes qu'à Calcutta.

BERLIN.

La nouvelle monnaie uniforme pour toute l'Allemagne, créée par la loi du 24 novembre 1871, a été mise en circulation à partir du 1er janvier 1873.

La base de la nouvelle monnaie est le reich-marck, qui équivaut au tiers du thaler.

Le reich-marck vaut 1.25 franc et se divise en 100 pfennigs.

Un demi-reich-marc = 50 pfennigs 62 ^{cmes} 1 pfennig = 1.25 centime.

Les nouvelles pièces en or sont de 20 reich-marcks = 25   francs.
—   —   —   10   —   12.50 —

et sont au titre de 900 millièmes de fin, comme la monnaie d'or française.

Dans une livre d'or fin de 500 grammes, il sera frappé :

69 $^3/_4$ pièces de 20 reich-marcks ou 139 $^1/_2$ pièces de 10 reich-marcks.

Avec l'alliage, ces pièces pèseront :

La pièce de 20 reich-marcks = 7.965 grammes = 24.64 francs.
—   —   10   —   3.982   —   12.32 —

valeur intrinsèque sur le tarif de la monnaie française.

La loi du 24 novembre 1871 porte que la nouvelle monnaie d'or sera désormais monnaie légale.

La pièce de 20 reich-marcks = 6 $^2/_3$ thalers = 25 francs.
—   —   —   11   florins 70 kreutzers.
—   —   —   16   marcks 10 $^1/_2$ shellings de Lubeck.
—   —   —   6 $^2/_3$ thalers de Hambourg.
—   —   —   20   shillings d'Angleterre, ou 1 souverain, ou livre sterling.

1 reich-marck = 1 shilling d'Angleterre = 1.25 franc.

La proportion entre la valeur de l'or et de l'argent, suivant le nouveau système, est de 15 $^2/_3$ à 1.

ANCIEN SYSTÈME.

Or.

	Poids.	Titre.	Valeur.	Rapport anglais.
Frédérick d'or	6.682 gr.	903	20.60 fr.	16 sch. 6 d.
Double et demi, en proportion.				
Couronne (Traité 1857.)	11.111 —	900	34.40 —	£ 1.6 sch. 6 d.
1/2 couronne	5.550 —	»	17.20 --	13 sch. 9.$^{1}/_{2}$ d.

Argent.

	Poids.	Titre.	Valeur.	Rapport anglais.
Thaler courant de Prusse . . .	21.980 gr.	750	3.75 fr.	3 schillings.

Le thaler était subdivisé en 30 silbergroschen.

1 silbergroschen = 12 centimes de France environ. 1 pfennig = 1 centime env.

				Rapport français.	Rapport anglais.
1 thaler = 30 silbergroschen = 360 pfennigs . .				3.75 francs.	3 schillings.
1 —	12	—	. .	12.37 cent^{mes}.	1.$^{1}/_{4}$ d.
1 —		—	. .	1.03 —	»

	Poids.	Titre.	Valeur.	Rapport anglais.
Thaler d'association. (Traité de 1857.)	18.519 gr.	900	3.70 fr.	2 sch. 10 d.

Double thaler, en proportion.

Il y avait des pièces de demi-silbergros en argent; en billon, de 1, 2, 3 et 4 pfennigs.

Les comptes se tenaient en thalers de 3.75 francs.

30 silbergroschen = 360 pfennigs.

D'après le nouveau système en reich-marks à 100 pfennigs :

COURS DES CHANGES.

Variable.				*Invariable.*
Amsterdam. 2 m/	112.00 th., cour^s de Prusse pour			250 fl. de Hollande.
Augsbourg, 2 m/	101.$^{1}/_{2}$ —	—	—	150 fl. de convent.
Brême, 8 jours date . . .	109.$^{1}/_{2}$ —	—	—	100 th. louis d'or.
Breslau, 2 mois.	99.$^{1}/_{2}$ —	—	—	100 th. de Breslau.
Francfort, 2 mois	56.$^{1}/_{2}$ —	—	—	100 fl. au p^{ied} de 52 $^{1}/_{2}$.
Hambourg, courts j/ et 2 m/	99.00 —	—	—	300 reich-marcks.
Londres, 3 m/	6 thalers, 100 pfennigs		—	1 livre sterling.
Paris, 2/	79.$^{1}/_{4}$ thalers		—	300 francs.
Saint-Pétersbourg, 15 j/.	92.$^{3}/_{4}$ —		—	100 rouble d'argent.
Vienne, 2 m/	71.$^{3}/_{10}$ —		—	150 fl. au pied de 54.

Souverain anglais ou livre sterling = 6 thalers 20 gros la pièce, p.o.m.
20 francs de France . . . . 5 — 10 — — —

BERNE.

Pour la monnaie nouvelle, *voir* SUISSE ou FRANCE.

MONNAIES ANCIENNES.

Or.

	Poids.	Titre.	Valeur.
Double de 16 frankens. (1796.)	7.648 gr.	901	23.73 fr.
Pièce de 8 ducats *(reipublicæ Bernensis)*	27.619 —	979	93.47 —

Demi, quart, et ducat, en proportion.

Argent.

	Poids.	Titre	Valeur
Écu de 4 frankens (avec l'ours, 1798)	29.318 gr.	903	5.88 fr.
1 franken (— —)	7.330 —	»	1.45 —

Le franken était subdivisé en 10 batz ou 100 rappes.

BIRMAN (Empire). (*Voir* Rangoun.)

BOGOTA (Nouvelle-Grenade).

Une loi du 18 juillet 1857 a changé le système monétaire; la nouvelle piastre est frappée d'une valeur de 20 % plus forte que l'ancienne, et au même titre que la monnaie française. Elle se divise en 10 décimes ou 100 centimes. La valeur de cette nouvelle piastre est de 5 francs.

En or, il a été frappé des onces ou condors valant 20 piastres nouvelles, des condors de 10 piastres, des doublons de 5 piastres et des pièces de 1 piastre.

La monnaie française est admise sur la base de 5 francs pour 1 piastre.

L'ancienne piastre ou peso macuquina valait 4.25 francs.

1 peso = 10 reales. 1 real = 42 centimes.

L'ancienne once d'or ou doublon valait 15 dollars 60 cents des États-Unis, soit 82 francs.

COURS DES CHANGES.

Variable.		*Invariable.*
Londres, 90 j/ de vue . .	6 pesos macuquina pour	1 livre sterling.
Paris, — . .	4.55 francs	— 1 piastre macuquina.
Hambourg, — . .	3 reich-marcks, 60 pfennigs, 1	—

BOLIVIE.

Or.

	Poids.	Titre.	Valeur.	Rapport anglais.
Once = 4 écus d'or = 17 piastres.	21.394 gr.	901	91.80 fr.	£ 3.13 sch.
1 — 4 — .	4.388 —	»	22.95 —	18 sch. 4.^{1}/$_2$ d.
1/2 — 2 — .	2.194 —	»	11.48 —	9 — 1 —

Argent.

	Poids.	Titre.	Valeur.	Rapport anglais.
Piastre = 8 réaux	27 gram.	900	5.40 fr.	4 sch. 4 d.

	Rapport français.	Rapport anglais.
1/2 piastre dite Bolivian, avec l'effigie de Bolivar, à très-bas titre	2.50 francs.	2 schillings.

1 real = 4 quartillos = 67 centimes. 1 quartillo = 16 centimes de France.

A Buenos-Ayres, les bolivians sont comptés de 10 à 12 piastres papel (papier).

BOMBAY.

Or.

	Rapport français.	Rapport anglais.
Mohur = 2 pauncheas = 15 roupies	36.83 francs.	£ 1.9 sch. 6 d.
1 — 5 —	12.27 —	9 — 10 —
1 —	2.45 —	1 — 11.^{1}/$_2$ d.

Argent.

Roupie d'argent au titre de 916. . . . . 3.37 francs. 1 sch. 8.$^1/_2$ d.

Demi et quart, en proportion.

A Bombay, on compte en roupies de la Compagnie, à 4 quarts à 100 reas.

1 quart = 59.39 centimes. 1 rea = 0.59 centime.

Ou, comme à Calcutta, en roupies = 16 annas = 192 pices. — L'anna = 14.85 centimes.

COURS DES CHANGES.

Variable.		*Invariable.*
Calcutta	107.$^1/_2$ roupies d'argent pour	100 roupies de Calcutta.
Londres, 6 m/	1 schilling 11 pence —	1 roupie de la Cie.
Paris.	200 roupies d'argent —	500 francs.
Canton, courts j/	226 — —	100 piast. d'Espagne.

Dans les gros payements, on emploie le lac = 100000 roupies.

100 lacs = 1 crore. 100 crores = 1 mas.

BOUKHARA (Asie intérieure).

La monnaie de compte est le tanga ou tjangan, divisé en 50 puls.

1 tanga = environ 70 centimes de France.

Le puls est une monnaie de cuivre qui vaut 1.4 centime.

La tilla, monnaie d'or, = 21 tangas = 14.70 francs env., ou 12 shill. anglais.

BRÊME.

Or.

	Poids.	Titre.	Valeur.	Rapport anglais.
Louis d'or ou frédérick d'or . .	6.720 gr.	900	20.90 fr.	16 sch. 9 d.

Argent.

	Poids.	Titre.	Valeur.	Rapport anglais.
Thaler=72 grotes=360 schwares.	20.817 gr.	900	4.17 fr.	3 sch. 5 d.

Il y a des pièces d'argent de 1/2, 1/4, 1/8, 1/12 de thaler.

1 grote = 5 schwaren = 5.79 centimes de franc. 1 schwaren — 1.16 centime.

Les comptes se tiennent en thalers à 72 grotes à 5 schwaren.

COURS DES CHANGES.

Variable.			*Invariable.*
Amsterdam	129.00 thalers louis d'or pour		250 fl. de Hollande.
Anvers.	22.$^2/_5$ —	—	100 francs.
Augsbourg	108.00 —	courant	100 thalers louis d'or.
Berlin	111.$^1/_2$ —	—	100 —
Francfort-s.-M..	51.00 —	louis d'or	100 fl. au pied de 52 $^1/_5$.
Paris, courts j/, 2 m/ . .	17.$^3/_4$ groten	—	1 franc.
Hambourg	88.$^1/_2$ thalers louis d'or	—	300 reicht-marcks.
Londres	620.00 —	—	100 livres sterling.
Vienne	127.00 th. de convention	—	100 thalers louis d'or.

Souverain anglais ou livre sterling = 6 thalers 6 grotes, p.o.m.
20 francs de France. . . . .   5 —   5 —   —
Pièce de 5 francs. . . . .   1 — 17 —   —

Les changes de Brême seront bientôt cotés en reich-marcks, comme à Hambourg.

BRÉSIL. (*Voir* Rio-Janeiro.)

BRUXELLES.

Les poids et le titre des monnaies sont les mêmes qu'en France. (*Voir* PARIS.)

Les pièces de 2 francs, 1 franc, 50 centimes et 20 centimes, frappées avant 1866, sont démonétisées et n'ont plus cours ni en France, ni en Suisse, ni en Italie, depuis le 1er janvier 1869.

MONNAIES ANCIENNES.

Or.

	Poids.	Titre.	Valeur.
Lion d'or ancien = 14 florins des Flandres . . .	8.286 gr.	917	26.17 fr.

Argent.

	Poids.	Titre.	Valeur.
Lion ancien d'argent.	32.926 gr.	873	5.38 fr.

Les changes sont réglés sur les cours de Paris. (*Voir* PARIS.)

BUCHAREST (Valachie).

Dans les Principautés-Unies et dans toute la Roumanie, on frappe aux mêmes titre, poids et valeur qu'en France, avec une dénomination différente.

Or.

	Poids.	Titre.	Valeur.	Rapport anglais.
Pièce de 20 ley.	6.451 gr.	900	20. » fr.	16 schillings.
— 10 —.	3.225 —	»	10. » —	8 —
— 5 —.	1.613 —	»	5. » —	4 —

Argent.

	Poids.	Titre.	Valeur.	Rapport anglais.
Pièce de 2 ley.	10 gr.	835	2. » fr.	1 sch. 7.$\frac{1}{2}$ d.
1 — = 100 banis . .	5 —	»	1. » —	10 —
1/2 — 50 — . .	2.50 —	»	0.50 —	5 —

1 bani = 1 centime de France.

Avant l'adoption du nouveau système, on comptait comme à Constantinople.

L'ancienne piastre de Bucharest valait 37 centimes. Toute la monnaie de billon était autrichienne. La piastre était subdivisée en 40 paras.

COURS DES CHANGES.

Variable.		*Invariable.*
Constantinople	57 piastres valaques pour 100 piastres turques.	
Gênes	2.28 piastres —	1 lira italiana.
Londres	67.30 —	1 livre sterling.
Marseille et Paris	2.28 —	1 franc.
Trieste et Vienne	6.22 piastres —	1 florin.

COURS DES MONNAIES ÉTRANGÈRES.

Souverain anglais. . . . . =	67 à 68 piastres.
Pièce de 20 francs.	54 à 54 $^1/_2$ —
Impériale de Russie	35 $^1/_2$ —
Pièce de 20 kreutzers d'Autriche.	2 $^1/_4$ —

BUENOS-AYRES.

Or.

	Rapport français.	Rapport anglais.
Once ou doublon = 16 piastres fortes	81.50 francs.	£ 3.5 sch. 2 d.
Demi et quart, en proportion.		

Argent.

Piastre forte = 10 decimos = 100 centavos. . .	5.40 francs.	4 sch. 4 d.
Real forte ou d'argent = 8 reales de cuivre. . .	2.16 —	1 — 9 —
Real de cuivre . . . . —	0.27 —	2.$^1/_2$—

La monnaie de compte est le *peso papel* (piastre de papier), qui, à l'époque de sa création, représentait un peso forte, et qui ne vaut plus aujourd'hui que 21 à 22 centimes environ.

On établit le change sur la France à 80 francs p.o.m. pour une once, qui vaut 350 à 370 *pesos papel*, suivant le cours de la place. Ainsi, il faut connaître non-seulement le cours du change, mais encore celui du *peso papel*, pour savoir combien il faut en compter pour une once d'or ou doublon.

COURS DES CHANGES.

Variable.		*Invariable.*
Amsterdam, 90 j/ de vue.	18 cent. à Ams	pour 1 peso papel.
Londres	3.$^1/_2$ pence ster	— 1 —
France	34 centimes	— 1 —
Hambourg	30 à 32 pfennigs	— 1 —
Rio-Janeiro et Montevideo	1 0/0 de prime	— 100 —
	ou 100 piastres.	

COURS DES MONNAIES ÉTRANGÈRES.

Once des Républiques hispano-américaines = 17 piastres d'argent, p.o.m.			
Pièce de 20000 reis du Brésil	11.70 —	—	—
Aigle des Etats-Unis	10.70 —	—	—
Condor du Chili.	9.75 —	—	—
Souverain anglais ou livre sterling . . .	5.35 —	—	—
Pièce de 20 francs de France	4.13 —	—	—

CADIX.

Pour les monnaies, *voir* MADRID.

On compte, comme dans toute l'Espagne, par piastres (duros) de 20 réaux à 100 centimes.

COURS DES CHANGES.

Variable.			Invariable.
Amsterdam, 3 m/	2.45 florins	pour 1 piastre fuerte.	
Londres, 3 m/	50 pence	— 1 —	
Paris.	5.30 francs	— 1 —	
Lisbonne, courts j/ . . .	930 reis	— 1 —	
Hambourg	4.40 reich-marcks	— 1 —	

Souverain anglais ou livre sterling = 95 à 96 réaux veillon.
Pièce de 5 francs de France . . . 19 — —

CAIRE. (*Voir* Égypte *et* Alexandrie.)

CALCUTTA.

La monnaie légale est en argent; l'unité est la roupie de la Compagnie, qui sert de monnaie de compte; elle se divise en 16 annas ou 192 pices.

La roupie sicca a la même subdivision et vaut 2.22 francs. L'or n'a pas cours forcé.

Argent.

	Poids.	Titre.	Valeur.	Rapport anglais.
1 roupie = 16 annas = 192 pices.	11.663 gr.	917	2.38 fr.	1 sch. 11 d.
1 anna = 12 pices = 19 centimes.				
1 — 1.5 —				

Il y a des pièces en cuivre de 1 et de 3 pices.

Pour déterminer le rapport des différentes roupies entre elles, on a adopté un étalon imaginaire appelé roupie courante, dont un règlement a fixé la comparaison suivante :

100 compagnie roupies =	93 3/4 roupies sicca. .	= 108 3/4 roupies courantes.
100 roupies sicca . . .	106 — compagnie	116 — —
100 — courantes.	91.95 — —	86.20 — sicca.

Donc il y a trois espèces de roupies, avec une valeur différente.

Dans les payements de fortes sommes, on se sert du lac, qui équivaut à 100000 roupies, ou du crors, qui vaut 100 lacs = 10000000 de roupies.

MONNAIES EN CIRCULATION DANS L'INDE ANGLAISE.

Or.

	Poids.	Titre.	Valeur.	Rapport anglais.
Mohur d'or de Calcutta (1818) = 16 roupies sicca.	13.260 gr.	917	41.88 fr.	£ 1.13 sch. 6 d.
Mohur d'or de la Compagnie (1835) = 15 roupies d'argent.	11.660 —	917	36.82 —	1. 9 — 6 —
Mohur d'or de Seringapatam. .	12.710 —	858	40.58 —	1.12 — 5 —
— du grand Mogol (19me soleil)	12.370 —	993	42.29 —	1.13 —

Argent.

	Poids.	Titre.	Valeur.	Rapport anglais.
Roupie de Calcutta (1818) . . .	12.430 gr.	917	2.53 fr.	2 sch.
— de la Compagnie. . . .	11.660 —	917	2.38 —	1 — 11 d.
— de Madras.	11.660 —	»	2.38 —	1 — 11 d.
— de Benarès (1818). . . .	11.340 —	965	2.43 —	1 —11.¹/₂—

La pice est une petite monnaie en cuivre qui vaut 1.28 centime de France.

COURS DES CHANGES.

Variable.		*Invariable.*	
Bombay	92 roupies sicca	pour 100 roup. d'arg. à Bombay.	
Madras.	95 —	— 100 — à Madras.	
Londres . . . . {	28 pence sterling	— 1 roupie sicca.	
	10 roupies sicca	— 1 livre sterling.	
Paris et France . . . . . {	113 —	— 300 francs.	
	2.46 francs	— 1 roupie sicca.	

CALICUT (Malabar).

Les comptes se tiennent comme à Bombay; la monnaie est la même. (*Voir*
Bombay.)

CANARIES (îles).

Les comptes se tiennent comme en Espagne; les monnaies sont les mêmes.
(*Voir* Madrid.)

CANDIE (îles de la Méditerranée).

Les monnaies sont celles de Turquie. (*Voir* Constantinople.)

CANTON (Chine).

En Chine, la monnaie de compte est le taël ou liang.

Argent.

	Rapport français.	Rapport anglais.
1 taël = 10 tsien ou maces = 100 condorines =		
1000 li ou cash	7.50 francs.	6 schillings.
1 tsien = 10 condorines — 100 li.	75 cent^mes.	7.¹/₂ deniers.
1 — 10—.	7.5 —	3/4 —
1—.	0.75 —	»

Le cash est une monnaie composée de 3 parties de cuivre et de 2 parties de
plomb, fondue et non frappée, d'une forme très-irrégulière; son diamètre varie
de 20 à 28 millimètres; sa valeur, fixée par le gouvernement, est de 10.30 pour
1 taël d'argent. Cette valeur est bien loin du cours réel du cash, puisqu'il en
faut 1600 choisis, tous véritables, pour 1 taël. Il y en a une grande quantité de
falsifiés. Le cash est percé au milieu d'un trou carré; ils circulent enfilés par
100 et par 1000 : l'enfilade de 100 s'appelle mace, l'enfilade de 1000, kouan ou
tiao.

La monnaie courante pour toutes les affaires en gros est la piastre espagnole, et l'on compte 100 piastres d'Espagne = 72 taëls.

Le taël n'a pas partout la même valeur.

Voici les différents rapports :

```
1 taël de Canton .  . = 37.527 gr. = 8.25 fr. = 1.094 taël de Shang-Haï.
1  =  de Shang-Haï    34.302 —    7.50 —    0.914  =  de Canton.
1  —  du Trésor .  .   38.246 —    8.41 —    1.115  —  de Shang-Haï.
```

L'or et l'argent circulent dans le commerce en lingots dont le titre est déterminé par toques (centièmes).

Le dollar des États-Unis a la même valeur que la piastre d'Espagne.

100 dollars ou piastres d'Espagne = 72 taëls.

De cette proportion, il ressort que la valeur réelle du taël chinois est d'environ 7.30 francs.

COURS DES CHANGES.

Variable.		*Invariable.*
Londres, 6 m/ de vue . .	50 à 60 pence pour	1 dollar ou piast. d'Esp.
Bombay, Calcutta et Madras, 60 j/ de vue . . .	220 à 240 roupies Cie —	100 — — —

CAP DE BONNE-ESPÉRANCE.

Monnaies et comptes comme en Angleterre. (*Voir* LONDRES.)

CARACAS et LA GUAYRA (Vénézuéla).

Une loi du 23 mars 1857 a ordonné la fabrication et l'émission de la monnaie nationale, avec le titre et le poids de la monnaie de France; la valeur en est différente.

L'unité monétaire est la piastre d'or, qui se divise en 10 réaux = 5 francs.

Or.

	Poids.	Titre.	Valeur.	Rapport anglais.
Doublon d'or = 10 piastres . .	16.129 gr.	900	50 fr.	2 liv. sterl.
1/2 — ou écu 5 — . .	8.065 —	»	25 —	1 —
1 — . .	1.612 —	»	5 —	4 schill⁸.

Argent.

	Poids.	Titre.	Valeur.	Rapport anglais.
1/2 piastre	11.300 gr.	900	2.30 fr.	1 sch. 10.¹/₂ d.

subdivisée en 2 pezetas, la pezeta en 2 réaux, le réal en 1/2 réal.

1 piastre = 100 centavos ou centimes. 1 centavo = 5 centimes de France.

Antérieurement à l'émission de la nouvelle monnaie, avec l'étranger, on comptait en piastres de 9 réaux plata = 100 centavos = 5.39 francs.

Cette monnaie est encore en usage pour la cote du change.

COURS DES CHANGES.

Variable.		*Invariable.*
Londres	45 pence pour	1 piastre d'argent.
Paris et France	5.30 fr. —	1 —

CARLSRUHE. (*Voir* **Bade**.)

CARTAGENA de las Indias (Nouvelle Grenade).

Pour les monnaies, *voir* Bogota.

COURS DES CHANGES.

	Variable.		*Invariable.*
Londres	{ 46 pence sterling	pour	1 piastre.
	5 piastres	—	1 livre sterling.
Paris.	5.16 francs	—	1 piastre.
Hambourg	3 reich-marcks 60 pfennigs	—	1 —

CEYLAN.

On compte en rixdaale à 12 fanams = 48 pices.

1 rixdaale =	1.85 franc	= 1 sch. 6 d.
1 fanams	15.8 centimes	1.$\frac{1}{2}$ d.
1 pice	3.8	—

MONNAIES ÉTRANGÈRES.

Piastre d'Espagne =	4 schillings 3 pence =	5.30 francs, p.o.m.
Roupie de Calcutta	2 — 3 —	2.50 — —

La livre sterling = 24.75 à 25 francs.

CHILI (Amérique).

Suivant la loi du 9 janvier 1851, la piastre d'argent est devenue l'unité monétaire du Chili; elle a les mêmes valeur, titre et poids que la pièce de 5 francs de France.

Une autre loi du 28 juillet 1860 a réduit la valeur réelle des monnaies divisionnaires d'argent de 8 °/₀ de manière que la pièce de 20 centavos ne vaut plus que 0.92 franc.

La piastre d'or ne vaut que 4.71 francs.

Or.

	Poids.	Titre.	Valeur.	Rapport anglais.
Doublon ou quadruple = 16 piastres fortes	20.537 gr.	758	85.50 fr.	£ 3.8 sch. 5 d.
Condor = 10 pesos ou piastres courantes.	15.253 —	900	47.18 —	£ 1.17 sch. 9 d.
1/2 condor = 5 pesos	7.626 —	»	23.59 —	18 — 8 —
Escudo d'or 2 —	3.058 —	»	9.43 —	7 — 5 —
Piastre d'or 1 --	1.525 —	»	4.71 —	3 — 7 —

Argent.

	Poids.	Titre.	Valeur.	Rapport anglais.
Piastre courante de 100 centavos (1851) ou condor d'argent . .	25.090 gr.	900	5. » fr.	4 schillings.
Pièces de 50, 20, 10, 5 centavos, en proportion.				
Pièce de 20 centavos (1860) . .	4.60 —	900	0.92 —	9 deniers.
Piastre forte av¹ 1851 = 8 réaux.	26.597 —	904	5.34 —	4 sch. 3 d.

Pièces de 2 et 4 réaux, en proportion.

1

1 réal ancien = 66 centimes de France.

1 centavo ou centime de nouvelle piastre (monn. de cuivre) = 5 cent. de francs.

COURS DES CHANGES.

Variable.		Invariable.
Paris, 90 j/ de vue . . .	4.90 francs	pour 1 peso de Chili.
Londres	40 pence sterling	— 1 —
Hambourg	3 reich-marks 80 pfennigs	— 1 —

MONNAIES ÉTRANGÈRES.

Souverain anglais ou livre sterling = 5 $^1/_3$ pesos, p.o.m.
Pièce de 20 francs de France   4 $^2/_3$ —   —

CHINE. (*Voir* Canton.)

CHRISTIANIA (Norvége).

En Norvége, il n'y a pas de monnaie d'or.
La monnaie d'argent est le speciesthaler.

Argent.

	Poids.	Titre.	Valeur.	Rapport anglais.
Speciesthaler=5 orts=120 sch^{gs}.	28.949 gr.	875	5.60 fr.	4 sch. 6 d.
1/2 speciesthaler	14.474 —	»	2.80 —	2 — 3 —

Le schilling, monnaie de cuivre, vaut 4.6 centimes de France.

COURS DES CHANGES.

Variable.		Invariable.
Amsterdam, 14 j/ de vue.	93 speciesthaler papier pour 250 fl. des Pays-Bas.
Paris, 1 m/.	21 schilling papier — 1 franc.
Londres, 3 m/	4 species^{er} 58 schillings — 1 livre sterling.
Hambourg, courts j/. . .	66 — — 300 reich-marcks.

CHYPRE (île de la Méditerranée).

Les comptes se tiennent, comme à Constantinople, en piastres de 40 paras.

COCHINCHINE.

Les monnaies de la Cochinchine sont des taëls d'or et d'argent.

Le taël d'or a la valeur de 14 ou 15 fois le taël d'argent.

Le taël d'argent pèse 38 $^1/_2$ grammes environ et vaut à peu près 8 francs; il se subdivise en demi et en quart.

L'or et l'argent employés sont très-purs.

La monnaie de cuivre est fondue.

60 cash ou dongs = 1 tas. 10 tas ou 600 cash = 1 kwan (corde).

1 kwan vaut de 3 à 3.60 francs.

Les monnaies d'or et d'argent ont, en général, la forme d'un morceau d'encre indienne; mais elles sont beaucoup plus minces; leurs bords sont relevés, et le millésime et la valeur bien marqués.

COLOGNE.

Les monnaies sont les mêmes qu'en Prusse. (*Voir* BERLIN.)

COURS DES MONNAIES ÉTRANGÈRES.

Souverain anglais ou livre sterling = 6 thalers 21 gros la pièce.				
20 francs de France	5	—	12 —	—
5 — —	1	—	10 —	—

COLOMBIE (Amérique).

Pour les monnaies, *voir* BOGOTA.

COURS DES CHANGES.

Variable.		*Invariable.*
Paris.	1 piastre mexicaine pour	5 francs à Paris.
Londres	1 —	— 49 pence st. à Londres.
Hambourg	1 —	— 4 reich-marcks.

COLOMBO. (*Voir* Ceylan.)

CONSTANTINOPLE.

Pour les monnaies, *voir* TURQUIE.

On compte en piastres de 40 paras. La piastre se divise en 100 bons aspres ou en 120 aspres courants.

1 piastre = 22 à 23 centimes de France.

Les sommes importantes se comptent par bourses.

1 bourse d'argent (keser). . .	500 piastres =	110 francs env.		
1 — d'or (kitze)	30000 —	6500	—	—
1 juk	100000 —	22000	—	—

COURS DES CHANGES.

Variable.				*Invariable.*
Amsterdam	3 m/.	371 paras	pour	1 florin des Pays-Bas.
Augsbourg	— .	450 —	—	1 — courant.
Gênes et Livourne . . .	— .	187 —	—	1 lira d'Italie.
Londres	— .	117 piastres	—	1 livre sterling.
Madrid.	— .	24 —	—	1 duro, piast. d'Espagne.
Odessa.	— .	19 —	—	1 rouble d'argent.
Paris.	— .	180 paras	—	1 franc.
Trieste et Vienne	— .	420 —	—	1 florin convention papier.
Smyrne et Salonique. . .	— .	101 piastres	—	100 piastres à Smyrne et Salonique.

COURS DES MONNAIES ÉTRANGÈRES.

Or.

Souverain anglais ou livre sterling . . .	121	piastres papel, p.o.m.	
Demi-impériale russe..	101	—	—
Pièce de 20 francs.	100	—	—
Ducat d'Autriche.	58	—	—

Argent.

Thaler de Marie-Thérèse.	27	—	—
Pièce de 5 francs de France	25	—	—
Livre ancienne d'Autriche (zwanzicher).	4	—	—

COPENHAGUE.

MONNAIE RÉELLE.

Or.

	Poids.	Titre.	Valeur.	Rapport anglais.
Double christian	13.284 gr.	903	40.90 fr.	£ 1.12 sch. 9 d.
Nouveau christian ou frédérick d'or (1827)	6.642 —	896	20.45 —	16 sch. 4.$^1/_2$ d.
Ducat ancien (1775)	6.638 —	906	20.71 —	16 — 7 —
— species (1791 à 1802) . .	3.468 —	990	11.80 —	9 — 4 —

Argent.

	Poids.	Titre.	Valeur.	Rapport anglais.
Species rigsdaler (double) (1813) = 192 schillings nouveaux. .	28.892 gr.	875	5.61 fr.	4 sch. 6 d.
Rigsdaler = 1/2 species rigsd^{er}.	14.446 —	»	2.80 —	2 — 3 —
Halw-daler 1/4 — .	7.233 —	»	1.40 —	1 — 1.$^1/_2$ —

Cuivre.

La pièce de 2 schillings = 6 centimes de France.
— 1 — 3 — —

La monnaie de compte en usage dans tout le Danemark est le rixthaler de banque, ou rigsbankdaler = 1/2 species rigsdaler.

1 rixthaler de banque = 6 marcs = 96 schillings banque = 5.61 francs.
1 — 16 — — 0.46 —
1 — — 3 centimes.

COURS DES CHANGES.

Variable.		*Invariable.*
Amsterdam, 60 j/	189 rigsbankdalers	pour 250 fl. des Pays-Bas.
Londres, —	8 rigbank^{rs} 75 schillings —	1 livre sterling.
Paris, —	34 $^1/_2$ schillings	— 1 franc.
Hambourg, courts j/ . .	130 rigbankdalers	— 300 reich-marks.

CORFOU.

Depuis l'annexion à la Grèce, la monnaie en usage est celle de Grèce. (*Voir* ATHÈNES.)

Avant l'annexion, on employait la monnaie anglaise.

CRACOVIE.

La monnaie légale est celle d'Autriche. (*Voir* Vienne.)

L'ancien florin de Cracovie, divisé en 30 grossen, valait 60 centimes de France.

CUBA. (*Voir* la Havane.)

DANEMARK. (*Voir* Copenhague.)

DANTZIG.

Monnaies comme en Prusse. (*Voir* Berlin.)

COURS DES CHANGES.

Variable.		*Invariable.*
Amsterdam	101 gros d'argent pour	6 fl. de Hollande.
Berlin, 8 j/ de date . . .	101 thalers	— 100 thalers à Berlin.
Londres, 30 et 90 j/ . . .	205 gros d'argent	— 1 livre sterling.
Paris, — . . .	78 thalers	— 300 francs.
Varsovie, 8 j/ de vue . .	95 —	— 300 fl. polonais.
Vienne, 2 m/	98 —	— 150 fl. de convention.

Les comptes se tiennent en thalers, comme à Berlin.

DARMSTADT (Hesse).

Monnaies comme à Bade. (*Voir* Bade.)

DOMINGUE (Saint-). (*Voir* Port-au-Prince.)

DRESDE (Saxe).

La Saxe, faisant partie de la Confédération de l'Allemagne du Nord, a maintenant le même système monétaire que l'Allemagne.

Pour les nouvelles monnaies, *voir* Berlin.

Pour le cours des changes et les monnaies anciennes, *voir* Leipzig.

DUBLIN et ÉDIMBOURG. (*Voir* Londres.)

ÉGYPTE.

MONNAIES NOUVELLES

Or.

Pièce de :	Poids.	Titre.	Valeur.	Rapport anglais
100 piastres ou livre égyptienne.	8.500 gr.	875	25.50 fr.	£ 1.5 d.
50 — 1/2 —	. 4.250 —	»	12.75 —	10 sch.
25 — 1/4 —	. 2.125 —	»	6.29 —	5 —

La pièce de 100 piastres en change courant est comptée 24.50 à 25 francs.

Argent.

	Poids.	Titre.	Valeur.	Rapport anglais.
Pièce de 10 piastres.	12.500 gr.	900	2.50 fr.	2 schillings.
— 5 —	6.250 —	»	1.25 —	1 —
— 2 1/2 —	3.120 —	»	0.62 —	6 deniers.
— 1 — = 40 paras.	1.250 —	»	0.25 —	2 1/2 —

1 para = 0.62 centimes de France.

10 piastres d'Égypte = 11 piastres turques.

Les payements importants se font par bourse (kiss) de 500 piastres.

MONNAIES ANCIENNES.

Or.

	Poids.	Titre.	Valeur.	Rapport anglais.
Ducat ancien	2.600 gr.	750	6.71 fr.	5 sch. 4.$^{1}/_{2}$ d.

Argent.

	Poids.	Titre.	Valeur.	Rapport anglais.
Zumabob = 3 anciennes piastres.	»	»	0.78 fr.	7 $^{1}/_{2}$ deniers.

Pour le cours des changes et des monnaies étrangères, *voir* ALEXANDRIE.

ÉQUATEUR. (Amérique du Sud.)

La loi du 5 décembre 1856 a prescrit l'adoption du système décimal dans l'étendue de la République.

L'unité monétaire est la piastre, de la valeur de 5 francs, subdivisée en 10 réaux ou 100 centavos.

La piastre ancienne, plus faible, était de 8 réaux = 4.40 francs.

ESPAGNE. (*Voir* Madrid.)

ÉTATS-UNIS D'AMÉRIQUE.

L'unité monétaire, aux États-Unis, est le dollar ou piastre d'or, que l'on divise en 100 cents ou centimes. Il est aussi employé comme monnaie de compte.

Or.

	Poids.	Titre.	Valeur.	Rapport anglais.
Double-aigle = 20 dollars . . .	33.437 gr.	900	103.45 fr.	£ 4.2 sch. 9$^{1}/_{2}$ d.
Aigle. . . . 10 — . . .	16.718 —	»	51.72 —	2.1 — 6 —
Pièce de . . 5 — . . .	8.359 —	»	25.85 —	1.0 — 8$^{1}/_{2}$ —
— . . 2 1/2 — . . .	4.180 —	»	12.92 —	10 — 3 —
— . . 1 — d'or. .	1.672 —	»	5.18 —	4 — 2 —

Argent.

	Poids.	Titre.	Valeur.	Rapport anglais.
Dollar ou piastre = 100 cents. .	26.729 gr.	900	5.30 fr.	4 sch. 3 d.
1/2 dollar . . . . 50 — . .	13.718 —	»	2.65 —	2 — 1 —
1/4 — . . . 25 — . .	6.682 —	»	1.32 —	1 — 1 —
Pièce de 10 cents ou dime . . .	2.672 —	»	0.54 —	5.$^{1}/_{2}$ —
1/2 dime = 5 cents	1.336 —	»	0.26 —	2.$^{1}/_{2}$ —

On frappe des pièces en cuivre de 2 cents = 10.3 centimes, et de 1 cent = 5.1 centimes de France.

Cours des changes et monnaies étrangères, *voir* NEW-YORK.

FLORENCE.

Pour les monnaies du nouveau système, *voir* ITALIE.

MONNAIES ANCIENNES.

Or.

	Poids.	Titre.	Valeur.	Rapport anglais.
Ruspone dit de St-Jean-Baptiste (1783), subdivisé en 3 sequins.	10.473 gr.	998	36. » fr.	£ 1.9 sch.
— — 1 — .	3.490 —	»	12. » —	9 sch. 6 d.

Argent.

	Poids.	Titre.	Valeur.	Rapport anglais.
Francescone ou pisis (1803-1807)	27.230 gr.	913	5.52 fr.	4 sch. 5 d.
Pièce de 5 liv. Toscane (1803) .	19.652 —	955	4.20 —	3 — 3 —

Lira toscana, ancienne monnaie de compte, = 20 soldi = 84 centimes.

Pour le cours des changes, *voir* LIVOURNE.

FRANCE. (*Voir* Paris.)

FRANCFORT-SUR-LE-MEIN.

Annexé à la Prusse. Pour les nouvelles monnaies, *voir* BERLIN.

MONNAIES ANCIENNES.

Argent.

	Poids.	Titre.	Valeur.	Rapport anglais.
Florin ou gulden à 60 kreutzers au pied de 24 $\frac{1}{2}$	10.500 gr.	900	2.12 fr.	1 sch. 8.$\frac{1}{2}$ d.

Demi et quart, en proportion.

Pièce de 6 kreutzers = 35 centimes. 1 kreutzer = 3.5 centimes.

La monnaie de compte était le florin à 60 kreutzers.

COURS DES CHANGES.

Variable.			*Invariable.*
Amsterdam	99	fl. pied de 24 pour	100 florins de Hollande.
Anvers.	93.$\frac{3}{4}$	—	— 200 francs.
Augsbourg	100.$\frac{1}{4}$	—	— 100 florins, pied de 52 $\frac{1}{2}$.
Berlin	105	—	— 60 thaler cour. de Prusse.
Brême	105	—	— 50 thaler louis d'or.
Cologne	103	—	— 60 thaler de Prusse.
Hambourg	57	—	— 100 reich-marcks.
Londres	118	—	— 10 livres sterling.
Milan.	92.$\frac{3}{8}$	—	— 200 lire italiane.
Paris.	94	—	— 200 francs.
Vienne et Trieste	108	—	— 100 florins d'Autriche.

A Francfort, le cours des changes est toujours coté en florins ; mais, à partir du 1er janvier 1875, il sera coté en reich-marks.

GALATZ (Moldavie).

On compte en piastres de 40 paralles ou paras; mais la piastre de Galatz a une valeur plus forte que celle usitée dans les autres pays, attendu qu'à Jassy, le rouble d'argent ne vaut que 12 piastres, et à Galatz 15.

De ce calcul, il ressort que

100 piastres de Jassy = 125 piastres de Galatz.

1 piastre de Galatz = 32 centimes de France environ.

COURS DES CHANGES.

	Variable.				Invariable.
Amsterdam, 3 m/	8 piastres	6 paras pour			1 florin de Hollande.
Hambourg, —	4	—	8	—	— 1 reich-marks.
Londres, —	96	—			— 1 livre sterling.
Paris et Marseille, 3 m/ .	3	—	34	—	— 1 franc.
Trieste et Vienne, — .	9	—	12	—	— 1 florin d'Autriche

Ducat d'Autriche = 44 à 45 piastres, p.o.m.

Livre d'Autriche ou zwantziger = 3 piastres 6 paras, p.o.m.

GÊNES.

Pour les monnaies nouvelles, *voir* ITALIE.

MONNAIES ANCIENNES.

Or.

	Poids.	Titre.	Valeur.
Doppia de lire 96 (avant 1792)	25.193 gr.	910	79. » fr.
1/2, 1/4, 1/8, en proportion.			
Sequin dit de Saint-Jean-Baptiste.	3.468 —	998	11.92 —

Argent.

	Poids.	Titre.	Valeur.
Scudo della republica de lire 8 (1792)	33.143 gr.	889	6.54 fr.
1/2, 1/4, 1/8, en proportion.			

Lira fuori banco, ancienne monnaie de compte, = 80 centimes de France.

COURS DES CHANGES.

	Variable.			Invariable.
Amsterdam, 30, 60, 90 j/.	212	lire italiane pour		100 florins de Hollande.
Augsbourg, — .	213	—	—	100 —
Barcelone, Cadix, Madrid.	5.15	—	—	1 duro ou piastre forte.
Londres	25.20	—	—	1 livre sterling.
Paris et Marseille	99.3/4	—	—	100 francs.
Trieste et Vienne	180	—	—	100 florin val. de banque.
Hambourg	123 francs argent	—		100 reich-marcks.

Les écritures et les comptes se tiennent en francs à 100 centimes.

Les billets de la Banque nationale ont cours forcé et perdent de 13 à 15 %, contre l'or et l'argent, suivant le cours.

GENÉVE.

Pour le nouveau système de monnaies, *voir* SUISSE.
Comme dans toute la Suisse, on compte en francs à 100 centimes.

MONNAIES ANCIENNES.

Or.

	Poids.	Titre.	Valeur.
Double à 3 pièces	17.103 gr.	914	53.81 fr.

Argent.

	Poids.	Titre.	Valeur.
Écu de 3 livres, dit Patacon	27.087 gr.	810	5.05 fr.
1 livre ancienne = 20 sous.	9.029 —	»	1.68 —

COURS DES CHANGES.

Variable.			*Invariable.*
Amsterdam	212	francs pour	100 florins de Hollande.
Hambourg	123.1/2	—	100 reich-marcks.
Londres	25.25	—	1 livre sterling.
Berlin	3.73	—	1 thaler.
Augsbourg	213	—	100 florins au pied de 52 1/2.
Francfort-sur-le-Mein . .	212	—	100 —
Paris et France	100.50	—	100 francs en France.
Gênes, Turin et Milan . .	100	—	100 lire italiane.
New-York, 90 j/ de vue.	5.05	—	1 dollar.

GIBRALTAR.

Les monnaies d'Espagne et d'Angleterre ont cours à Gibraltar. (*Voir* LONDRES et MADRID.)

GOA.

Les comptes se tiennent comme en Portugal ; les monnaies sont les mêmes.
(*Voir* LISBONNE.)

GRÈCE. (*Voir* Athènes.)

GUINÉE (Afrique).

La monnaie courante, en Guinée, est la piastre espagnole, que l'on divise en 100 centimes.
On compte aussi par thalers danois, que l'on appelle moco.
1 moco — 48 dame = 96 tabo ou pah = 3.60 francs environ.
Les indigènes compte en macuta.
1 macuta = 2000 cauris = 17 centimes environ.

HAMBOURG.

La nouvelle monnaie de compte est le reich-mark, subdivisé en 100 pfennigs.
1 reich-mark = 1.25 franc. 1 pfennig = 1.25 centime.

L'ancienne monnaie de compte était le marc banco, divisé en 16 schillings ou 192 deniers.

1 marc banco = 1.87 franc. 1 schilling = 11.6 centimes.

La monnaie locale du pays était le marc courant, divisé en 16 schillings,

1 marc courant = 1.52 franc. 1 schilling courant = 9 centimes.

Le thaler de Prusse était compté 2 1/2 marcs courants.

La différence normale entre le marc banco et le marc courant était de 23 °/₀.

MONNAIES RÉELLES.

Or.

	Poids.	Titre.	Valeur.	Rapport anglais
Ducat (*ad legem imperii*). . . .	3.491 gr.	986	11.85 fr.	9 sch. 4 d.
— (*moneta aurea Hamburgens*, 1808)	3.488 —	979	11.70 —	9 — 3 —

Argent.

	Poids.	Titre.	Valeur.	Rapport anglais.
Marc courant = 16 schillings. .	9.464 gr.	750	1.52 fr.	1 sch. 2 d.

Pièces de 2 marcs, 1/2 marc, 1/4 de marc, en proportion.

Monnaie de billon : 1 schilling = 9 centimes. 1/2 et 1/4, en proportion.

Aujourd'hui, la circulation monétaire de Hambourg consiste principalement en thalers de Prusse.

Le cours des changes est coté en reich-marks.

COURS DES CHANGES.

Variable.		*Invariable.*	
Amsterdam, 3 m/	100 florins de Hollande pour 166.70 reich-marcks.		
Anvers et Bruxelles . . .	100 francs	— 78.20	—
Paris et Marseille, 3 m/ .	100 —	— 78.20	—
Londres, 3 m/	1 livre sterling	— 20.05	—
Bâle et Genève, 3 m/ . .	100 francs	— 78.40	—
Lisbonne et Oporto, 3 m/	1000 reis	— 4.40	—
Francfort-sur-le-Mein . .	100 florins du Sud	— 169. »	—
Munich, Augsbourg, 3 m/	100 —	— 168.50	—
Madrid et Cadix, 3 m/ . .	1 piastre (duro)	— 3.90	—
Berlin et Prusse, 3 m/ . .	100 thalers	— 296.40	—
Leipzig et Saxe, 3 m/ . .	100 —	— 295.50	—
New-York, 60 j/	100 dollars d'or	— 401. »	—
Brême, 3 m/	98.50 reich-marcks	— 100. »	—
Vienne et Trieste, 3 m/ .	100 florins, convention	— 173. »	—
Italie, diverses places, 3 m/	100 lire italiane	— 76.50	—

HANOVRE (Prusse).

Les monnaies en usage sont celles de Prusse. (*Voir* BERLIN.)

HAVANE (la) (Ile de Cuba).

On compte en piastres appelées pesos ou dollars à 8 réaux — 5.33 francs.

Le réal = 4 quartillos. 1 réal = 0.66 franc.; mais maintenant on divise la piastre en 100 centavos ou centimes.

Le change fixe sur France est de 5 francs pour 1 piastre ou peso.

Le change fixe sur Londres, pour 100 livres sterling = 111 piastres.

La monnaie courante est :

En *or*, le quadruple ou once = 16 piastres de Cuba = 17 piastres d'Espagne = 91.57 francs = 3 livres sterling 13 schillings 9 deniers.

En *argent*, la piastre du Mexique = 8 réaux du Mexique = 20 réaux de vellon = 5.38 francs = 4 schillings 3.$^{1}/_{2}$ deniers anglais.

COURS DES CHANGES.

Variable.		*Invariable.*
Paris et France, 3 m/ . .	103 francs à la Havane	pour 100 fr. en France.
Londres et Angleterre. .	110 liv. sterl. à la Havane	— 100 liv. st. en Anglet.
Hambourg	3 r.-marks 94 pfennigs	— 1 piastre.

Sur les places d'Amérique, tant °/₀ de perte ou de bénéfice.

HOLLANDE. (*Voir* Amsterdam.)

HONG-KONG.

Système monétaire comme à Canton. (*Voir* CANTON.)

COURS DES CHANGES.

Variable.		*Invariable.*
Londres et Angleterre. .	4 schillings 9 pence pour	1 dollar.
Indes orientales.	222 roupies	— 100 dollars.

ITALIE.

Le système décimal a été adopté dans toute l'étendue du royaume; l'Italie fait aussi partie de la convention monétaire des 17-24 juillet 1866, conclue entre la France, la Belgique et la Suisse. La monnaie d'Italie est frappée aux mêmes poids, titre et valeur que la monnaie de France, de Belgique et de Suisse.

Par décret du 24 août 1862, les écritures se tiennent en lires nuove (francs) à 100 centimes.

La lira nuova (franc) est la monnaie de compte, avec la même subdivision, pour tout le royaume, depuis 1870, époque de la complète annexion.

MONNAIES NOUVELLES.

Or.

	Poids.	Titre.	Valeur.	Rapport anglais.
Pièce de 100 francs	32.258 gr.	900	100. » fr.	1 liv. sterl.
— 50 —	16.129 —	»	50. » —	2 —
— 20 —	6.451 —	»	20. » —	16 schillings.
— 10 —	3.225 —	»	10. » —	8 —
— 5 —	1.612 —	»	5. » —	4 —

Argent.

	Poids.	Titre.	Valeur.	Rapport anglais.
Pièce de 5 francs (1)	25.000 gr.	900	5. » fr.	4 sch.
— 2 —	10.000 —	835	2. » —	1 — 7.$^1/_2$ d.
— 1 —	5.000 —	»	1. » —	10 —
— 50 centimes	2.500 —	»	0.50 —	5 —
— 20 —	1.000 —	»	0.20 —	2 —

Le titre des pièces de 2 francs, 1 franc, 50 centimes et 20 centimes a été réduit à 835 millièmes, au lieu de 900 qu'il avait avant la convention des 17 et 24 juillet 1866. Il a été établi que les pièces frappées en Italie avant 1863 seront démonétisées et n'auront plus cours, à partir du 1er janvier 1869, dans les pays qui font partie de ladite Convention.

Depuis 1866, les billets de la Banque nationale ont cours forcé, et perdent 12, 13, 14, 15 % contre la monnaie, suivant le cours.

Pour le cours des changes et les monnaies anciennes, *voir* MILAN, TURIN, ROME, NAPLES, FLORENCE, GÊNES, VENISE.

JAPON (Asie).

Le Japon a abandonné son ancien système monétaire, très-défectueux, pour adopter le système décimal au titre de 900 millièmes, égal au titre français.

Le poids et la valeur des nouvelles monnaies japonaises sont les mêmes, à peu près, que celle des Etats-Unis d'Amérique.

Or.

	Poids.	Titre.	Valeur.	Rapport anglais.
Pièce de 20 yen (2)	33.333 gr.	900	103.40 fr.	£ 4.2 sch. 9 d.
— 10 —	16.666 —	»	51.70 —	2.1 — 5 —
— 5 —	8.333 —	»	25.85 —	1.8 —1/2 —
— 2 —	3.333 —	»	10.33 —	8 — 3 —
— 1 —	1.666 —	»	5.16 —	4 sch. 1 $^1/_2$ —

Argent.

L'unité monétaire est le yen.

	Poids.	Titre.	Valeur.	Rapport anglais.
Pièce de 1 yen = 100 sen	26.956 gr.	900	5.40 fr.	4 sch. 4 d.
— 50 sen (sous)	12.500 —	»	2.22 —	1 — 2 —
— 20 — —	5.000 —	810	0.90 —	9 —
— 10 — —	2.500 —	»	0.45 —	4 $^1/_2$ d.
— 5 — —	1.250 —	»	0.22 —	2 d.

1 sen = 1 sou de France environ, soit 5.2 centimes.

La monnaie de cuivre n'a pas encore été frappée.

---

(1) Pour satisfaire la curiosité des personnes qui ne connaissent pas la signification des mots FERT FERT FERT que l'on remarque tout autour des monnaies d'or et d'argent italiennes, il faut remonter au temps des Croisades. On trouvera que les chevaliers du Temple, entraînés par la chute de Jérusalem, se retirèrent a l'île de Rhodes. Les assauts que leur livrèrent les Sarrazins furent très-sanglants ; dans ces rudes combats, un prince de la maison de Savoie fit des prodiges de valeur. Le grand-maître de l'ordre, pour témoigner de sa vaillance, autorisa le prince à inscrire sur son drapeau cette noble et fière devise :

Fortitudo ejus Rhodium tenuit (par sa bravoure Rhodes n'a pas été prise).

En retenant et rapprochant les initiales, cette devise s'est réduite à ce mot, FERT.

(2) Le mot yen, en langue japonaise, équivaut à monnaie ronde.

ANCIEN SYSTÈME.

L'unité monétaire du Japon était l'itsibou, monnaie carrée en argent; il est divisé en 16 ½ tempos.

L'itsibou a une valeur fictive de 3 francs; mais sa valeur intrinsèque n'est que de 1.75 franc; il pèse 8.750 grammes. Si nous admettons qu'il est au titre de 835 millièmes, comme le franc, nous aurons la proportion suivante :

$$10 : 200 :: 8.75 : 1.75.$$

De cette proportion, il résulte clairement que, dans le commerce, au Japon, 3 itsibous se changent couramment avec 1 piastre d'Espagne

$$3 \times 1.75 = 5.25.$$

Les monnaies sont de trois espèces :

La première est le rio, monnaie ovale d'un or très-pur et malléable, comme l'ancien sequin de Venise; il vaut 4 itsibous, soit 12 francs, valeur fictive, et pèse 3.250 grammes. Le poids de la pièce française de 10 francs est de 3.226 grammes. En admettant que le titre du rio soit 998, comme celui du sequin de Venise, la valeur réelle du rio ne serait que de 11 francs environ.

La pièce d'or de 4 rio = 16 itsibous aurait une valeur intrinsèque de 44 francs environ.

La deuxième espèce est l'itsibou appelé doré. Il est composé d'un mélange d'or et d'argent; sa valeur véritable est assez difficile à établir, attendu que la proportion d'alliage n'est pas parfaitement connue. Il est estimé 2 itsibous d'argent, soit 6 francs, valeur fictive, ou 3.50 francs, valeur intrinsèque.

La troisième est l'itsibou d'argent, unité monétaire, que nous avons indiqué ci-dessus.

Les sous-multiples de l'itsibou sont le demi et le quart, dont le poids et la valeur sont proportionnels.

La monnaie de cuivre est le tempo, pièce ovale percée au milieu d'un trou carré de la largeur de 4 millimètres.

16 ½ tempos = 1 istibou et pèsent 19.250 grammes, à peu près le poids de deux pièces de 10 centimes de France, et leur valeur est d'environ 11 à 12 centimes de France.

Il est défendu aux Japonais de vendre les pièces en or de la collection que l'on appelle *cobangs*, et l'on ne peut les avoir que par contrebande. Il y a encore des cobangs d'un grand diamètre, qu'il est très-difficile de se procurer, dont la valeur est de 80 piastres = 420 francs environ; ils sont gardés comme des médailles.

Le taël ou tehl est une monnaie de compte.

1 taël = 10 monme ou mas = 100 condorines = 1000 sen = 3.40 francs.

1 monme = 34 centimes.

NOTA. — Tous ces renseignements ont été fournis par des négociants de Marseille et de Lyon qui ont des maisons de commerce à Yokohama. M. Devèze, de Lyon, chef de l'importante maison Devèze et fils, m'a donné la collection complète des monnaies qu'il tient de son fils, établi à Yokohama, avec toutes les explications nécessaires, et M. le secrétaire de l'ambassade du Japon à Paris, à qui j'ai soumis un extrait de ce travail, m'a confirmé les avoir trouvés exacts.

JASSY. (*Voir* **Galatz.**)

JAVA (Indes-Orientales). (*Voir* Batavia.)

KŒNIGSBERG.

Les monnaies en usage sont celles de Prusse. (*Voir* BERLIN.)

LA VALETTE. (*Voir* Malte.)

LEIPZIG (Saxe).

Comme il est dit à l'article DRESDE, la Saxe aura le même système monétaire que toute l'Allemagne.

Pour la nouvelle monnaie, *voir* BERLIN.

MONNAIES ANCIENNES.

Or.

	Poids.	Titre.	Valeur.	Rapport anglais.
Double de 10 anc. thal^{rs} (1794).	13.279 gr.	898	41.10 fr.	£ 1.13 sch.
Auguste ou pistole de 5 thalers.	6.338 —	898	20.55 —	16 sch. 5 ¹/₂ d.
Ducat *(ad legem imperii)* . . .	3.468 —	986	11.85 —	9 — 4 d.
Couronne d'or. (Traité 1857.). .	11.111 —	900	34.40 —	£ 1.7 sch. 5 d.

Demi-couronne, en proportion.

Argent.

	Poids.	Titre.	Valeur.	Rapport anglais.
Thaler de 30 neugroschen (1840).	18.500 gr.	900	3.65 fr.	2 sch. 8 d.
— d'association. (Tr. 1857).	18.519 —	»	3.70 —	2 — 9 —
Ancien thaler de convention . .	28.044 —	833	5.19 —	4 — 2 —

La monnaie de compte pour toute la Saxe est le thaler, divisé en 30 neugroschen ou 300 pfennigs. 1 thaler = 3.66 francs.

1 neugroschen = 12.2 centimes. 1 pfennig = 1.22 centime.

COURS DES CHANGES.

Variable.		*Invariable.*
Amsterdam	140 thalers ou pied de 30 pour	250 fl. de Hollande.
Augsbourg	57 —	— 100 fl. ou pied 52 ¹/₂.
Berlin	99.¹/₂—	— 100 thalers à Berlin.
Brème	109 —	— 100 thal. de Brème.
Francfort-sur-le-Mein . .	57 —	— 100 fl. ou pied 52 ¹/₂.
Hambourg	103 —	— 300 reich-marcks.
Paris.	80 —	— 300 francs.
Londres	6 — 21 neugroschen—	1 livre sterling.
Vienne	72.¹/₂—	— 150 fl. val. de Banque.

COURS DES MONNAIES ÉTRANGÈRES.

Souverain anglais ou livre sterling	6 thalers 20 gros, p.o.m.
20 francs de France.	5 — 9 — —
5 — —	1 — 10 — —

LEMBERG (*comme* l'Autriche). (*Voir* Vienne.)

LIMA. (*Voir* Pérou.)

LISBONNE (Portugal).

Dans tout le Portugal, on compte en reis. Le reis a la valeur d'un 1/2 centime environ.

Pour exprimer une somme considérable, il faut employer un très-grand nombre de chiffres. Les sommes importantes se comptent par conto de reis.

Un conto de reis équivaut à 1 million de reis, c'est-à-dire :
1 conto de reis = 5550 francs, d'après la proportion de 1 milreis = 5.50 francs suivant le change, qui est plus ou moins élevé.

Les monnaies antérieures à 1835 sont assez irrégulières, soit sous le rapport du titre, soit sous celui du poids. Au change, elles perdent de 1/4 à 1/2 %.

Le cruzado, monnaie de compte et de change, = 400 reis = 2.34 fr., p.o.m.

MONNAIES (*depuis 1835*).

Or.

	Poids.	Titre.	Valeur.	Rapport anglais.
Double couronne = 10000 reis (1854)	17.735 gr.	917	55.88 fr.	£2.4 sch. 9 d.
Coroa ou couronne d'or égale 5000 reis (1835)	8.868 —	»	27.94 —	1.2 — 4.1/2 —
Pièce de 2000 reis (1854)	3.547 —	»	11.17 —	9 —
— 1000 — —	1.774 —	»	5.60 —	4 — 6 —

Argent.

	Poids.	Titre.	Valeur.	Rapport anglais.
Pièce de 5 testaôns = 500 reis.	12.500 gr.	917	2.52 fr.	2 schillings.
— 2 — 200 —.	5.000 —	»	1. » —	10 deniers.
— 1 — 100 —.	2.500 —	»	0.50 —	5 —
— 1/2 — 50 —.	1.250 —	»	0.25 —	2 1/2 —

La pièce de cuivre de 1 vintine = 20 reis = 10 centimes.

COURS DES CHANGES.

Variable.			*Invariable.*
Amsterdam	43 fl. de Hollande	pour	40 crusados de 400 reis.
Gênes et Livourne.	5.25 lire italienne	—	1000 reis.
Hambourg	4 r.-marcks 50 pfen.	—	1000 —
Londres	53.1/4 pence	—	1000 —
Paris.	5.50 francs	—	100 —
Madrid	930 reis	—	1 piastre forte ou duro.
Vienne et Trieste	430 —	—	1 florin pied de 45.

Souverain anglais ou livre sterling. 4500 reis, p.o.m.
Pièce de 20 francs. 3440 — —
— 5 — 885 — —
Duro ou piastre d'Espagne 935 — —

LIVERPOOL. (*Voir* Londres.)

LIVOURNE (Italie).

Pour le nouveau système monétaire, *voir* ITALIE ; pour les anciennes monnaies, *voir* FLORENCE.

COURS DES CHANGES.

Variable.			*Invariable.*
Amsterdam, 3 m/	213	lire italiane pour	100 florins de Hollande.
Augsbourg, —	213	—	— 100 — pied 52 $^1/_2$.
Barcelone, Madrid, 3 m/	5.15	—	— 1 piastre ou duro.
Francfort-sur-Mein, 3 m/	212	francs	— 100 florins à Francfort.
Londres	25.40	—	— 1 livre sterling.
Lisbonne, 3 m/	5.40	—	— 1000 reis.
Marseille et Paris. 3 m/ .	99	—	— 100 francs.
Vienne et Trieste, — .	180	lire italiane	— 100 florins val. de banque.

Diverses places d'Italie, à tant °/₀ de perte ou de bénéfice.

LONDRES.

La monnaie d'or est la monnaie légale en Angleterre ; l'argent ne sert que comme appoint.

La monnaie de compte est la livre sterling ou souverain, divisée en 20 schillings, le schilling en 12 pence ou penny, le penny en 4 farthings.

Or.

	Poids.	Titre.	Valeur.
Souverain ou livre sterling.	7.988 gr.	916 $^2/_3$	25.20 fr.
1/2 livre sterling	3.994 —	»	12.60 —

Argent.

	Poids.	Titre.	Valeur.
Couronne = 5 schillings	28.276 gr.	925	6.25 fr.
1/2 couronne	14.138 —	»	3.12 —
Florin	11.310 —	»	2.35 —
Schilling	5.655 —	»	1.20 —
Pièce de 6 pence.	2.828 —	»	0.60 —
— 4 — groat	1.885 —	»	0.40 —
— 3 —	1.414 —	»	0.30 —

Penny ou pence = 10 centimes de franc ; 1/2 penny = 5 centimes.

COURS DES CHANGES.

Variable.			*Invariable.*
Amsterdam. . . . 3 m/.	12 florins	pour	1 livre sterling.
Anvers. . . . . . . — .	25.30 fr.	—	1 —
Bombay . . . . . — .	23 pence	—	1 roupie de Bombay.
Calcutta . . . . . — .	24 —	—	1 roupie sicca.
Cadix . . . . . . — .	49 —	—	1 piastre forte, duro.
Francfort-s.-Mein . — .	118 florins pied 52 $^1/_2$	—	10 livres sterling.
Gênes, Livourne, Milan . . . . . — .	25.40	—	— 1 —
Hambourg . . . . — .	19.$^1/_2$ reich-marcks	—	1 —
Lisbonne. . . . . — .	54 pence		—1000 reis argent.
Madrid. . . . . . — .	49 —	—	1 piastre forte, duro.
Madras. . . . . . — .	23 —	—	1 roupie.
Naples, Palerme, Messine . . . . — .	25.40 francs	—	1 livre sterling.
Rio-Janeiro . . . — .	30 pence		—1000 reis du Brésil (papier).

Paris et Marseille. 3 m/.	25.25 francs	pour	1 livre sterling.
Saint-Pétersbourg. — .	32 pence	—	1 rouble d'argent.
Berlin . . . . . . — .	6 thaler 24 gros	—	1 livre sterling.
Canton. . . . . . — .	47 $\frac{1}{2}$ pence	—	1 piast. d'arg. d'Espagne.
New-York . . . . — .	48 —	—	1 dollar.
Vienne et Trieste . — .	13.90 fl. d'Autriche —		1 livre sterling.

LUBECK.

Monnaie réelle, monnaie de compte et cours des changes, comme à Hambourg. (*Voir* HAMBOURG.)

MADRAS.

On compte à Madras, comme à Calcutta, en roupies de la Compagnie à 16 annas à 12 pices ; on comptait autrefois en pagodes-star à 42 fanams à 80 caches = 3 $\frac{1}{2}$ roupies = 8.30 francs ; mais aujourd'hui, c'est comme à Calcutta. (*Voir* CALCUTTA.)

MADRID.

Depuis 1868, époque de la proclamation de la république en Espagne, on frappe la monnaie avec le titre, le poids et la valeur français, et on a conservé l'ancienne dénomination, soit : la pièce de 5 francs, duro ; la pièce de 2 francs, dos pezetas ; de 1 franc, pezeta ; de 50 centimes, dos reales. Sur la pièce, d'un côté, il y a l'effigie de l'Espagne, de l'autre l'exergue *Gobierno provisional*.

La convention monétaire des 17-24 juillet 1866 a été adoptée en Espagne par décret du 5 octobre 1865 ; mais il n'a été frappé que des pièces de 5 francs, 2 francs et 1 franc, point de monnaie de cuivre. Les nouvelles pièces sont en circulation avec la valeur de l'ancien duro pour la pièce de 5 francs et de 1 pezeta pour la pièce d'un franc, et sont échangées avec l'ancienne monnaie de cuivre en raison des anciennes pièces.

ANCIEN SYSTÈME.

L'unité monétaire était le réal = 26 centimes de France.

La monnaie de compte était le réal, divisé en 10 décimes = 100 centimes ; mais cette subdivision n'était que nominale, attendu que le doublon était compté 100 réaux de 8 $\frac{1}{4}$ quartos.

1 quarto = 3.2 centimes. 34 quartos = 1 pezeta.

MONNAIES ANCIENNES.

Or.

	Poids	Titre.	Valeur.	Rapport anglais.
Doublon d'Isabelle = 10 escudos = 100 réaux	8.387 gr.	900	25.78 fr.	£ 1.7 d.
Pièce de 40 réaux. (Décret du 31 janvier 1861.)	3.351 —	»	10.40 —	8 sch. 4 d.
Pièce de 20 rˣ. (31 janv. 1861.).	1.677 —	»	5.20 —	4 — 2 —

Argent.

	Poids.	Titre.	Valeur.	Rapport anglais.
Pièce de 20 réaux ou duros . .	25.960 gr.	900	5.25 fr.	4 sch. 2 $\frac{1}{2}$ d.
— 10 — ou escudo . .	12.980 —	»	2.63 —	2 — 1 d.
Pezeta = 4 réaux	5.250 —	»	1.04 —	10 $\frac{1}{2}$ d.
Réal vellon	»	»	0.26 —	2 $\frac{1}{2}$ —

Les anciennes monnaies en cuivre sont toujours en usage.

1 quarto = 3.2 centimes. 1/2 quarto = 2 maravédis.

La circulation de la monnaie en usage avant le 15 avril 1848 est autorisée avec le tarif suivant :

Or.

Doublon ou quadruple d'or de 16 piastres (1730 à 1772)				85.40 francs.
—	—	—	(1772 à 1786)	83.50 —
—	—	—	(depuis 1786)	81.50 —
Doublon de 4 écus (Fernando VII)		80 reales.	20.40 —
— 2 —	—	. . . .	40 —	10.20 —
— 1 — ou pezeta d'or.		20 —	5.10 —

Argent.

Piastre forte aux deux globes ou collonat (1730 à 1772).			5.50 francs·
—	—	— (depuis 1772).	5.38 —
Pezeta ancienne, 1/5 de la piastre.			1.04 —
Réal plata (argent), 1/2 pezeta.			0.52 —
Réal de vellon, 1/4 de pezeta			0.26 —

COURS DES CHANGES.

Variable.		*Invariable.*
Londres, 3 m/.	50 pence	pour 1 piastre ou duro.
Paris, 8 j/ de vue. . . .	5.25 fr.	— 1 —
Gênes, Livourne, Naples.	5 lire italiane 30	— 1 —
Amsterdam	2 florins 40 cᵉ	— 1 —
Hambourg	4 r.-marcks 40 pfennig	— 1 —
Lisbonne.	900 reis	— 1 —

Pour différentes villes d'Espagne, à tant pour % de perte ou de bénéfice.

MALAGA (Espagne).

Monnaies et changes comme à Madrid. (*Voir* MADRID.)

MALTE (île de la Méditerranée).

On compte par livre sterling = 20 schillings = 12 pence, ou par écu = 12 tari = 120 grains = 2.10 francs environ. 1 tari = 17 centimes.

Les monnaies réelles sont les monnaies anglaises. Les anciennes monnaies d'or et d'argent frappées par les chevaliers de Malte sont tout à fait hors de cours.

CONVERSION DE MONNAIES ÉTRANGÈRES EN ANCIENNES MONNAIES DE MALTE.

Livre sterling.	12 scudi 6 tari,	p.o.m.
Schilling anglais	7 tari 16 grani	—
Quadruple d'Espagne.	40 scudi ou écus	—
Pièce de 5 francs de France. . . .	2 scudi 5 tari	—

COURS DES CHANGES.

Variable.			Invariable.
Londres, 30 ou 60 j/. . .	103 livres sterling	pour 100	livres sterl. à Londres.
Gênes, Livourne, 30 j/ vue	115 grani	—	1 lira italiane.
Marseille	111 —	—	1 franc.
Trieste	15 tari	—	1 florin.
Naples	24.$\frac{1}{2}$ tari	—	1 ancien ducat.
Palerme et Messine . . .	74 tari	—	1 once d'or val. ancienne.

MANILLE (îles Philippines).

Depuis 1857, on compte en piastres fortes (duros) à 100 centavos. Avant cette époque, on comptait à la piastre divisée en 8 réaux (reales) = 12 grains.

Le duro a la même valeur qu'en Espagne, soit 5.25 francs.

COURS DES CHANGES.

Variable.		Invariable.
Londres, 6 m/ de vue . .	4 schillings 1 pence	pour 1 piastre dure.
Calcutta, Bombay	250 roupies de la Compagnie —	100 piastres d'arg.

MAROC (Afrique).

Il est presque impossible de déterminer la valeur des monnaies de ce pays, tant elles sont irrégulières.

Dans le commerce, on compte en piastres espagnoles ou duros, divisées en 100 centavos ou centimes.

La monnaie du pays est le metikal.

1 metikal = 10 onces = 40 muzunas = 960 huces = 3840 kirats = 2.63 fr. env.

1 muzuna ou blanquillo = 96 kirats = 6 centimes environ.

La madridia (doublon) = 10 piastres d'Espagne = 52.50 francs.
Bendoki ou bataca . .   2   —   10.50   —

Par réal, au Maroc, on entend 1 piastre forte d'Espagne.

La madridia est comptée 10 reales ou piastres.

MARSEILLE (France).

Les monnaies en usage sont celles de France. (*Voir* Paris.)

COURS DES CHANGES.

Variable.			Invariable.
Smyrne, Constantinople .	175 paras	pour	1 franc.
Malte, 30 j/.	2	fr. —	1 écu de Malte.
Londres, 90 j/.	25.30	— —	1 livre sterling.
Barcelone, 90 j/.	5.15	— —	1 piastre duro.
Odessa, St-Pétersbourg .	3.40	— —	1 rouble.
Hambourg	123	— —	100 reich-marcks.

MAYENCE (*comme* Bade.)

     MONNAIES MODERNES

MEXIQUE ou MEXICO.

Le système décimal français, décrété le 15 mars 1857, a été rendu obligatoire par la loi du 1er janvier 1862. L'ancien système est toujours en usage.

Or.

	Poids.	Titre.	Valeur.	Rapport anglais.
Onza de oro, quadruple pistole .	27.000 gr.	875	82. » fr.	£ 3 5 sch.
Double pistole	13.500 —	»	41. » —	—1 12 — 8 d.
Pistole = 4 piastres.	6.750 —	»	20.50 —	16 — 5 —
Escudillo = 1/4 pistole ou piast.	1.687 —	»	5.10 —	4 — 1 —

Argent.

	Poids.	Titre.	Valeur.	Rapport anglais.
Piastre = 8 reales de Plata (argt)	27.000 gr.	903	5.30 fr.	4 sch. 3 d.
1/2 et 1/4, en proportion.				
Réal de Plata	3.375 —	»	0.66 —	6 1/2 d.
Medio réal	1.687 —	»	0.33 —	3 1/4 —

En cuivre, le quartillo ou quart de réal = 8 centimes de France.

COURS DES CHANGES.

Variable.		Invariable.	
Paris et Bordeaux, 3 m/ .	4.80 fr.	pour 1 piastre mexicaine.	
Londres, 60 j/	49 pence	— 1	—
Hambourg, 60 j/	4 r.-marcks 50 pfenn.	— 1	—

MILAN.

Pour les monnaies nouvelles, *voir* ITALIE.

COURS DES CHANGES.

Variable.			Invariable.
Amsterdam, 60 j/	212	lire italiane pour 100 florins de Hollande.	
Augsbourg, courts j/ . .	213	— — 100 — pied de 52 1/2.	
Francfort-s.-Mein, 30 j/.	213	— — 100 — —	
Gênes	99.1/4	— — 100 lire italiane à Milan.	
Hambourg	124	— — 100 reich-marcks.	
Londres, 90 j/.	25.40	— — 1 livre sterling.	
Paris, Lyon et Marseille,			
30 j/.	99.1/4	— — 100 francs.	
Vienne et Trieste, 30 j/ .	170	— — 100 florins val. de Vienne.	

A Milan, depuis 1859, on compte, comme dans toute l'Italie, en francs à 100 centimes, ou, pour mieux dire, en lire italiane de 100 centesimi.

MONNAIES ANCIENNES.

Or.

	Poids.	Titre.	Valeur.
Double ancienne (*Mediolani dux*)	6.283 gr.	910	19.70 fr.
Sequin (*Mediolani et Mant dux*)	3.491 —	993	11.94 —
Pièce de 20 lire italiane (1848) (*Italia libera, Dio lo vuole*)	6.451 —	900	20. » —

Double et demie, en proportion.

Argent.

	Poids.	Titre.	Valeur.
Pièce de 5 lire italiane (1848). Governo provvi-sorio *(Italia libera, Dio lo vuole)*.	25 000 gr.	900	5. » fr.
De 2 lire, 1 lira, 50 centesimi, en proportion.			
Écu de Marie-Thérèse et Joseph II	23.102 —	896	4.60 —
Ancienne livre, monnaie de compte	6.222 —	552	0.76 —

De 1814 à 1859, ancien système d'Autriche; la monnaie de compte était la livre d'Autriche de 20 kreutzers (swantiger) = 0.87 franc.

MOGADOR. (*Voir* Maroc.)

MOKA (Arabie).

La monnaie de compte est la piastre de Moka, divisée en 80 kabiks ou caviers.

1 piastre = 4.40 franc . . kabik = 5.5 centimes de France.

1215 piastres de Moka sont comptées 1000 piastres d'Espagne.

Les monnaies en circulation dans le pays sont les piastres d'Espagne et les thalers de convention d'Allemagne.

MOLDAVIE. (*Voir* Galatz.)

MONTEVIDEO.

On compte par pesos ou piastres corrientes de 10 réaux à 100 centimes ou 1000 reis, monnaie de papier appelée dans le pays peso nacional.

1 piastre courante de 8 réaux = 4.26 francs.

5 piastres courantes = 4 piastres d'Espagne.

La valeur de l'once d'or (sellada) est tarifée en 19 piastres courantes, ou 16 duros d'Espagne.

Or.

Pièces de 4, 2 et 1 patacon. La pièce de 4 patacons vaut 20.30 francs = 16 schillings 3 pence.

Les autres, en proportion.

Argent.

La pièce de 1/2 patacon = 5 réaux = 2.40 francs = 1 schilling 11 pence.

Cuivre.

La pièce de 1 vintine ou 20 reis = 4.2 centimes.

COURS DES CHANGES.

	Variable.		Invariable.
Londres, 60 j/ de vue . .	42 pence	pour	1 piastre courante.
Paris, — . .	5.20 fr.	— 1	—
Rio-Janeiro, 30 et 60 j/ .	101 patacones	—	100 patacones à Rio-Janeiro.

Or.

Pièce du Brésil de 10000 reis.	6 piastres courantes	580 reis par pièce, p.o.m.		
Pièce de 20 francs.	4 —	—	440	—	—
Livre sterling.	6 —	←	par pièce, p.o.m.	

Argent.

Pièce de 5 francs	900 reis par pièce, p.o.m.
Pezeta d'Espagne	200 — — —

MOSCOU. (*Voir* Saint-Pétersbourg.)

MUNICH (Bavière).

Pour les monnaies et le cours des changes dans tout le royaume de Bavière, *voir* AUGSBOURG.

NAPLES (Italie).

Pour le nouveau système monétaire, *voir* ITALIE.

Or.

	Poids.	Titre.	Valeur.	Rapport anglais.
Decupla de 30 ducati (1818) . .	37.865 gr.	996	130. » fr.	£ 5 4 sch.
Quintupla 15 — — . .	18.933 —	»	65. » —	—2 12 —
Oncia 3 — — . .	3.786 —	»	13. » —	10 — 7.$^1/_2$ d.
Oncia (once) de Sicile	4.408 —	859	13. » —	10 — 7.$^1/_2$ —
Pièce de 20 francs (J. Murat). .	6.451 —	900	20. » —	16 —

Argent.

	Poids.	Titre.	Valeur.	Rapport anglais.
Ducat de 10 carlini = 100 grani.	22.810 gr.	833	4.25 fr.	3 sch. 4 d.
— 12 — 120 — .	27.619 —	833	5.10 —	4 — 1 —
1 2 ducat 6 tarini 60 — .	13.651 —	»	2.55 —	2 — 1/2—
Pièce de 4 — 40 — .	»	»	1.68 —	1 — 4 —
— 2 — 20 — .	»	»	0.84 —	8 $^1/_2$ d.
— 1 — 10 — .	»	»	0.42 —	4 d.
Pièce de 5 francs (J. Murat) . .	25.000 —	900	5. » —	4 —

En cuivre, pièces de 1 grano et de 5 grani. 1 grano = 4.2 centimes.

La monnaie de compte est la lira italiana à 100 centimes, ou franc.

L'ancienne monnaie de compte, avant 1860, était le ducat.

1 ducat = 5 tari = 10 carlini = 100 grani = 4.25 francs.

COURS DES CHANGES.

Variable.		Invariable.
Amsterdam, 90 j/	210 lire italiane pour	100 florins de Hollande.
Augsbourg, 75 j/	210 —	— 100 florins pied de 52 $^1/_2$.
Francfort-s.-Mein, 75 j/.	209 —	— 100 — —
Hambourg, 90 j/	123 —	— 100 reich-marcks.
Paris, Lyon et Marseille, 80 j/	98.50 —	— 100 francs.
Florence, Gênes et Milan, 30 j/	99 —	— 100 lire italiane.
Trieste et Vienne, 70 j/ .	178 —	— 100 florins de banque.

NEW-YORK (États-Unis d'Amérique).

Pour les monnaies, *voir* l'article ÉTATS-UNIS.

COURS DES CHANGES.

Variable.		Invariable.
Amsterdam . . . 60 j/.	42 centimes de dollar pour	1 florin de Hollande.
Anvers . . . . . — .	5.15 fr.	— 1 dollar d'or.
Paris . . . . — .	5.25 —	— 1 —
Londres . . . . . — .	109.$^1/_2$ centimes de dollar	— 4 sch. 6 den. à Lond.
Berlin . . . . . . — .	73 —	— 1 thaler de Prusse.
Brême . . . . . . — .	80 —	— 1 thaler en or.
Francfort-s.-Mein — .	42 —	— 1 florin du sud.
Hambourg . . . . — .	25 —	— 1 reich-marck.

COURS DES MONNAIES ÉTRANGÈRES.

Or.

Souverain anglais	=	4 dollars	88 cents la pièce.
Pièce de 20 francs		3 —	85 — —
Ducat de Hollande		2 —	22 — —
Onca ou quadrupla d'Espagne. . . .		16 —	60 — —

Argent.

Piastre d'Espagne	=	1 dollar	18 cents la pièce.
— du Mexique.		1 —	05 — —
Thaler de Prusse.		0 —	70 — —
Florin de l'Allemagne du Sud		0 —	39 — —
Thaler de la couronne d'Allemagne .		1 —	06 — —
Pièce de 5 francs.		0 —	97 — —

Les anciennes monnaies d'or ont 4 °/₀ de prime contre les nouvelles, et les monnaies d'or 6 °/₀.

104 dollars nouveaux = 100 dollars anciens.

NORVÉGE. (*Voir* Christiania.)

NOUVELLE-GRENADE. (*Voir* Bogota.)

NUREMBERG (Bavière).

Pour les monnaies, *voir* AUGSBOURG.

Les changes sont cotés comme à Francfort.

ODESSA (Russie).

Pour les monnaies, *voir* l'article SAINT-PÉTERSBOURG.

A Odessa, l'ancienne monnaie de compte était le rouble papier ou de banque.

3 ½ roubles papier = 1 rouble d'argent divisé en 100 kopeks.

COURS DES CHANGES.

Variable.			*Invariable.*
Constantinople, 30 j/ . .	6 kopek argent	pour	1 piastre.
Hambourg, 3 m/	94 roubles d'argent	—	300 reich-marcks.
Gênes, 75 j/.	408 lire italiane	—	100 roubles d'argent.
Livourne, 75 j/	21.¼ roubles d'arg.	—	100 lire italiane.
Londres, 3 m/.	615 kopek argent	—	1 livre sterling.
Paris et Marseille, 3 m/.	407 francs	—	100 roubles d'argent.
Trieste et Vienne, 3 m/.	158 florins pied 45	—	100 —
Saint-Pétersbourg, 90 j/.	99.¼ roubles d'arg.	—	100 roub. arg. à S.-Péters.

PALERME (Sicile).

Pour le nouveau système monétaire, *voir* ITALIE.

Depuis 1818 jusqu'en 1860, à Palerme on comptait comme à Naples, c'est-à-dire en ducats.

1 ducat = 10 carlini = 100 grani = 4.25 francs.

Pour les monnaies anciennes et le cours des changes, *voir* NAPLES.

PARAGUAY (Amérique du Sud).

On compte en piastres à 8 reales (réaux).

La piastre = 4.66 francs. Le réal = 58 centimes.

L'once ou doublon d'or est compté 17 ½ piastres = 81.50 francs.

Pour le cours des changes et des monnaies étrangères, on se guide sur Buenos-Ayres.

PARANA. (*Voir* Buenos-Ayres.)

PARIS.

SYSTÈME MÉTRIQUE.

Or.

	Poids.	Titre.	Valeur.	Rapport anglais.
Pièce de 100 francs	32.258 gr.	900	100. » fr.	4 liv. sterl.
— 50 —	16.129 —	»	50. » —	2 —
— 20 —	6.451 —	»	20. » —	16 schillings.
— 10 —	3.225 —	»	10. » —	8 —
— 5 —	1.612 —	»	5. » —	4 —

Argent.

	Poids.	Titre.	Valeur.	Rapport anglais.
Pièce de 5 francs	25.000 gr.	900	5. » fr.	4 sch.
— 2 —	10.000 —	835	2. » —	1 — 7.$^1/_2$ d.
— 1 —	5.000 —	»	1. » —	10 —
— 50 centimes	2.250 —	»	0.50 —	5 —
— 20 —	1.000 —	»	0.20 —	2 —

Nota. — Les pièces de 2 francs, 1 franc, 50 centimes et 20 centimes frappées avant 1864 sont démonétisées et n'ont plus cours en France depuis le 1er janvier 1869, ni dans les pays qui ont adhéré à la convention monétaire : l'Italie, la Suisse et la Belgique.

Cuivre.

Pièce de 10 centimes =	10 grammes.	100	= 1 kilogramme.		
— 5 —	5 —	200	1 —		
— 1 —	1 —	1000	1 —		

Les comptes et les écritures se tiennent en francs à 100 centimes.

COURS DES CHANGES.

Variable.		Invariable.
Amsterdam, 30 et 90 j/	209.$^1/_2$ francs pour	100 florins de Hollande.
Anvers, 30 et 90 j/	98.$^5/_6$ — —	100 francs à Anvers.
Berlin, —	3.70 — —	1 thaler de Prusse.
Madrid, Cadix, 30 et 90 j/	5.20 — —	1 piastre ou duro.
Londres, 30 et 90 j/	25.30 — —	1 livre sterling.
Hambourg, 90 j/	123.$^1/_4$ — —	100 reich-marcks.
Lisbonne, 90 j/	5.52 — —	1000 reis.
Francfort-s.-M., 90 j/	211 — —	100 florins pied 52 $^1/_2$.
Saint-Pétersbourg, 90 j/	3.29 — —	1 rouble d'argent.
Gênes, Milan et Livourne, 30 et 90 j/	99.$^1/_3$ — —	100 lire italiane.
Rome et Naples, 30 et 90 j/	99 — —	100 —
Porto ou Oporto, —	5.52 — —	1000 reis.
Barcelone, 30 et 90 j/	5.20 — —	1 piastre ou duro.
Lyon, Marseille, Bordeaux	99.$^3/_4$ à Paris —	100 fr. Bordeaux, Lyon, Marseille.
Leipzig. 30 et 90 j/	3.72 francs —	1 thaler au pied de 30.
Bâle et Genève, 30 et 90 j/	99 — —	100 francs à Genève et Bâle.
Danemark, Suède et Norvége, 30 et 90 j/	123 — —	100 r.-marcks, pay. à Hambourg.
Vienne, Trieste, 30 et 90 j/	220 — —	100 florins au pied de 45.

MONNAIES ANCIENNES.

Or.

	Poids.	Titre.	Valeur.
Lys d'or de Louis XIV (édit 1665)	4.045 gr.	969	13.50 fr·
Louis de Louis XIV (1665 à 1704)	6.755 —	917	21.33 —
— du soleil (édit 1709)	8.160 —	»	25.87 —
— de Louis XV (éd. 1715-1716) dit de Noailles.	12.238 —	917	38.65 —
— de la croix de Malte (édit 1718)	9.870 —	»	31.17 —
— dit Mirliton (édit 1723 à 1726)	6.527 —	»	23.25 —
— de Louis XV, dit à lunette (avant 1726)	8.158 —	»	25.77 —
— de Louis XVI, à deux écussons carrés (1785 à 1791)	7.648 —	»	24.15 —
— avec le génie de la République (1793)	7.648 —	»	24.15 —

Valeur réduite par décret du 12 septembre 1810 :

Pour le double Louis, à	47.20 francs.
— le simple —	23.55 —

Argent.

	Poids.	Titre.	Valeur.
Lys d'argent de Louis XIV (1655).	8.002 gr.	958	1.71 fr.
Écu blanc ou louis d'argent (1641 à 1679)	27.419 —	917	5.59 —
— à trois couronnes, Louis XIV et Louis XV .	30.594 —	»	6.23 —
— de Navarre de Louis XV (1718).	24.475 —	»	4.99 —
— de Louis XVI aux armes de France. . . . ⎫			
— au génie (décret du 9 avril 1791) . . . . . ⎬	29.488 —	»	6. » —
— de la République (déc. du 6 février 1793). ⎭			
Pièce de 30 sous, 1/4 d'écu de diverses époques.	10.137 —	667	1.50 —
— 15 — 1/8 — — — .	5.068 —	»	0.75 —

Valeur réduite par décret du 10 septembre 1810 :

Pour l'écu d'argent, à. . . . . 5.80 francs.
Pour les sous-multiples. en proportion.

Pièces en cuivre de 2 sous et de 1 sou. 1 sou = 5 centimes de franc.

PARME (Italie).

Pour la nouvelle monnaie, *voir* ITALIE.

MONNAIES ANCIENNES.

Or.

	Poids.	Titre.	Valeur.
Double de Ferdinand Ier (1786 à 1802).	7.498 gr.	891	21.92 fr.
Multiples, 4, 6, 8 doubles, en proportion.			
Pièce de 20 francs, Marie-Louise (1815).	6.451 —	900	20. » —
Double, en proportion.			

Argent.

	Poids.	Titre.	Valeur.
Ducat de Ferdinand Ier (1784 à 1796).	25.707 gr.	906	5.19 fr.
Écu de 6 anciennes livres de Parme.	7.344 —	»	1.48 —
Pièce de 5 francs, Marie-Louise (1815)	25.000 —	900	5. » —
— 2 — — —	10.000 —	»	2. » —
— 1 — — —	5.000 —	»	1. » —

PATNA (Indes-Orientales).

On compte comme à Calcutta. (*Voir* CALCUTTA.)

PATRAS. (*Voir* Athènes.)

PÉKIN. (*Voir* Canton.)

PÉROU (Amérique du Sud).

Une loi du 31 janvier 1863 a établi un système nouveau basé sur celui de la France. La nouvelle unité monétaire est le soleil ou sol, divisé en 10 deniers ou en 100 centimes (centavos), valant 5 francs.

Or.

	Poids.	Titre.	Valeur.	Rapport anglais.
Pièce de 20 soleils ou sols. . .	32.258 gr.	900	100. » fr.	4 liv. sterl.
— 10 — — . . .	16.129 —	»	50. » —	2 —
— 5 — — . . .	8.064 —	»	25. » —	1 —
— 2 — — . . .	3.226 —	»	10. » —	8 schillings.
— 1 soleil d'or.	1.613 —	»	5. » —	4 —

Argent.

	Poids.	Titre.	Valeur.	Rapport anglais.
Pièce de 1 soleil (sol) = 100 centimes.	25.000 gr.	900	5. » fr.	4 schillings.
Pièce de 1/2 soleil = 50 cent^{mes}.	12.500 —	»	2.50 —	2 —
— 1/5 — 20 — .	5.000 —	»	1. » —	10 deniers.
— 1 dinero 10 — .	2.500 —	»	0.50 —	5 —

La pièce de cuivre de 2 centavos = 10 centimes de France.
— — 1 — 5 — —

Suivant l'ancien système (loi du 2 octobre 1857), la piastre forte d'argent, unité monétaire, avait la valeur de 4.77 francs, et le soleil en or, 20 piastres, 88.14 francs. La piastre se subdivisait en 8 réaux, le réal valait 60 centimes environ ; mais ce système est abandonné et remplacé par le nouveau (loi du 31 janvier 1863).

A Paris, les soleils d'argent et d'or du Pérou sont changés couramment de 4.80 à 4.85 francs, ce qui leur donne une valeur approximative de 5 francs.

COURS DES CHANGES.

Variable.		*Invariable.*
Paris et France, 3 m/ . .	1 sol (soleil) 5 centavos pour 5 francs.	
Londres, 3 m/	5 — 25 — — 1 livre sterling.
Hambourg, 3 m/	1 — — 3.90 reich-marcks.

PERSE. (*Voir* Téhéran.)

PESTH (Hongrie).

Même système qu'en Autriche. (*Voir* Vienne.)

PÉTERSBOURG (SAINT-) (Russie).

L'unité monétaire est le rouble à 100 kopecks.
Le rouble d'argent vaut 4 francs ; le copeck vaut 4 centimes.
La monnaie de compte est le rouble d'argent, et les changes sont cotés en roubles d'argent.

MONNAIES ANCIENNES.

Or.

	Poids.	Titre.	Valeur.	Rapport anglais.
Impériale 10 roubles (1755) . .	16.596 gr.	917	52.52 fr.	£2.1 sch. 10.½ d.
— 10 — (1763) . .	13.081 —	»	41.31 —	1.13 —
— 10 — (1801) . .	12.181 —	984	41.31 —	1.13 —
— 10 — (1817) . .	13.081 —	917	41.31 —	1.13 —

1/2 impériale et pièce de 1 rouble d'or, en proportion.

A présent, on ne frappe plus, en or, que des 1/2 impériales à 5 roubles.

Argent.

	Poids.	Titre.	Valeur.	Rapport anglais.
Rouble (1755)	26.120 gr.	792	4.60 fr.	3 sch. 8.$\frac{1}{2}$ d.
— (1763)	23.988 —	750	4. » —	3 — 2.$\frac{1}{2}$ —
— (1798)	20.730 —	868	4. » —	3 — 2.$\frac{1}{2}$ —
— (1810)	20.725 —	»	4. » —	3 — 2.$\frac{1}{2}$ —

Poltinik (demi-rouble), polpoltinik (quart de rouble); 25 kopecks = 1 franc.

Pièce de 20 kopecks de toute espèce = 80 centimes.

Pièces de 15, 10, 5 kopecks, en proportion.

Pièces en cuivre de 1 kopeck = 4 centimes de France.

La monnaie de platine a été retirée de la circulation.

Le rouble papier vaut aujourd'hui de 3.30 à 3.40 francs, suivant le cours.

COURS DES CHANGES.

Variable.		*Invariable.*		
Amsterdam, 65 j/	164 florins de Hollande	pour 100 roubles d'argent.		
Hambourg, 3 m/	3 r.-marcks 10 pfennigs	—	1	—
Londres, —	35 pence sterling	—	1	—
Paris, —	340 francs	—	100	—
Berlin, courts j/.	94 thalers	—	100	—
Vienne et Trieste	158 nouveaux kreutzers	—	1	—

COURS DES MONNAIES ÉTRANGÈRES.

Or.

Pièce de 20 francs	= 4 roubles d'argent	= 93 kopecks, p.o.m.
Souverain d'Autriche	8 —	70 — —
Pièce de 5 thalers de Prusse	5 —	12 — —
Ducat de Hollande	2 —	94 — —

Argent.

Pièce de 5 francs	= 1 rouble d'argent	= 24 kopecks, p.o.m.
Thaler d'Autriche	1 —	28 $\frac{1}{2}$ —
— de Prusse	0 —	91 $\frac{1}{4}$ — —
Couronne du Brabant	1 —	39 — —

PONDICHÉRY.

On compte par pagode à 28 fanams = 8.30 francs; 1 fanam = 30 centimes, ou par roupie à 8 fanams = 144 cash = 2.40 francs ; 1 cash = 1.6 centimes.

MONNAIES EN COURS.

Or.

	Poids.	Titre.	Valeur.	Rapport anglais.
Pagode étoilée de Madras	3.406 gr.	800	9.40 fr.	7 sch. 6.$\frac{1}{2}$ d.
— de Seringapatam	3.434 —	858	10.14 —	8 — 1 —
— de Pondichéry	3.402 —	708	8.30 —	6 — 8 —

Argent.

	Poids.	Titre.	Valeur.	Rapport anglais.
Roupie d'Arcot	11.429 gr.	914	2.40 fr.	1 sch. 11 d.
— de Pondichéry.	11.414 —	917	2.40 —	1 — 11 —
Fanam —	1.480 —	908	0.30 —	3 —

Les sommes importantes s'expriment en lack de 100000 roupies, qui égalent 240000 francs.

1 crore ou karoy = 100 lacks = 24 millions de francs.

CHANGE SUR FRANCE.

Variable.   *Invariable.*

Avec document, 6 m/. . . . . . 2.55 francs pour 1 roupie.

PORT-AU-PRINCE (Haïti). (*Voir* Saint-Domingue.)

PORTO ou OPORTO. (*Voir* Lisbonne.)

PORTUGAL. (*Voir* Lisbonne.)

PRUSSE. (*Voir* Berlin.)

QUITO. (*Voir* Équateur.)

RANGOUN (Empire Birman).

L'unité monétaire est le kyat ou tical ; c'est un morceau d'argent estampillé pesant 16.500 grammes, de la valeur de 3 francs environ.

Les gros payements se font en argent fin au titre de 900 millièmes.

REVEL et RIGA. (*Voir* Saint-Pétersbourg.)

RHODES (île de la Méditerranée).

La monnaie en circulation est la monnaie de Turquie. (*Voir* TURQUIE.)

RIO-JANEIRO.

A Rio-Janeiro, comme dans tout le Brésil, on compte en reis ou en 1000 reis.

Pour exprimer les sommes importantes, on se sert de l'expression 1 conto de reis = 1 million de reis, c'est-à-dire, en calculant 1000 reis 2.60 francs, 1 conto reis = 2600 francs, suivant le change.

Le reis du Brésil est la moitié juste du reis de Portugal.

Or.

	Poids.	Titre.	Valeur.	Rapport anglais.
Pièce de 20000 reis	17.926 gr.	917	56.50 fr.	£ 2.5 sch.
— 10000 —	8.963 —	»	28.25 —	1.2 —7.$^1/_2$ d.
— 5000 —	4.481 —	»	14.12 —	11 — 2 —

Argent.

	Poids.	Titre.	Valeur.	Rapport anglais.
Pièce de 2000 reis	25.495 gr.	917	5.20 fr.	4 sch. 2 d.
— 1000 —	12.747 —	»	2.60 —	2 — 1 —
— 500 —	6.373 —	»	1.30 —	1 — 1/2—
— 250 —	3.184 —	»	0.65 —	6 $^1/_2$ d.

La pièce de cuivre de 2 vintenes = 40 reis = 11 centimes.
— — 1 — 20 — 5 —

La monnaie ancienne a été retirée de la circulation.

COURS DES CHANGES.

Variable.		*Invariable.*
Hambourg, 3 m/	500 reis	pour 1 reich-marck.
Londres, —	25 pence sterling	— 1000 reis.
Paris, —	360 reis	— 1 franc.
Lisbonne, —	2 mil reis à Rio-Jan.	— 1000 reis à Lisbonne.

ROME.

Pour la nouvelle monnaie, *voir* Italie.

La monnaie du Pape frappée avant 1870 avait les mêmes valeur, poids et titre que la monnaie de France et d'Italie.

MONNAIES ANCIENNES.

Or.

	Poids.	Titre.	Valeur.
Sequin de Clément XIII	3.426 gr.	1000	11.80 fr.
Doppia ou pistole	5.470 —	917	17.27 —
Pièce de 10 scudi (écus)	17.336 —	900	53.60 —

Argent.

	Poids.	Titre.	Valeur.
Scudo (écu) de 100 bajocci	26.835 gr.	900	5.36 fr.
Pièce de 1/2 50 —	13.417 —	»	2.68 —
— 1/5 20 —	5.367 —	»	1.07 —

Les pièces de 10 et de 5 bajocchi étaient au titre de 800 millièmes.

La pièce en cuivre de 2 bajocchi = 10 centimes.
— — 1 — 5 —

COURS DES CHANGES.

Variable.		*Invariable.*
Paris, 3 m/	99	francs pour 100 francs.
Londres, —	25.40	— — 1 livre sterling.
Amsterdam, —	213	— — 100 florins de Hollande.
Hambourg, —	124	— — 100 reich-marck.

Diverses villes d'Italie, tant °/₀ de perte ou de bénéfice.

La monnaie de compte est la lira nuova ou franc à 100 centimes. Avant 1870, c'était l'écu romain à 10 paoli ou 100 bajocchi.

RUSSIE. (*Voir* Saint-Pétersbourg.)

SAINT-DOMINGUE.

On compte en piastres divisées en 100 centavos (centimes).

1 piastre = 5.25 francs. 1 centavo = 5 ¼ centimes de France.

SANTIAGO (Chili).

Pour les monnaies, *voir* CHILI.

COURS DES CHANGES.

Variable.			Invariable.		
Paris,	60 et 90 j/ . .	4.90 francs	pour 1 peso de Chili.		
Londres,	— . .	40 pence	— 1	—	
Hambourg,	— . .	3 reich-marck 70 pfennigs	— 1	—	

SANTIAGO DE GUATÉMALA.

	Rapport français.	Rapport anglais.
L'once d'or ou quadruple = 16 piastres = 8 écus.	81.35 francs.	£ 4.1 sch.
Piastre d'or = 1/2 écu	5.07 —	4 — 1 d.
Piastre d'argent ou dollar = 8 réaux = 100 centavos	5.10 —	4 — 4 —

1 réal = 66 centimes. 1 centavo = 5.4 centimes de France.

COURS DES MONNAIES ÉTRANGÈRES.

Or.

Souverains anglais.	= 4 piastres 7 réaux la pièce, p.o.m.				
Pièce de 20 francs.	3	— 7	—	—	—
Doublon espagnol de 100 réaux.	5	— 0	—	—	—
Condor du Chili.	9	— 2	—	—	—

Argent.

Dollar des États-Unis.	= 1 piastre 0 réaux la pièce, p.o.m.				
Pièce de 5 francs.	0	— 7	—	—	—
Schilling anglais.	0	= 2	—	—	—

SAXE. (*Voir* Dresde et Leipzig.)

SÉVILLE. (*Voir* Madrid.)

SHANG-HAI.

Le taël de Shang-Haï est plus faible que le taël de Canton.

100 taëls de Canton = 109 taëls de Shang-Haï.

100 taëls de Shang-Haï = 79 dollars ou piastres d'Espagne.

D'après ce calcul, 1 taël de Shang-Haï = 6.65 francs, valeur réelle.

SIAM. (*Voir* Bankok.)

SINGAPORE (Indes anglaises).

La monnaie de compte est la piastre, ou dollar, divisée en 100 centimes.

1 piastre ou dollar = 5.40 francs = 4 sch. 4 d.

COURS DES CHANGES.

Variable.		Invariable.
Londres, 6 m/.	5 schillings pour	1 piastre ou dollar.
Calcutta, —	230 à 238 roupies —	100 —
Canton, 30 j/	96 dollars —	100 dollars à Canton.

COURS DES MONNAIES ÉTRANGÈRES.

Or.

Souverains anglais.	= 4 piastres 50 cents la pièce, p.o.m.			
Quadruple d'Espagne	14 — 50 — — —			

Argent.

Roupies de la Compagnie	224 pour 100 piastres.
Florins de Hollande	264 — 100 —

SMYRNE.

La monnaie de compte est la même qu'à Constantinople.

Avec les étrangers, les affaires se traitent en piastres ou collonats d'Espagne.

Le beschlik, valant 2 piastres turques, est en usage à Smyrne.

COURS DES CHANGES.

Variable.		Invariable.
Amsterdam, 31 j/ de vue.	380 paras pour	1 florin de Hollande.
Constantinople, courts j/.	99.$^1/_2$ piastres —	100 piastres à Constantinople.
Gênes et Livourne, 30 j/.	166 paras —	1 franc.
Londres, — .	120 piastres —	1 livre sterling.
Paris et Marseille, — .	167 paras —	1 franc.
Hambourg, — .	210 — —	1 reich-marck.
Vienne et Trieste, — .	428 — —	1 florin pied 45.

Or.

Quadruple d'Espagne	= 310 piastres	10 paras la pièce, p.o.m.			
Souverains anglais	105 —	5 —	—	—
Pièce de 20 francs.	85 —	20 —	—	—
Sequin de Venise	51 —	10 —	—	—
Ducat de Hongrie.	51 —	5 —	—	—

Argent.

Thaler de Marie-Thérèse. . .	= 21 piastres	6 paras la pièce, p.o.m.			
Piastre d'Espagne.	25 —	15 —	—	—
Pièce de 5 francs	22 $^1/_4$ —	» —	—	—

STOCKHOLM.

La loi du 3 février 1855 a établi le nouveau système comme suit :

L'unité monétaire est le rigsdaler-rigsmynt (monnaie du royaume) divisé en 100 oere.

1 rigsdaler = 1.42 franc.   1 oere = 1.4 centime de franc.

Or.

	Poids.	Titre.	Valeur.	Rapport anglais.
Ducat (1835).	3.186 gr.	976	11.70 fr.	9 sch. 3 d.
— (1838-1839)	3.481 —	»	11.65 —	9 — 2 $^1/_2$ d.
Carolin d'or.	3.225 —	900	10. » —	8 —

Le carolin d'or, frappé récemment, est exactement égal à la pièce de 10 francs de France.

Argent.

	Poids.	Titre.	Valeur.	Rapport anglais.
Species rigsdaler de 4 rigsdalers = 400 oere.	34.008 —	750	5.68 —	4 — 6 $^1/_2$ —
1/2 species rigsdales = 2 rigsdalers = 200 oere.	17.004 —	»	2.82 —	2 — 3 —
Rigsdaler, rigsmynt nouveau = (1855) 100 oere.	8.502 —	»	1.42 —	1 — 1 $^1/_2$ —
Rigsdaler ancien de 48 schill^s.	29.116 gr.	878	5.69 fr.	4 sch. 7 d.
Species rigsdaler ancien (1830) de 48 schillings	33.883 —	750	5.65 —	4 — 6 $^1/_2$ d.

Pièce de 24, 12, 6, 4 schillings, en proportion.

Pièce de 50, de 25, de 10 oere, en proportion.

Pièces en cuivre de 5, 2 et 1 oere.

Variable.		*Invariable.*
Amsterdam, 70 et 90 j/ . .	150 rigsdal.-rigsmynt pour	100 florins de Hollande.
Berlin, courts j/	270 —	— 100 thalers de Prusse.
Hambourg, 3 m/	87 —	— 100 reich-marck.
Londres, —	18 —	— 1 livre sterling.

Paris et France, 3 m/ . . 72 rigsdal.-rigsmynt pour 100 francs.
St-Pétersbourg, court j/. 264   —   — 100 roubles d'argent.
Copenhague, 8 j/. . . . 200   —   — 100 thal. de Danemark.
Lubec, 60 j/ 107   —   — 100 marcs courants.

COURS DES MONNAIES ÉTRANGÈRES.

Pièce de 20 francs. . . . = 13 rigsdaler-rig 18 oere la pièce, p.o.m.
Souverain anglais. . . . 17   — 75 — — —
Pièce de 5 francs 3   — 45 — — —
Thaler de Prusse 2   — 70 — — —

STUTTGARDT.

On compte, dans tout le royaume, par florin à 60 kreutzers, comme à Francfort-sur-Mein et à Augsbourg. (*Voir* FRANCFORT *et* AUGSBOURG.)

SUÈDE. (*Voir* Stockholm.)

SUISSE (Confédération).

Par la loi du 7 mai 1850, la Suisse a aboli toutes les monnaies en usage jusqu'alors, pour adopter le système monétaire français, devenu légal dans toute la Confédération.

On compte par franc à 100 centimes ou rappes.

La Suisse fait aussi partie de la convention monétaire des 17-24 juillet 1866, conclue entre la France, la Belgique et l'Italie. Les pièces suisses sont frappées aux mêmes poids et titre que les pièces françaises; elles ont la même valeur,

On ne frappe pas de monnaies d'or.

MONNAIE D'ARGENT.

	Poids.	Titre.	Valeur.	Rapport anglais.
Pièce de 5 francs	25.000 gr.	900	5. » fr.	4 sch.
— 2 —	10.000 —	835	2. » —	1 — 7.$^1/_2$ d.
— 1 —	5.000 —	»	1. » —	10 —
— 50 centimes	2.500 —	»	0.50 —	5 —

Billon d'argent, pièces de 20, 10 et 5 rappes ou centimes.

En cuivre,   —   2 et 1   —   —

NOTA. — Les pièces de 2 francs, 1 franc, 50 centimes et 20 centimes frappées avant 1860 sont démonétisées et n'ont plus cours en France depuis le 1er janvier 1869, ni dans les pays qui ont adhéré à la convention monétaire.

Pour les cours des changes et les anciennes monnaies, *voir* BALE, BERNE, GENÈVE, ZURICH.

SUMATRA. (*Voir* Achem.)

SURATE (*comme à* Bombay.) (*Voir* Bombay.)

SYRIE. (*Voir* Alep.)

TÉHÉRAN (Perse).

La monnaie de compte est le toman, divisé en 50 abassis ou massis.

Le demi-impériale russe est tarifé en Perse 1 ³/₄ toman. Ce rapport lui donne une valeur de 11.50 francs. Le même toman est compté 50 piastres turques, ce qui le confirme dans la même valeur.

1 toman = 11.50 francs. 1 abassis ou massis = 23 centimes ou
1 piastre turque environ.

Or.

	Poids.	Titre.	Valeur.	Rapport anglais.
Toman = 100 schahis.	3.760 gr.	916	11.50 fr.	9 sch. 2 d.
1/2 toman 50 —	1.880 —	»	5.75 —	1 — 7 ¹/₂ d.

Argent.

	Poids.	Titre.	Valeur.	Rapport anglais.
Schaib-keran = 20 schahis. . .	10.40 gr.	900	2.22 fr.	1 sch. 9 ¹/₂ d.
Banat . . . . 10 — . . .	5.20 —	»	1.11 —	11 d.
Abassis . . . 2 — . . .	2.08 —	»	0.23 —	2 —
1 — . . .	»	»	0.11 —	1 —

Dans les payements de sommes importantes, on emploie la bourse.

1 bourse d'or = 50 tomans = 575 francs.
1 bourse d'argent = 2500 abassis = 275 francs.

TRIESTE.

On compte, comme dans tout l'empire d'Autriche, en florins divisés en 100 kreutzers nouveaux.

1 florin = 2.45 francs. 1 kreutzer = 2.4 centimes.

Pour les monnaies réelles, *voir* VIENNE.

COURS DES CHANGES.

Variable.		*Invariable.*
Amsterdam, 3 m/	84 florins nouveaux	pour 100 florins de Hollande.
Augsbourg, Francfort-s.- Mein, 3 m/	85 —	— 100 florins pied 52 ¹/₂.
Hambourg, 3 m/	55 —	— 100 reich-marck.
Gênes et places d'Italie, 3 m/	40 —	— 100 francs.
Londres, 3 m/	9 florins 90 kreutzer —	1 livre sterling.
Constantinople et Turquie, 3 m/	7 — 75 —	— 100 piastres.
Paris et Marseille, 3 m/.	120 —	— 300 francs.
Vienne	5 à 6 0/0 d'escompte.	

TRIPOLI (Afrique).

Dans toute la régence de Tripoli, comme en Turquie. (*Voir* CONSTANTINOPLE et TURQUIE.)

TUNIS.

La monnaie de compte est la piastre, divisée en 16 karubs ou carrobas
1 piastre = 62 centimes environ. 1 karub = 4 centimes environ.

Les monnaies réelles sont :

Or.

	Poids.	Titre.	Valeur.	Rapport anglais.
Pièce de 100 piastres	19.492 gr.	900	60.40 fr.	£ 2.8 sch. 4 d.
— 50 —	9.760 —	»	30.20 —	1.4 — 2 —

Pièces de 25 et de 10 piastres, en proportion.

Argent.

	Poids.	Titre.	Valeur.	Rapport anglais.
Pièce de 2 piastres	6.149 gr.	900	1.24 fr.	1 schilling.
— 1 —	»	»	0.62 —	6 1/4 deniers.

La pièce de cuivre de 1 karubs = 4 centimes de France.

COURS DES CHANGES.

Variable.		*Invariable.*
Marseille, 3 m/	75 centimes pour 1 piastre de Tunis.
Gènes et Italie, 3 m/. . .	74 — — 1 —
Londres, 3 m/.	7 pence — 1 —

TURIN.

Après la chute de la domination française en Italie (1814), le Piémont seul a
continué à frapper la monnaie décimale comme en France.

Depuis 1827, la monnaie de compte est la lira nuova (franc), divisée en
100 centesimi (centimes); elle est obligatoire dans tout l'ancien royaume de
Sardaigne.

Pour la nouvelle monnaie, *voir* ITALIE.

MONNAIES ANCIENNES.

Or.

	Poids.	Titre.	Valeur.
Carlino de Victor-Amédée III (1755).	48.100 gr.	906	150. » fr.
(Cette pièce est très-rare.)			
Carlino de Sardaigne (depuis 1768)	16.056 —	888	49.10 —
Double de Victor-Amédée (1786 à 1791)	9.134 —	906	28.50 —

Argent.

	Poids.	Titre.	Valeur.
Écu ancien de 6 livres	35.170 gr.	906	7.08 fr.
— de Sardaigne de 4 livres	23.485 —	896	4.70 —
Pièce de 40 centimes, dite muta	5.871 —	288	0.40 —
Livre ancienne, monnaie de compte	»	»	1.17 —

Les cours des changes sont réglés sur Paris. (*Voir* PARIS.)

TURQUIE.

Depuis environ un siècle, les monnaies ont subi tant de variations, qu'il est presque impossible de déterminer leur valeur exacte.

En 1845, on a frappé de nouvelles monnaies en or et en argent, et on continue toujours avec le même système; le voici :

Or.

	Poids.	Titre.	Valeur.	Rapport anglais.
Pièce de 500 piastres = 5 jus-tilik ou livres turques	36.082 gr.	916	113.50 fr.	£ 4.10 sch.
Pièce de 250 piastres = 2 ½ jus-tilik ou livres turques	18.011 —	»	56.75 —	2.5 —
Justilik, liv. turque,=100 piast.	7.216 —	»	22.50 —	1.2 —
Ellilik, 1/2 — 50 — .	3.608 —	»	11.25 —	9 —
— 25 — .	1.804 —	»	5.60 —	4 — 6 d.

Argent.

	Poids.	Titre.	Valeur.	Rapport anglais.
Medjedie ou jirmiliks = 20 piast.	24.055 gr.	830	4.50 fr.	3 sch. 7.½ d.
Pièces de 10 et 5 piastres, en proportion.				
Piastre = 40 paras	1.202 —	»	22.5 c^{mes}	2 ½ d.

En cuivre, pièces de 5 paras et de 1 para.

5 paras = 2.5 centimes environ.

Comme il a été dit à l'article Constantinople, la monnaie de compte, dans tout l'Empire, est la piastre.

1 piastre = 40 paras = 100 bons aspres = 120 aspres courants.

Pour les cours des changes, *voir* CONSTANTINOPLE et SMYRNE.

Les sommes importantes se comptent par bourses.

1 bourse d'argent = 500 piastres. 1 bourse d'or = 30000 piastres.

1 juck = 100000 aspres monnayés.

MONNAIES ANCIENNES.

Or.

Sequin zermahdoub (1774)	8.20	francs.
— — (1789)	6.45	—
— fondoukli (1773 à 1789)	9.58	—
Malmoudié	13.30	—
Stamboul	6.65	—
Mœssir (1818)	5.53	—
Adlié	3.85	—

Argent.

Yarmlee (1757)	1	—
Altmichlee (1773)	3.28	—
Bechlik	1.11	—
Piastre (1773)	2.21	—
— (1801)	1.38	—
— (1818)	0.98	—
— (1830)	0.40	—
— (1831)	0.27	—

Il est impossible de déterminer le titre et le poids de ces monnaies.

URUGUAY. (*Voir* **Montevideo.**)

VALACHIE. (*Voir* **Bucharest.**)

VALENCE (Espagne).

On compte comme dans toute l'Espagne. *Voir* MADRID.)

VALPARAISO (Chili).

Pour les monnaies, *voir* CHILI; pour le cours des changes, *voir* SANTIAGO.

VARSOVIE (Pologne).

Le système russe est obligatoire pour les monnaies. (*Voir* ST-PÉTERSBOURG.)

Depuis 1841, on compte en roubles d'argent à 100 kopecks. L'ancien florin polonais (zloté = 30 gros) est tarifé 15 kopecks = 60 centimes de France. L'ancienne monnaie polonaise a été retirée de la circulation.

MONNAIES ANCIENNES DE POLOGNE.

Or.

	Poids.	Titre.	Valeur.
Ducat ancien (1766) = 20 zlotés.	3.489 gr.	983	11.81 fr.
— nouveau (1815) = 25 zlotés ou florins. . .	4.904 —	917	15.50 —

Argent.

	Poids.	Titre.	Valeur.
Speciesthaler = 8 florins (1765).	28.052 gr.	833	5.20 fr.
Pièce de 10 florins, zlotés (1815)	31.066 —	868	6. » —
— 5 — —	15.533 —	»	3. » —
— 1 — — 30 gros.	3.106 —	»	0.60 —

1 gros = 2 centimes.

COURS DES CHANGES.

Variable.		*Invariable.*
Amsterdam, 60 j/	132 roubles d'argent	pour 100 florins de Hollande.
Berlin et Dantzig, 60 j/ .	93 —	— 100 thalers de Prusse.
Londres, 90 j/.	6 roubles 6 kopecks	— 1 livre sterling.
Hambourg, 90 j/	3 r.-marck 9 pfenn.	— 1 rouble d'argent.
	ou 29 kopecks	— 1 reich-marck.
Paris et Marseille, 60 j/ .	74 roubles d'argent	— 300 francs.
Saint-Pétersbourg, 30 j/.	99.1/4 —	— 100 roub. arg. à St-Pét.
Vienne et Trieste, 60 j/ .	90 —	— 150 florins pied 45.

VENEZUELA. (*Voir* **Caracas.**)

VENISE.

Depuis 1866, les monnaies du royaume d'Italie sont légalement en cours.

Dans la Vénétie, on compte en lire italiane à 100 centesimi. (*Voir* ITALIE.)

Avant 1866, on comptait en livres autrichiennes de 20 kreutzers = 87 centimes.

MONNAIES ANCIENNES.

Or.

	Poids.	Titre.	Valeur.
Sequin dit de Venise.	3.491 gr.	998	12. » fr.
Osella d'or = 4 sequins	13.964 —	»	48. » —

Argent.

	Poids.	Titre.	Valeur.
Ducato lire 10 de Venise	28.562 gr.	823	5.22 fr.
Giustina (*Justina virgo, Reip. venet*).	27.846 —	948	5.86 —
Demi et quart, en proportion.			
Lira veneta, ancienne monnaie de compte	»	»	0.51 —

Toutes les monnaies d'or, d'argent et de cuivre frappées en 1848 et 1849, sous le gouvernement provisoire de Venise, sont identiques à la monnaie française, pour le titre, le poids et la valeur.

Pour le cours des changes, on se guide sur Milan. (*Voir* MILAN.)

VIENNE (Autriche).

La monnaie de compte pour tout l'empire d'Autriche est le florin ou gulden, subdivisé en 100 kreutzers nouveaux.

1 florin = 2.45 francs. 1 kreutzer = 2.45 centimes de France.

Dans l'empire d'Autriche, la convention du 24 janvier 1857 a été annulée et remplacée par le traité du 13 juin 1867. En exécution de ladite convention de 1857, l'Autriche ne frappe plus de couronnes d'or, mais des pièces identiques à celles de 20 francs de France, avec les mêmes titre, poids et valeur. (Loi du 9 mars 1870.)

De ces pièces, il n'y a que deux espèces :

La première appartient à l'empire d'Autriche ; ces pièces sont frappées avec l'exergue

Franciscus Josephus I. D. G. imperator et rex. — Imperium Austriacum.

La seconde appartient à la monarchie de Hongrie ; ces pièces sont frappées avec l'exergue

Ferencz Jozsef I. K. A. Cs M. H. S. D. O. ap Kir. — Magyar Kiralysac.

La valeur de ces pièces est tarifée 8 florins 10 kreutzers et 4 florins 5 kreutzers pour la 1/2 ; mais, en égard à l'agio qui existe sur l'or, elles sont échangées couramment pour 8 florins.

Jusqu'à présent, la monnaie d'argent n'a subi aucun changement.

MONNAIES ANCIENNES.

Or.

	Poids.	Titre.	Valeur.	Rapport anglais.
Ducat (*ad legem imperii*). . . .	3.491 gr.	986	11.85 fr.	9 sch. 6 d.
— de Hongrie	3.491 —	990	11.90 —	9 — 6.$^1/_2$ —
Souverain de Lombardie (1823) 13 $^1/_2$ florins	11.332 —	900	35.14 —	£ 1.8 — 1 —
Couronne (traité 1857).	11.111 —	»	34.40 —	1.7 — 1 —
Sequin de Venise	3.491 —	998	11.96 —	9 — 7 —
Nouvelle pièce de 8 fl. 10 kreutzers (loi du 9 mars 1870). . .	6.451 —	900	20. » —	16 —

Moitié et quart, en proportion.

Argent.

	Poids.	Titre.	Valeur.	Rapport anglais.
Florin = 100 neukreutzers. . .	12.345 gr.	900	2.45 fr.	1 sch. 11 d.
Double florin = 200 neukreutz.	24.691 —	»	4.90 —	3 — 11 $^1/_2$ d.
1/4 de florin	5.341 —	520	0.61 —	6 d.
Pièce de 10 kreutzers	2.000 —	500	0.22 —	2 $^1/_4$ d.
— 5 —	1.330 —	375	0.11 —	1 d.

Pièces de cuivre de 3, de 1 et de 1/2 kreutzer.

1 kreutzer = 2.45 centimes de France.

MONNAIES ANCIENNES.

Argent.

	Poids.	Titre.	Valeur.	Rapport anglais.
Thaler de convention (1753) . .	28.044 gr.	833	5.19 fr.	4 sch. 2 d.
Florin ancien, 1/2 thaler, = 60 kreutzers	14.022 —	»	2.60 —	2 — 1 —
Pièce de 20 kreutzers (livre d'Autriche.	6.691 —	583	0.86 —	8 $^1/_2$ d.
Écu de la Lombardie et Venise, 6 livres.	25.985 —	900	5.19 —	4 sch. 2 d.

Par décret du 12 février 1871, les pièces en or de 8 florins et de 4 florins, égales aux pièces de 20 francs et de 10 francs de France, ont cours légal en Italie, en exécution du traité monétaire conclu entre l'Italie et l'Autriche.

COURS DES CHANGES.

Variable. — *Invariable.*

Amsterdam,	3 m/. .	90 florins nouveaux	pour 100 florins de Hollande.
Augsbourg,	— . .	89 —	— 100 florins Gulden.
Berlin,	— . .	153 —	— 100 thalers de Prusse.
Francfort-s.-Mein, — . .		88 fl. 70 kreutz^{rs} nouv. —	100 florins ou guldens.
Bruxelles,	— . .	45 florins nouveaux	— 100 francs.
Gênes, Milan et Livourne, 3 m/		43 fl. 10 kreutz^{rs} nouv. —	100 lires italienn. d'arg.
Paris, Lyon, France, 3 m/		45 florins nouveaux	— 100 francs.
Londres,	3 m/. .	112 fl. 50 kreutz^{rs} nouv. —	10 livres sterling.
Hambourg,	— . .	56 — 30 —	— 100 reich-marcks.
Trieste,	— . .	98 — 50 · —	— 100 florins à Trieste.
Constantinople,	— . .	8 — 70 —	·· 100 piastres turques.
Bucharest,	— . .	14 — 80 —	— 100 piastres de Valachie.

COURS DES MONNAIES ÉTRANGÈRES.

Souverain anglais. . . . . = 13 florins 80 kreutzers la pièce, p.o.m.
Pièce de 20 francs. . . . .   10 — 98 —   —   —
—   5 —   . . . .   2 — 71 —   —   —

ZANTE (îles Ioniennes).

Avant l'annexion à la Grèce, la monnaie anglaise était la monnaie légale du pays.

Pour les monnaies en usage depuis l'annexion, *voir* ATHÈNES.

ZURICH (Suisse).

Le nouveau système monétaire est celui de toute la Suisse. (*Voir* SUISSE.)

Avant l'adoption du système français, on comptait en florins de Zurich.

1 florin = 60 kreutzers = 2.36 francs. 1 kreutzer = 3.9 centimes.

MONNAIES ANCIENNES.

Or.

	Poids.	Titre.	Valeur.
Sequin ancien (*conserva nos in pace*) (1786). . . .	3.468 gr.	983	11.71 fr.
Double (*Justitia et concordia*).	6.940 —	982	23.42 —

Argent.

	Poids.	Titre.	Valeur.
Écu (*conserva nos in pace*)	25.193 gr.	847	4.71 fr.
1/2 écu ou florin.	12.596 —	»	2.37 —

☞ Les changes sont cotés comme à Paris.

TARIF DU KILOGRAMME D'OR ET D'ARGENT.

TITRE	PRIX DU KILOGRAMME		TITRE	PRIX DU KILOGRAMME		TITRE	PRIX DU KILOGRAMME	
	OR	ARGENT		OR	ARGENT		OR	ARGENT
°/°°	fr. c.	fr. c.	°/°°	fr. c.	fr. c.	°/°°	fr. c.	fr. c.
1	3.43	».22	41	140.91	9.04	81	278.39	17.86
2	6.87	».44	42	144.35	9.26	82	281.83	18.08
3	10.31	».66	43	147.79	9.48	83	285.27	18.30
4	13.74	».88	44	151.22	9.70	84	288.71	18.52
5	17.18	1.10	45	154.66	9.92	85	292.14	18.74
6	20.62	1.32	46	158.10	10.14	86	295.58	18.96
7	24.06	1.54	47	161.53	10.36	87	299.01	19.18
8	27.49	1.76	48	164.97	10.58	88	302.45	19.40
9	30.93	1.98	49	168.41	10.80	89	305.89	19.62
10	34.37	2.20	50	171.85	11.02	90	309.33	19.85
11	37.80	2.42	51	175.28	11.24	91	312.77	20.07
12	41.24	2.64	52	178.72	11.46	92	316.20	20.29
13	44.68	2.86	53	182.16	11.68	93	319.64	20.51
14	48.11	3.08	54	185.59	11.91	94	323.07	20.73
15	51.55	3.30	55	189.03	12.13	95	326.51	20.95
16	54.99	3.52	56	192.47	12.35	96	329.95	21.17
17	58.42	3.74	57	195.90	12.57	97	333.38	21.39
18	61.86	3.97	58	199.34	12.79	98	336.82	21.61
19	65.30	4.19	59	202.78	13.01	99	340.26	21.83
20	68.74	4.41	60	206.22	13.23	100	343.70	22.05
21	72.17	4.63	61	209.65	13.45	150	515.55	33.08
22	75.61	4.85	62	213.08	13.67	200	687:40	44.11
23	79.05	5.07	63	216.53	13.89	250	859.25	55.14
24	82.48	5.29	64	219.96	14.11	300	1031.10	66.16
25	85.92	5 51	65	223.40	14.33	350	1202.95	77.19
26	89.36	5.73	66	226.84	14.55	400	1374.80	88.22
27	92.79	5.95	67	230.27	14.77	450	1546.65	99.25
28	96.23	6.17	68	233.71	14.99	500	1718.50	110.28
29	99.67	6.39	69	237.15	15.21	550	1890.35	121.30
30	103.11	6.61	70	240.59	15.43	600	2062.20	132.33
31	106.54	6.83	71	244.02	15.65	650	2234.05	143.36
32	109.98	7.05	72	247.46	15.88	700	2405.90	154.39
33	113.42	7.27	73	250.90	16.10	750	2577.75	165.42
34	116.85	7.49	74	254.34	16.32	800	2749.60	176.44
35	120.29	7.71	75	257.77	16.54	850	2921.45	187.47
36	123.73	7.94	76	261.21	16.76	900	3093.30	198.50
37	127.16	8.16	77	264.64	16.98	950	3265.15	209.53
38	130.60	8.38	78	268.08	17.20	1000	3437. »	220.56
39	134.04	8.60	79	271.52	17.42			
40	137.48	8.82	80	274.96	17.64			

Ancien prix de l'or à 1000/1000 . . . . 3431.44 francs le kilogr.
— de l'argent à 1000/1000 . . . . 218.89 —

NOTA. — Avec ce tarif, on obtiendra facilement le prix du kilogramme à tous les titres. Ainsi, pour connaître le prix d'un kilogramme d'or au titre de 976 millièmes et demi, on procédera de la manière suivante :

Pour 950 millièmes. . . 3265.15 fr.
— 26 — . . . 89.36 —
— 5 dixièmes. . . 1.71 —

3356.22 fr., valeur du kilogr. au titre de 976 1/2 mill.

DEUXIÈME PARTIE

TABLEAUX COMPARATIFS

DES

MESURES, POIDS & MONNAIES

DES NATIONS ET PAYS

LES PLUS CÉLÈBRES DE L'ANTIQUITÉ

COMPARÉS

avec le nouveau Système décimal français et les mesures anglaises.

MESURES LINÉAIRES ET ITINÉRAIRES ANTIQUES.

Des ÉGYPTIENS.

MESURES PRIMITIVES.

	Rapport français.	Rapport anglais.
En égyptien *thèb* ou doigt, en hébreu *etzba*, en grec *dactylos*, en latin *digitus*, en arabe *assbaa*, en hindou *angula*	18.750 millim.	0.738 pouces.

Le thèb des Égyptiens était la 24me partie de la coudée naturelle, la 28me de la coudée sacrée.

	Rapport français.	Rapport anglais.
Choryos (palme) = 4 thèb (doigts)	75 millim.	2.953 pouces.

En hébreu, la palme, appelée *tophah*, représentait la largeur de quatre doigts de la main.

	Rapport français.	Rapport anglais.
Tertô (empan), en hébreu *zereth*, en grec *spithama*, en arabe *schibr* = 12 thèb . . .	225 millim.	8.858 pouces.
Derah en égyptien, en français *coudée*, en hébreu *amma*, en grec *pechus*, en latin *cubitus*, en arabe *deraga* = 7 choryos = 28 thèb (doigts).	525 millim.	20.670 pouces.

La coudée de Babylone était égale à la coudée, ou *derah*, des Égyptiens.

La coudée naturelle des Égyptiens (coudée virile) représentait la distance du coude à l'extrémité du grand doigt.

	Rapport français.	Rapport anglais.
Elle était égale à 2 empans = 6 palmes = 24 doigts.	450 millim.	17.717 pouces.

Les Égyptiens anciens, comme tous les peuples de l'antiquité, ne tenaient pas beaucoup à la précision mathématique; c'est pour ce motif que leurs mesures présentent entre elles des différences qui ne nous permettent pas de les évaluer avec exactitude.

AUTRES MESURES SUIVANT ÉRODOTE.

	Rapport français.	Rapport anglais.
Pied = 4 palmes = 16 doigts	300 millim.	11.812 pouces.
Orgyie (brasse) = 6 pieds grecs = 24 palmes.	1.800 mètres.	1.968 yards.
Plethron, plèthre ou chaîne = 66.²/₃ coudées = 100 pieds	30 —	32.809 —
Stadion (stade) = 100 coudées = 600 pieds .	180 —	196.851 —
Parasange = 4 milles philétériennes = 30 stades.	6.480 kilom.	4.026 milles.
Schœne (skœne) = 2 parasanges = 20000 coudées royales de Babylone.	10.500 kilom.	6.524 —

MESURES PHILÉTÉRIENNES SOUS LA DOMINATION DES PTOLÉMÉES.

	Rapport français.	Rapport anglais.
Theb ou doigt philétérien (paleste), 24me partie de la coudée philétérienne	22.500 millim.	0.885 pouces.
Palme philétérienne = 4 doigts	90 —	3.543 —
Grande coudée philétérienne = 8 palmes = 32 doigts	720 —	28.317 —
Petite coudée philétérienne = 6 palmes = 24 doigts	540 —	21.260 —
Coudée du nilomètre du Caire (mekyas) . .	541 —	21.299 —
Pied philétérien ou pied royal = 16 doigts .	360 —	14.173 —
Orgyie = 6 pieds = 24 palmes.	2.160 mètres.	2.362 yards.
Acène ou perche = 10 pieds philétériens . .	3.600 —	3.938 —
Amma, ou petite chaîne = 10 orgyies = 60 pieds	21.600 —	23.622 —
Plèthre ou grande chaîne = 100 pieds . . .	36.000 —	39.370 —
Stade ou stadion = 100 orgyes = 600 pieds.	216.000 —	236.224 —
Mille philétérien ou d'Alexandrie = $7.\frac{1}{2}$ stades	1.620 kilom.	1.007 milles.

MESURES HÉBRAIQUES PRIMITIVES.

	Rapport français.	Rapport anglais.
Etzba ou doigt	18.750 millim.	0.738 pouces.
Tophap ou palme = 4 doigts	75 —	2.953 —
Zereth ou pan = 12 doigts.	225 —	8.858 —
Gomen (demi-coudée sacrée) 14 doigts . . .	262 —	10.335 —
Amma (coudée sacrée), 7 palmes 28 doigts .	525 —	20.670 —
Coudée naturelle = 24 doigts	450 —	17.717 —
Chemin sabatique de 2000 coudées sacrées .	1.050 kilom.	1117 yards.

Suivant la loi de Moïse, les Hébreux ne pouvaient, le jour du sabbat (samedi), s'éloigner de plus de 2000 coudées de leurs habitations. Cette distance prenait le nom de chemin sabbatique.

Depuis la captivité de Babylone les mesures des Hébreux ont subi des changements, et l'opinion de plusieurs savants est que le peuple hébraïque a adopté les mesures philétériennes.

MESURES DEPUIS LA CAPTIVITÉ DE BABYLONE.

	Rapport français.	Rapport anglais.
Palme de 4 doigts.	90.000 millim.	3.543 pouces.
Pied à 4 palmes.	360.000 —	14.172 —
Coudée = 2 pieds = 8 palmes	720.000 —	28.347 —
Canne d'Ezequielle = 6 coudées	4.330 mètres.	4.726 yards.
Stade à 300 coudées	216.000 —	236.234 —
Chemin sabbatique = 2000 coudées.	1.440 kilom.	1575 —

Des PHÉNICIENS, des CHALDÉENS et des PERSES.

	Rapport français.	Rapport anglais.
Coudée royale de Babylone = 7 palmes = 28 doigts	525 millim.	20.670 pouces.
Chebel ou chaine, 1000me partie du stathme, se divisant en 40 coudées royales . . , . . .	21 mètres.	22.966 yards.
Parasange des Perses = 250 chebel = 10000 coudées.	5.250 kilom.	3.262 milles.
Schœne ou schène = 2 parasanges	10.500 —	6.524 —
Stathme = 2 schène = 4 parasanges	2.100 myriam.	13.050 —
En Syrie, et dans l'Asie-Mineure, le stathme était de 6 milles égyptiens ou 9.720 kilom.	9.720 kilom.	6.040 —

Des CHINOIS,
sous l'empereur Wou-Wang (1220 ans avant Jésus-Christ).

	Rapport français.	Rapport anglais.
Tché ché, pied chinois.	320.000 millim.	12.599 pouces.
Pou (pas ou brasse) = 6 tché ou pieds	1.920 mètres.	2.100 yards.
Tschang (toise ou perche) = 12 tché	3.840 —	4.200 —
Ly, mesure itinéraire = 144 tchang	533.137 —	604.780 —
Pôu (20.1 au degré) = 10 lys = 1440 tchang.	5.529 kilom.	3.436 milles.
Thsan (journée de chemin) = 8 pou = 144000 tché.	4.125 myriam.	27.500 —

Le tché ancien, de 1200 ans avant Jésus-Christ, est précisément égal à un des pieds en usage aujourd'hui même dans la Chine = 320 millimètres, que nous avons indiqué au Tableau des poids. (*Voir* CANTON.)

Sous l'empereur Kang-Hi (1662 ans avant Jésus-Christ).

	Rapport français.	Rapport anglais.
Thsun ou doigt, 10me partie du tché = 10 fën.	27.070 millim.	1.066 pouces.
Tché (pied) = 10 thsun	270.700 —	10.660 —
Pou (pas) = 5 tché	1.600 mètres.	5.249 pieds.
Tchang (perche) = 2 pas = 10 tché	3.200 —	3.510 yards.
Ly = 180 tchang = 1800 tché	576.184 —	629.930 —
Pôu = 10 ly = 18000 tché (19.29 au degré).	5.761 kilom.	3.579 milles.
Thsan (journée de chemin) = 8 pôu	4.608 myriam.	28.633 —

Il faut remarquer que le mot *pou*, sans accent, est une mesure de longueur simple ou d'aunage, et *pôu*, avec l'accent circonflexe, exprime une mesure de voyage.

Des GRECS.

	Rapport français.	Rapport anglais.
Dactylos (doigt) = 16me partie du pied	18.000 millim.	0.738 pouces.
Paleste ou doron (palme) = 4 dactylos	75.000 —	2.953 —
Spithama (empan) = 12 dactylos	225.000 —	8.858 —
Pous, pied du Péloponèse = 4 palestes = 16 dactylos, ou pied primitif italique (de la magna Grecia).	300.000 —	11.812 —
Pechus (coudée) = 6 palestes = 16 dactylos.	450.000 —	14.717 —
Bème-aplon (pas simple = 2.1/2 pieds	750.000 —	2.460 pieds.
Bème-diplon (pas double), *ampelos*.	1.500 mètre.	1.632 yards.
Orgyie (brasse) = 6 pieds = 24 palestes	1.800 —	1.968 —
Acene (acena ou perche) = 10 pieds = 40 = 160 dactylos.	3.000 —	3.281 —
Amma (petite chaîne) = 6 acènes = 60 pieds.	18.000 —	19.685 —
Pléthre ou plethron (grande chaîne) = 100 pieds.	30.000 —	32.809 —
Stade ou stadion = 600 pieds = 100 coudées.	180.000 —	198.854 —

MESURES LINÉAIRES ATTIQUES.

	Rapport français.	Rapport anglais.
Pied olympique, 2,3 de la coudée olympique.	308.000 millim.	12.126 pouces.
Pied pythique ou delphique, 3,5 du pied olympique	184.800 —	7.276 —
Coudée olympique, 1.1 pied = 100e partie du stade.	462.000 —	18.189 —
Acène olympique = 10 pieds olympiques	3.080 mètres.	3.358 yards.
Stade olympique = 100 coudées	184.800 —	202.103 —

La stade pythique on delphique avait la même valeur que le stade olympique = 1000 pieds delphiques.

	Rapport français.	Rapport anglais.
Hippicon, qui servait pour les courses de chevaux = 4 stades	720 mètres.	787.400 yards.

Des ROMAINS.

	Rapport français.	Rapport anglais.
Scrupulum (scrupule) = 288me partie du pied.	1.022 millim.	0.041 pouces.
Sextula (sextule) = 6me partie de l'once = 4 scrupules.	4.090 —	0.158 —
Sicilicus (sicilique(= 4me partie de l'once = 6 scrupules.	6.135 —	0.237 —
Digitus (doigt) = 16me partie du pied. . . .	18.400 —	0.724 —
Uncia (once) = 12me partie du pied = 24 scrupules.	24.520 —	0.965 —
Triens (tiers du pied) = 4 onces	98.166 —	3.865 —
Palmus minor (petite palme) = 3 onces = 4 doigts	73.625 —	2.899 —
Palmus mayor (grande palme) = 9 onces = 12 doigts	200.875 —	8.696 —
As, ou pes (pied), était égal aux 2/3 de la coudée, et se divisait en 4 palmes = 12 onces = 16 doigts = 24 semunciæ = 36 delles = 48 siciliques = 72 sextules = 288 scrupules.	294.500 —	11.595 —
Cubitus (coudée), 80me partie de l'actus (acte), valait 1.1/2 pied = 6 palmes = 18 onces = 24 doigts (1).	441.750 —	11.392 —
Gressus (pas simple), 2.1/2 pieds.	736.250 —	2.415 pieds.
Passus (pas géométrique) = 5 pieds	1.472 mètres.	4.831 —
Decempeda (*décempède*, perche) = 2 pas = 10 pieds = 120 onces	2.945 —	3.221 yards.
Actus (acte) était la chaîne d'arpentage des anciens Romains, et valait 24 pas = 80 coudées = 120 pieds	35.340 —	38.649 —

MESURES ITINÉRAIRES.

	Rapport français.	Rapport anglais.
Stadium (stade) = 8me partie du mille = 125 pas.	184.062 mètres.	201.296 yards.
Milliarium (mille) = 8 stades = 1000 pas géométriques	1.481 kilom.	0.920 milles.
Leuca Gallica minor (petite lieue des Gaules).	2.222 —	1.380 —
Leuca Gallica mayor (grande lieue des Gaulois) = 2 milles.	2.962 —	1.840 —
Leuca Germanica, ou *rast* des anciens Allemands = 2 petites lieues gauloises = 3 milles romains	4.444 —	2.760 —
Diœta (voyage de 1 jour) = 25 milles . . .	37.037 —	27.020 —

Des ARABES.

Assbaa (doigt) était la 32me partie de la coudée hachémique, ou la 24me partie

---

(1) La coudée était la base fondamentale du système des anciens Romains.

de la coudée *deraga-cabda*, et se divisait en 6 grains d'orge, ou 36 crins de cheval.

	Rapport français.	Rapport anglais.
Assbaa (doigt)	20 millim.	0.787 pouces.
Cabda (palme) = 4 doigts	80 —	3.148 —
Pied = 4 palmes = 16 doigts	320 —	12.599 —
Deraga ou coudée hachémique (coudée d'O-mar), *deraga akhdam* = 2 pieds = 8 palmes = 32 doigts	640 —	25.197 —
Katchouah (pas) = 6 pieds.	1.920 mètres.	2.100 yards.
Cassaba (canne) = 12 pieds	3.840 —	4.200 —
Catena (chaîne) = 10 cannes = 60 coudées .	38.400 —	42.079 —

AUTRES MESURES.

	Rapport français.	Rapport anglais.
Coudée noire, du calife Almamoun, égale à la coudée philétérienne d'Egypte; elle était appelée coudée noire, parce qu'elle représentait la coudée d'un esclave éthiopien qui l'avait d'une longueur démesurée. . .	540 millim.	21.260 pouces.
Schibr (empan) = 3 cabda ou palmes = 12 doigts.	240 —	9.449 —
Deraga cabda (coudée arabe du xe siècle de l'ère chrétienne) = 24 assbaa (doigts) . .	480 —	18.890 —

MESURES ITINÉRAIRES.

	Rapport français.	Rapport anglais.
Mille de 3000 coudées = 6000 pieds	1.920 kilom.	1.193 milles.
— 4000 — noires.	2.165 —	1.345 —
— 4000 kalhanah ou pas	1.920 —	1.193 —
Parasange arabe = 3 milles = 1800 pieds .	5.760 —	3.579 —
Marhala, journée de chemin = 8 parasanges.	4.608 myriam.	28.633 —

Des HINDOUS ORIENTAUX

dans le XIIIe siècle de l'ère chrétienne.

Le yava, ou grain d'orge était la base des mesures des Hindous ; 8 grains d'orge placés en travers, ou 3 grains de riz en longueur faisaient un angula (pouce ou doigt).

	Rapport français.	Rapport anglais.
Yava (longueur d'un grain d'orge)	3.333 millim.	0.131 pouces.
Angula (pouce) = 8 yava ou grains.	26.666 —	1.049 —
Hasta (coudée) = 24 angulas ou pouces = 192 yavas.	640.000 —	25.197 —
Danda (brasse) = 4 hasta = 96 angula. . .	2.650 mètres.	2.800 yards.
Vansa (perche d'arpentage) = 10 hasta = 1920 yava.	6.400 —	7.000 —

MESURES ITINÉRAIRES.

	Rapport français.	Rapport anglais.
Krosa ou cos = 2000 danda	5.120 kilom.	3.182 milles.
Yoyana = 4 krosa = 3200 vansa = 32000 hasta.	2.048 myriam.	12.734 —

MESURES ITINÉRAIRES ANTIQUES

comparées avec le kilomètre et le mille anglais.

	Rapport français.		Rapport anglais.	
Asparez arménien (petite) = 10me partie du mille	216.000 mètres.		236.225 yards.	
Cette mesure était égale au stade philétérien.				
Asparez des asparez, ou grande asparez = 7me partie du mille	308.570	—	337.462	—
Chemin sabbatique du Pentateuque, ou primitif	1.050 kilom.		0.550 mille.	
Dolichos de Syrie = 12 stades philétériens.	2.592	—	1.518	—
Dolichos grec, qui représentait la plus longue course parcourue dans les jeux de la Grèce = 12 stades olympiques.	2.217	—	1.377	—
Dolichus des Romains = 12 stades romains.	2·209	—	1.372	—
Mille arménien de 7 grandes asperez = 1000 pas.	2.160	—	1.342	—
Ly ou li des Chinois (193 au degré), 10me partie du pòu = 1800 tché ou pieds	0.553	—	0.343	—
Mille grec ou italique *de la magna Grecia*. .	1.500	—	0.932	—
Mille syrien, était égal au mille philétérien.	1.620	—	1.007	—
Parasange primitive des Perses, des Phéniciens et des Chaldéens.	5.250	—	3.262	—

DEUXIÈME TABLEAU.

MESURES DE SUPERFICIE ET AGRAIRES ANTIQUES.

Des ÉGYPTIENS.

Rapport français.

Coudée naturelle carrée, 1600e partie du bethsea.	20.250 décim. carr.
Coudée sacrée carrée, 1600e partie du bethsea.	27.562 —
Coudée philétérienne carrée, 16e partie de l'orgyie carrée.	29.160 —
Aroure, suivant Hérodote, était un carré de 100 coudées = 10000 coudées sacrées carrées.	27.560 ares.

MESURES PHILÉTÉRIENNES, SUIVANT HÉRON.

Pied philétérien carré de 25 doigts carrés.	12.960 décim. carr.
Orgyie carrée = 36 pieds philétériens carrés	4.665 mètres carr.
Acène philétérienne carrée = 100 pieds carrés	12.960 —
Petit socarion des terres labourables = 100 orgyies carrées = 1600 coudées philétériennes carrées.	4.665 ares.
Grand socarion, mesure des terrains entre l'enceinte des villes = 144 orgyies carrées	6.718 —

Des HÉBREUX.

Rapport français.

Coudée naturelle carrée	20.250 décim. carr.
Coudée sacrée carrée	27.562 —
Beth roba, 1/4 du beth-cadum, 1/24 du beth-sea	13.500 mètres carr.
Beth-cadum, 1/6 du beth-sea	54.000 —
Beth-sea, représentait un carré de 40 coudées naturelles de côté, pouvant être ensemencé avec un sat de blé (6 litres environ), et se divisait en 6 bethcadum = 24 bethroba = 1600 coudées naturelles carrées	3.240 ares.
Bethlétech = 15 bethsea = 360 bethroba	48.600 —
Bethcoron = 30 — = 720 —	97.200 —

Des GRECS.

Rapport français.

Pied grec ou italique carré = 256 doigts carrés.	9.000 décim. carr.
Pied attique ou olympique carré	9.486 —
Acène carrée = 100 pieds grecs ou italiques	9.000 mètres carr.
Acène olympique carrée = 100 pieds olympiques carrés.	9.486 —
Ptèthre grec = 100 acènes = 10000 pieds carrés	9.000 ares.
Plèthre olympique = 100 acènes = 10000 pieds olympiques	9.486 —
Stade olympique carré = 36 plèthres carrés.	3.414 hectares.

Des ROMAINS.

Rapport français.

Pes quadratus (pied carré) = 141 onces ou pouces carrés.   8.673 décim. carr.
Decempeda quadrata (décempède carré), 288ᵉ partie du
  jugère = 4 pas carrés = 100 pieds carrés . . . . . .   8.673 mètres carr.
Actus minor (acte simple) = 480 pieds carrés. . . . . .   41.630   —
Clina sescuncia (perche) = 3600 pieds carrés. . . . . .   3.122 ares.
Actus mayor quadratus, o modius agri (acte carré) =
  50 actes simples = 144 perches . . . .   12.489 —
Jugerum actus mayor duplicatus (jugère) = 288 décem-
  pèdes carrés = 28800 pieds carrés. . . . .   24.978 —
Heredium (hérédie) = 2 jugères . . . .   49.956 —
Centuria (centurie) = 100 hérédies = 200 jugères . . . .   49.956 hectares.
Saltus (salte) = 4 centuries = 800 jugères . . . .   199.826 —

 Le jugère (jugerum) représentait le terrain que deux bœufs pouvaient labourer en un jour.

Des ARABES.

Rapport français.

Pied carré des Arabes = 256 doigts carrés . . . .   10.250 décim. carr.
Deraga carrée (coudée carrée) = 4 pieds carrés. . . . .   41.000 —
Cassaba (canne carrée) = 144 pieds carrés . . . .   14.800 mètres carr.
Catena (chaîne) = 100 cassabas carrées . . . .   14.800 ares.
Fedan = 4 chaînes = 400 cassabas carrées. . . . . . .   59.200 —

 Ces mesures sont encore en usage, aujourd'hui, chez les Arabes et dans l'Égypte.

Des HINDOUS ORIENTAUX.

Rapport français.

Hasta carrée (coudée carrée). . . . .   40.960 décim. carr.
Vansa (perche carrée des Hindous) = 100 hastas carrées.   40.960 mètres carr.
Nivartana, était un carré de 20 vansas de côté = 400 van-
  sas carrées . . . .   1.638 hectares.

MESURES ANTIQUES DES VOLUMES ET DE CAPACITÉ.

Des ÉGYPTIENS.

MESURES PRIMITIVES.

	Rapport français.	Rapport anglais
Coudée cubique royale.	111.700 litres.	21.851 gall. I.
Coudée cubique naturelle	91.125 —	20.058 —

MESURES DES LIQUIDES ET DES GRAINS.

	Rapport français.	Rapport anglais.
Demi-coudée royale cubique.	18.088 litres.	3.981 gall. I.
Demi-coudée naturelle cubique.	11.390 —	2.507 —

MESURES PHILITÉRIENNES.

	Rapport français.	Rapport anglais.
Cadaa philétérien = 3 rebiites = 4.$^1/_2$ cos .	3.646 décilit.	0.642 pintes I.
Vœba ou hin = 16 cadaa = 48 rebiites (*). .	5.833 litres.	1.284 gall. I.
Bath ou petit artaba = 6 hin.	35.000 —	7.707 —
Grand artaba ou metreta (métrétès d'Alexandrie) = 8 vœbas = 128 cadaas.	46.667 —	10.271 —

M. Chabas, de Mâcon, savant très-distingué, dans son ouvrage intitulé : *Détermination métrique de deux mesures égyptiennes de capacité*, a etabli, après des recherches très-diligentes, la valeur de l'*hin* des anciens Egyptiens en 46 centilitres, et celle de la *tasse*, 3e partie de l'hin, en 15.300 centilitres, quantité de liquide que contient habituellement le verre à boire. Quoique plusieurs auteurs de métrologie ancienne aient donné une évaluation différente à l'hin, l'autorité d'un savant comme M. Chabas mérite toute considération.

Des HÉBREUX.

MESURES DES LIQUIDES.

	Rapport français.	Rapport anglais.
Cos, 432e partie du bath	42 millilit.	0.073 pintes.
Rebiite = 1.$^1/_2$ cos	63 —	0.110 —
Log = 4 rebiites	251 —	0.442 —
Hin = 12 log = 48 rebiites = 72 cos. . . .	3.014 litres.	5.308 —
Bath, 10e partie du cor = 6 hin	18.087 —	3.981 gallons.
Petit bath, égal au cube de la demi-coudée naturelle	11.390 —	2.507 —
Cor ou chomor = 10 bath = 60 hin = 720 log = 2880 rebiites = 4320 cos	180.878 —	39.811 —

MESURES DES GRAINS.

	Rapport français.	Rapport anglais.
Log ou rob, 720e partie du cor	2.512 décilit.	0.442 pinte.
Cab, égalait la 180e partie du cor = 4 hog .	1.004 litres.	1.769 —

Cette mesure était estimée contenir la quantité de blé qu'un homme peut consommer en un jour.

	Rapport français.	Rapport anglais.
Gomor, 100e partie du cor = 4.$^1/_5$ cab = 7.$^1/_5$ log	1.888 litres.	3.185 pintes.

Le gomor, ou homer des prophètes, était le vase dans lequel les Hébreux recueillaient la manne du désert.

	Rapport français.	Rapport anglais.
Hin, 60e partie du cor = 3 cab = 12 log . .	3.014 litres.	5.308 pint. I.
Sat, 30e partie du cor = 6 cab = 24 log . .	6.029 —	1.327 gall. I.
Séphel, 20e partie du cor = 5 gomor = 9 cab.	9.043 —	1.990 —
Epha, 10e partie du cor = 2 séphel = 10 gomor	18.047 —	3.981 —
Nébel = 3 epha = 9 sat = 30 gomor. . . .	54.263 —	11.943 —
Léthech, 1/2 du cor = 50 gomor.	90.439 —	2.488 bush. I.
Cor ou chomer = 10 epha = 100 gomor . .	1.808 hectol.	4.976 —

L'hin était la mesure que l'on prélevait, pour le sanctuaire, sur le cor de froment et d'orge ; ces prémices formaient la 60e partie du tout.

D'après la reforme du système des mesures philétériennes établi en Égypte, sous les Ptolémées, et que les Hébreux ont adopté au retour de la captivité de Babylone, le cor philétérien, comme toutes les autres mesures en proportion, a subi une augmentation de valeur, conservant les mêmes subdivisions.

Le cor primitif était de 1.808 hectolitre, après la réforme, il était de 3.500 hectolitres.

MESURES DES LIQUIDES
Après la captivité de Babylone.

Ces mesures sont les mesures philétériennes après la réforme des Ptolémées.

	Rapport français.	Rapport anglais.
Cos, 432e partie du bath	81 millilit.	0.142 pinte.
Rebiite = 1.$^1/_2$ cos	121 —	0.214 —
Cadaa = 3 rebiites	364 —	0.642 —
Log, 720e partie du cor = 4 rebiites	484 —	0.855 —
Hin ou vœba, 60e partie du cor = 72 cos . .	5.833 litres.	1.284 gall. I.
Bathim (petit bath) = 2 hin	11.666 —	2.568 —
Bath = 3 sat = 6 hin = 72 log	35.000 —	7.703 —
Cor ou chomer = 10 bath = 4320 cos . . .	3.500 hectol.	77.034 —

C'est le cor de Moïse, et le comor ou chomer des prophètes.

MESURES DES GRAINS.
Après la réforme des Ptolémées, adoptée par les Hébreux au retour de la captivité de Babylone.

	Rapport français.	Rapport anglais.
Log, 720e partie du cor = 6 cos	486 millilit.	0.855 pintes.
Cab, 180e — = 4 log	1.944 litres.	3.424 —
Gomor = 1.$^4/_5$ cab = 7.$^1/_5$ log	3.500 —	6.163 —
Hin, 60e partie du cor = 12 log	5.833 —	1.284 gall. I.
Sat = 6 cab = 24 log	11.666 —	2.568 —
Séphel (*modius philétérien* = 5 gomor . . .	17.500 litres.	3.851 gall. I.

Le séphel de blé pesait 40 livres d'Alexandrie, soit 14.900 kilogrammes, et suffisat pour ensemencer 2 socarions de terre.

	Rapport français.	Rapport anglais.
Epha = 5 sat = 10 gomor = 72 log	35.000 litres.	7.705 gall. I.
Nébel = 3 épha = 30 gomor = 216 log . .	105.000 —	23.120 —
Léthech = 5 épha = 50 gomor = 360 log .	175.000 —	4.815 bush. I.
Cor ou chomer = 10 bath = 60 hin = 720 log.	3.500 hectol.	9.630 —

Des GRECS.

MESURES PRIMITIVES.

	Rapport français.	Rapport anglais.
Pied primitif cubique	27.000 déc. cub.	1647 pouc. cub.
Pied olympique cubique	29.400 —	1784 —

MESURES DES LIQUIDES.

	Rapport français.	Rapport anglais.
Cyathos (cyathe), 72e partie du conge. . . .	45 millilit.	0.079 pintes.

Le cyathe avait la même valeur chez les Romains; on divisait le *cyathus* en 4 ligules.

Oxybaphon (oxibaphe) = 1.$\frac{1}{2}$ cyathe (drach-mes d'eau = 15 grandes.	67 millilit.	0.119 pinte.
Cotyle, 100e partie du metrétès.	270 —	0.475 —
Xestès (setier), 50e partie du metrétès = 2 cotyles	540 —	0.950 —

Le xestès des Grecs était égal au sextarius des Romains.

Chous (conge), 6e partie de l'amphore = 72 cyathes	3.240 litres.	5.705 pintes.
Amphoréus ou diota (amphore) = 6 chous = 432 cyathes, et contenait le poids d'un talent d'eau.	19.440 —	4.278 gall. I.
Métrète ou kéramion (métrètes) = 100 cotyles = 600 cyates = 6000 grandes drachmes d'eau.	27.000 —	5.943 —

MESURES DES GRAINS.

	Rapport français.	Rapport anglais.
Cotyle. 192e partie du médimne.	270 millilit.	0.475 pint. I.
Chœnnice ou choinix (chénice) = 4 cotyles.	1.080 litres.	1.902 —
Hemiecton (hèmiecte), 1/2 de l'hecte = 4 ché-nices, équivalentes au semodius romain. .	4.320 —	7.606 —
Hecteus (hecte) = 2 gémiectes = 32 cotyles.	8.640 —	1.902 gall. I.
Triteus (trite), tiers du médimne = 2 hectes.	17.280 —	3.803 —
Médimnos (médimne) = 3 trites = 192 co-tyles	51.840 —	1.426 bush. I.

Cette mesure contenait 1.920 grand talent attique d'eau.

Des ROMAINS.

	Rapport français.	Rapport anglais.
Pied cubique = 1728 pouces cubes.	25.542 déc. cub.	1571 pouces.

MESURES DES LIQUIDES.

	Rapport français.	Rapport anglais.
Ligula seu cochlear (ligule), 288e partie du conge, contenait 10 scrupules d'eau. . . .	12 millilit.	0.019 pinte.
Cyathus (cyathe) = 4 ligules.	45 —	0.079 —
Acetabulum (acétabule) = 1 $\frac{1}{2}$ cyathe = 6 ligules	67 —	0.118 —

	Rapport français.	Rapport anglais.
Quartarius (quartier) = 12 ligules	135 millilit.	0.237 pinte.
Hemina (hémine), 32ᵉ partie du modius, = 24 ligules.	270 —	0.475 —
L'hémine était égale au cotyle des Grecs.		
Sextarius (setier) = 2 hémines = 8 acétab^les.	540 —	0.950 —
Triens, tiers du conge, = 2 sextarii (setiers).	1.080 litre.	1.901 —
Congius (conge) = 288 ligules = 6 sextarii.	3.240 —	5.705 —
Urna (urne) = 4 conges = 24 sextarii . . .	12.960 —	2.852 gall. I.
Amphora cadus ou metreta (amphore) = 8 conges = 48 sextarii = 192 quartiers. .	25.920 —	5.704 —
Culeus = 20 amphores = 46080 ligules. . .	518.400 —	114.908 —
Dolium sesquiculeare = 30 amphores. . . .	777.600 —	153.210 —

A Rome, dans le principe, l'amphore était la 10ᵉ partie du *culeus* et se divisait en 6 conges = 19.440 litres = 4.287 gallons d'Angleterre. Par la suite, ses subdivisions furent changées ; l'amphore représenta la capacité du pied cube romain contenant 80 as ou livres romaines d'eau et reçut le nom de *quadrantal*. Alors l'amphore se divisa en 2 urnes = 8 conges = 384 acétabules = 2304 ligules.

MESURES DES GRAINS.

	Rapport français.	Rapport anglais.
Hemina (hémine)	270 millilit.	0.475 pinte.
Semodius, moitié du modius, = 16 hémines.	4.320 litres.	7.706 —
Le semodius était égal à l'hémiecte des Grecs.		
Modius = 2 semodios = 32 hémines. . . .	8.640 —	4.902 gall. I.

Le modius des Romains suffisait pour ensemencer l'*actus quadratus*, mesure des terrains. (*Voir deuxième tableau.*)

	Rapport français.	Rapport anglais.
Demensum = 4 modios	34.560 litres.	7.608 gall. I.

Des ARABES.

MESURES POUR LES LIQUIDES ET POUR LES GRAINS.

	Rapport français.	Rapport anglais.
Petite cymba = 6 miscal.	27 millilit.	0.048 pinte.
Grande cymba = 60 miscal.	275 —	0.484 —
Cadaa ou kaledje = 3 3/4 livres arabes d'eau.	1.375 litre.	2.421 —
Saa ou saya, 95ᵉ partie du den, = 2 cadaa. .	2.750 —	4.842 —
Makouk ou macuca = 1 1/2 saa = 3 — . .	4.125 —	7.263 —
Ouebye ou vœba = 2 makouk = 3 saa . . .	8.250 —	1.816 gall. I.
Khoull = 2 — 4 — 6 — . . .	16.500 —	3.632 —
Caphiz — 2 khoull 8 — 12 — . . .	33.000 —	7.263 —
Artaba ou grand saa, 4ᵉ partie du den . . .	66.000 —	14.526 —
Den ou cor = 4 artabas = 192 cadaa. . . .	264.000 —	58.106 —

Le den contenait 720 livres arabes d'eau.

Des HINDOUS ORIENTAUX.

MESURES POUR LES LIQUIDES ET POUR LES GRAINS.

	Rapport français.	Rapport anglais.
Cudaba, 64ᵉ partie du drona	257 millilit.	0.454 pinte I.
Prastha = 4 cudaba.	1.031 litre.	1.816 —
Adhac = 4 prastha = 16 cudaba	4.125 —	7.263 —
Drona = 4 adhaca = 16 prastha	16.500 —	3.632 gall. I.
Chari = 16 drona = 64 adhaca = 256 prastha = 1024 cudaba	264.000 —	58.106 —

Le chiari était égal au cube de la coudée ou deraga.

QUATRIÈME TABLEAU.

POIDS ANTIQUES.

Des ÉGYPTIENS.

POIDS PRIMITIFS.

Le talent de Moïse (kiccar) représentait le poids de l'eau contenue dans le bath ; il se divisait en 3000 schekels ou sicles de Moïse = 60000 oboles.

	Rapport français.	Rapport anglais.
Talent	18.088 kilogr.	39.881 liv. adp.

POIDS PHILÉTÉRIENS OU DES PTOLÉMÉES.

Le grand talent d'Alexandrie de 50 mines = 125 livres = 1500 onces = 3000 sicles = 6000 didrachmes = 12000 drachmes = 60000 oboles.

Le grand talent fut divisé aussi en 100 mines ptolémaïques ou 100000 drachmes, et contenait 1 pied cube philétérien d'eau pure.

	Rapport français.	Rapport anglais.
Grand talent	46.500 kilogr.	102.856 liv. adp.
Obole, 480ᵉ partie de la livre, 20ᵉ partie du sicle	7.775 décigr.	12 grains.
Drachme = 5 oboles	3.888 gramm.	60 —
Didrachme, moitié du sicle = 10 oboles. . .	7.775 —	120 —
Tétradrachme ou sicle (en égyptien, *sélah*) = 20 oboles.	15.550 —	240 —
Once, 12ᵉ partie de la livre = 2 sicles. . . .	31.100 —	480 —
Livre (en égyptien, *ratel* ou *litra*) = 12 onces..	373.200 —	5760 —
Mine = 2 ¹/₂ livres = 30 onces = 1200 oboles.	933.000 —	2.057 liv. adp.

La livre et l'once des anciens Égyptiens étaient égales à la livre et à l'once de Troy usitées aujourd'hui en Angleterre. (*Voir* LONDRES, tableau cinquième, des *Poids*.)

Le petit talent d'Alexandrie était subdivisé en 60 mines = 1200 onces = 3000 sicles = 6000 drachmes, et était égal au poids de l'eau contenue dans l'*artaba*.

Les sous-multiples étaient différents de ceux du grand talent.

	Rapport français.	Rapport anglais.
Petit talent d'Alexandrie	35.000 kilogr.	77.170 liv. adp.
Drachme, 100ᵉ partie de la mine	5.833 gramm.	90.031 grains.
Sicle dit des Macchabées = 2 drachmes. . .	11.666 —	180.062 —
Once, 20ᵉ partie de la mine, = 5 drachmes .	29.170 —	450.155 —
Livre = 12 onces = 60 drachmes	350.000 —	5401.860 —
Mine 20 — 100 —	583.33 —	1.063 liv. adp.

Des HÉBREUX.

Le talent de Moïse (kiccar) était égal au talent primitif des Égyptiens.

		Rapport français.	Rapport anglais.
1 talent = 3000 schekel = 60000 oboles ou gérah. . , ...		18.088 kilogr.	39.881 liv. anp.
1 gérah (obole)		3 décigr.	1.63 grains.
1 schekel (sicle = 20 gérah ou oboles . . .		6 gramm.	92.600 —

De retour de la captivité de Babylone, le peuple hébraïque a adopté, pour la détermination des poids, le petit talent d'Alexandrie, ainsi que ses sous-multiples.

Des CHALDÉENS.

Le talent de Moïse servait aux Chaldéens; il était subdivisé en 50 mines = 5000 drachmes = 60000 oboles.

	Rapport français.	Rapport anglais.
1 talent de Moïse	18.088 kilogr.	39.881 liv. adp.

Le talent asiatique ou de Babylone était subdivisé en 60 mines asiatiques ou en 72 mines cuboïques = 6000 drachmes asiatiques.

	Rapport français.	Rapport anglais.
1 talent de Babylone.	21.705 kilogr.	47.857 liv. adp.

Des GRECS.

Le talanton (talent) des Grecs valait 60 mines = 6000 drachmes = 36000 oboles = 72000 demi-oboles = 288000 chalques = 432000 sitarions, et était égal au poids de l'eau contenue dans l'amphore.

	Rapport français.	Rapport anglais.
Talanton (talent).	19.440 kilog.	42.862 liv. adp.

Sous-multiples.

	Rapport français.		Rapport anglais.	
Mine (mna), 60ᵉ pⁱᵉ du talent, = 100 drachm.	324.000 gramm.		5000.000 grains.	
Drachme = 6 oboles = 72 sitarions	3.240	—	50.006	—
Obole (obolos(= 8 chalques = 12 sitarions.	0.540	—	8.330	—
Hemiobolion (demi-obole) = 24 sitarions. .	0.270	—	4.165	—
Chalcous ou chalcus (chalque) = 1 1/2 sitᵒⁿ.	0.067	—	1.041	—
Sitarion (sitaire)	0.045	—	0.694	—

La mine était la 10ᵉ partie du poids de l'eau contenue dans le conge.

Le grand talent attique, établi par Solon 594 ans av. J.-C., était de 60 grandes mines attiques = 6000 grandes drachmes attiques = 18000 grammes = 36000 oboles = 54000 thermos = 108000 kerations = 288000 chalques = 432000 sitarions. Ce talent égalait le poids d'un pied cube d'eau (capacité du métrétès).

	Rapport français.	Rapport anglais.
Talanton ou grand talent attique	27 kilogr.	59.531 liv. adp.

Sous-multiples.

	Rapport français.	Rapport anglais.
Mine (mna = 100 drachmes attiques	450.009 gramm.	6945.000 grains.
Drachme ou grande drachme = 72 sitarions.	4.500 —	69.450 —
Gramme, 1/3 de la drachme, = 2 oboles . .	1.500 —	23.150 —
Obole (obolos) = 2 hemiobolion = 12 sit^{ons}.	0.750 —	11.580 —
Thermos = 2 kérations = 8 sitarions. . .	0.500 —	7.717 —
Hemiobolion (demi-obole) 6 — . . .	0.375 —	5.790 —
Kération (silique . . . . 4 — . . .	0.250 —	3.858 —
Chalcous (chalque) . . . 1 ½ — . . .	0.093 —	1.446 —
Sitarion (sitaire)	0.062 —	0.964 —

L'opinion de plusieurs auteurs d'ouvrages de métrologie est que le nom du carat moderne dérive de l'ancien kération des Grecs; suivant les autres, le mot carat est originaire de l'Afrique et des Indes-Orientales, comme il a été dit dans la petite notice donnée sur le carat. (*Voir* p. 171.)

Il y avait encore divers talents, dans l'ancienne Grèce; mais les plus usités étaient les deux ci-dessous :

	Rapport français.	Rapport anglais.
Le talent d'Égine = 60 mines = 100 grandes mines attiques = 6000 drachmes.	45.000 kilogr.	99.218 liv. adp.
Le talent de Rhegium ou italique, de la Magna Græcia (Grande Grèce) = 60 mines = 6000 drachmes de Rhegium = 10000 drachmes grecques.	32.400 —	71.437 —
Le petit talent attique = 60 petites mines attiques = 6000 petites drachmes attiques .	20.250 —	44.648 —

Le **talent euboïque** = 60 mines euboïques était égal au talent de Moïse ou *kiccar*.

Des ROMAINS.

L'unité de poids chez les anciens Romains était l'*as libra* ou *pondus* (livre).

Les multiples de l'as ou livre étaient :

Le dipondium = 2 as; le tressis = 3 as; le quadrussis = 4 as; le quincussis = 5 as; le sexcussis = 6 as; = le septussis = 7 as; l'octussis = 8 as; le nonussis = 9 as; le decussis = 10 as; le vigessis = 20 as; le trigessis = 30 as; le centussis ou centumpondium = 100 as ou livres.

Le centumpondium était égal au talent Rhegium ou de la Grande Grèce, dit talent italique (*de la Magna Græcia*). Il était aussi nommé *myriade* et valait 32.400 kilogrammes = 71.437 livres anglaises *avdp*.

La livre des anciens Romains appelée *as*, *litra*, et aussi *mine italique*, était égale à la 10° partie du poids de l'eau contenue dans le conge (congius). (*Voir troisième tableau.*)

	Rapport français.	Rapport anglais.
As ou livre = 12 onces	324 gramm.	5000 grains.

La livre ou as se subdivisait en 12 onces = 24 semunces = 36 duelles = 48 siciliques = 72 sextules = 96 drachmes = 144 semi sextules = 288 scrupules = 576 oboles = 1728 siliques.

Multiples de la livre ou as.

	Rapport français.	Rapport anglais
Dupondium = 2 livres.	648 gramm.	1.208 liv. adp.
Tressis 3 —	972 —	1.812 —
Quadrussis 4 —	1.296 kilogr.	2.071 —
Quincussis 5 —	1.620 —	3.572 —

			Rapport français.		Rapport anglais.	
Decussis	10	—	3.240	kilogr.	7.144	liv. adp.
Vigessis	20	—	6.480	—	14.288	—
Trigessis	30	—	9.720	—	21.432	—
Centussis ou centumpondium = 100 livres .			32.400	—	71.437	—

Le centumpondium était égal au talent Rhegium ou de la Grande Grèce.

Sous-multiples de la livre ou as.

			Rapport français.		Rapport anglais.	
Deunx	11	onces.	297.000	gramm.	4583.898	grains.
Dextans	10	— .	270.000	—	4167.180	—
Dodrans	9	— .	243.000	—	3850.462	—
Bes	8	— .	216.000	—	3333.744	—
Septunx	7	— .	189.000	—	2917.026	—
Semis ou sexunx, 1/2 livre . . .	6	— .	162.000	—	2500.308	—
Quincunx	5	— .	135.000	—	2083.590	—
Triens, 1/3 de la livre	4	— .	108.000	—	1666.882	—
Qudrans ou teruncium, 1/4 de liv.	3	— .	81.000	—	1250.154	—
Sextans 1/6 de la livre	2	— .	54.000	—	833.436	—
Sescuncia	1 1/2	— .	40.500	—	624.077	—
Uncia (once) = 24 scrupules			27.000	—	416.718	—

Sous-multiples de l'uncia (once).

				Rapport français.		Rapport anglais.	
Semuncia (demi-once) = 12 scrupules . . .				13.500	gramm.	208.359	grains.
Duella (duelle	8	—	. . .	9.000	—	138.306	—
Sicilicus (sicilique) .	6	—	. . .	6.750	—	104.178	—
Sextula (sextule). .	4	—	. . .	4.500	—	69.153	—
Scripulum ou scrupulum (scrupule).				1.125	—	17.290	—

Des ARABES.

	Rapport français.		Rapport anglais.	
Chabba (grain), 48e partie du dirham	6.365	centigr.	0.982	grains.
Tassoudj = 2 chabba	1.273	décigr.	1.965	—
Kirat (carat) = 2 tassoudj = 4 chabba . . .	2.546	—	3.930	—
Danik = 2 kirat = 4 tassoudj = 8 chabba .	5.092	—	7.860	—
Onolosat (obole) = 3 kirat	7.639	—	11.790	—
Dirham (drachme) = 4 onolosat	3.056	gramm.	47.160	—
Cheki = 100 dirham = 10 onces	305.600	—	4716.000	—
Yusdroman (yusdrome), livre des Arabes, = 12 onces = 120 dirham	366.667	—	5659.000	—
Menna (mine) = 2 yusdromans = 24 onces.	733.330	—	1.617	liv. adp.
Oka (oke) = 4 cheki = 40 onces	1.222	kilogr.	2.700	—
Grand batman = 8 okes = 3200 drachmes .	9.780	—	21.559	—
Batman ordinaire = 2400 drachmes	7.333	—	16.169	—
Petit batman ou grand cheki = 800 drachm.	2.440	—	5.390	—
Artaba (quintal) = 54 okas	66.000	—	145.520	—

La dénomination de ces poids est encore en usage dans diverses parties de l'Asie, bien que leur valeur ait varié.

Des HINDOUS ORIENTAUX.

		Rapport français.	Rapport anglais.
Yava ou grain d'orge, 96ᵉ partie du tola. . .		4.310 centigr.	0.669 grains.
Gunja ou grain d'*abrus*	2 yavas.	8.680 —	1.339 —
Valla = 2 gunja	4 — .	1.736 décigr.	2.679 —
Masha = 2 ¹/₂ valle = 5 gunja	10 — .	4.310 —	6.700 —
Tanca = 2 ²/₅ masha 12 —	24 — .	1.011 gramm.	11.078 —
Dharana = 1 ¹/₂ tanca 16 —	32 — .	1.390 —	21.440 —
Gadyanaca=2 dharana 32 —	64 — .	2.778 —	42.880 —
Tola = 1 ¹/₂ gadyanaca. . . .	96 — .	4.167 —	64.308 —
Carsha = 1 ²/₃ tola = 16 masha	160 — .	6.944 —	107.180 —
Sèta, 40ᵉ partie du mana . . .	336 — .	14.583 —	225.080 —
Pala, 21ᵉ — — . . .	640 — .	27.778 —	428.720 —
Mana = 21 pala = 40 seta . .	13440 — .	583.330 —	1.286 liv. adp.

Le gunja est une petite graine rouge tachée de noir (*saga timbagan*); c'est le grain du *glycine abrus* de Linné, déjà mentionné dans la notice sur l'origine du carat. (*Voir* p. 171.)

CINQUIÈME TABLEAU.

MONNAIES ANTIQUES.

Des ÉGYPTIENS et des ASIATIQUES.

Le talent d'or primitif des Égyptiens et des Hébreux était de 3000 sicles = 6000 oboles, pesant 18.088 kilogrammes; il était supposé contenir 1/24 partie d'alliage, c'est-à-dire 17.334 d'or pur, la valeur de l'or étant présumée 12 fois celle de l'argent.

	Rapport anglais.	Rapport français.
1 talent d'or = 3000 sicles (1)	45520. » francs.	1800 liv. sterl.
1 sicle d'or	15.17 —	12 schillings.
1 talent d'argent = 3000 sicles d'argent . . .	3794. » —	150 liv. sterl.
1 sicle = 2 oboles . .	1.26 —	1 schilling.
1 obole. . .	0.60 —	1/2 denier.

Le talent de Moïse, avant la captivité de Babylone, avait la même valeur et se nommait *kiccar*, le sicle *sélah*, l'obole *gérah*, dans la langue des Hébreux.

Le talent asiatique d'argent des Chaldéens, des Phéniciens et des Perses, était subdivisé en 50 mines = 3000 sicles = 5000 drachmes, et avait la même valeur que le talent primitif, soit 3794 francs.

	Rapport français.	Rapport anglais.
Mine asiatique de 60 sicles.	75.88 francs.	£ 3.8 d.
1 —	1.26 —	1 schilling.
1 drachme	0.75 —	7 1/2 d.

Le talent d'argent de Babylone pesant 21.700 kilogrammes = 60 mines asiatiques = 6000 drachmes, valait

	Rapport français.	Rapport anglais.
Talent	4552 francs.	180 liv. sterl.
Le talent cuboïque d'or = 60 mines d'or . .	49300. » francs.	1950 liv. sterl.
1 — . .	221.66 —	32 1/2 —
Le talent cuboïque d'argent, 60 mines cuboïques, était estimé égal au talent asiatique, soit	3794. » —	150 —
La mine cuboïque d'argent valait.	63. » —	2 1/2 —

MONNAIES PHILÉTÉRIENNES.

Le grand talent d'or, ou philétérien, ou d'Alexandrie, de 50 mines, ayant cours dans la Judée au temps de J.-C., = 125 livres = 1500 onces = 3000 sicles = 6000 didrachmes = 12000 drachmes = 60000 oboles; il pesait 46.650 kilogrammes.

---

(1) Le talent et la mine représentaient des sommes et non des pièces effectives.

	Rapport français.	Rapport anglais.
Talent d'or	119220. » francs	4728 liv. sterl.
Mine d'or	2384.40 —	94 $^1/_2$ —
Sicle d'or	39.74 —	1 $^2/_3$ —
Didrachme ou stater d'or	19.86 —	15 sch. 9 d.
Drachme ou denier d'or	9.94 —	7 — 11 —

Le grand talent d'argent philétérien ou d'Alexandrie avait les mêmes subdivisions que le grand talent d'or et pesait le même poids; il était en cours à la même époque.

	Rapport français.	Rapport anglais.
Grand talent d'argent	9935. » francs.	394 liv. sterling.
Mine d'argent (minah)	198.70 —	£ 7.17 sch.
Livre — = 12 onces	79.48 —	3.3 —
Once —	6.62 —	3 — 3 d.
Sicle — (sélah)	3.31 —	2 — 7 —
Didrachme (békah)	1.66 —	1 — 4 —
Drachme (rébah)	0.83 —	8 —
Obole (gérah)	0.17 —	1 $^2/_3$

Monnaies de cuivre.

Le tétrassarion = 4 assarion = 8 lepton, pesant 1 once, était la 3e partie de l'obole d'argent et valait 5.5 centimes.

L'assarion, 12e partie de l'obole d'argent, = 1.4 centime.

Le lepton ou prutah = 0.7 centime.

L'argent était calculé valoir 120 fois le cuivre.

	Rapport français.	Rapport anglais.
1 grand talent en cuivre valait	82.80 francs.	£ 3.6 sch. 3 d.

Petit talent d'Alexandrie ou philétérien :

	Rapport français.	Rapport anglais.
Petit talent d'or	89424 francs.	3577 liv. sterl.
— d'argent	7452 —	298 —
— de cuivre	62 —	£ 2.8 sch.

avec les mêmes subdivisions que le grand talent; multiples et sous-multiples en proportion.

Des HÉBREUX.

Comme il a été dit précédemment, le talent et les monnaies des Hébreux, avant la captivité de Babylone, étaient les mêmes que les monnaies primitives des Egyptiens. Au retour de ladite captivité de Babylone, le peuple hébraïque, ayant adopté les réformes philétériennes, a suivi le système monétaire des Egyptiens. (*Voir* MONNAIES PHILÉTÉRIENNES.)

Des PERSES.

Le darique, monnaie d'or frappée par Darius, fils d'Hystaspe, était de la valeur de 20 drachmes d'argent = 19.17 francs = 15 sch. 2 d., ou du didrachme ou *statère* d'or des Athéniens.

Des GRECS, avant Solon.

Talent d'or de 60 mines = 1500 tétradrachmes = 6000 drachmes = 9000 tétroboles = 36000 oboles, pesant 18.630 kilogrammes d'or pur; l'or était présumé valoir 12 $^1/_2$ fois l'argent.

	Rapport français.	Rapport anglais.
Talent d'or	51750. » francs.	2025 liv. sterl.
Mine —	86.26 —	£ 3.9 sch.
Tétradrachme d'or.	34.50 —	1.7 — 6 d.
Drachme —	8.06 —	6 — 5 ¹/₂
Obole —	1.43 —	1 — 2 d.

Le talent d'argent avait le même poids et les mêmes subdivisions :

	Rapport français.	Rapport anglais.
Talent d'argent	4140. » francs.	162 liv. sterl.
Mine —	69. » —	£ 2.14 sch.
Tétradrachme d'argent.	2.76 —	2 sch. 2 ¹/₂ d.
Drachme —	0.99 —	10 —
Obole —	0.12 —	1 ¹/₁₀ —

Depuis Solon (594 av. J.-C.).

Or.

Grand talent d'or attique, se divisant comme le précédent et contenant 25.875 kilogrammes d'or pur ; l'or était présumé valoir 10 fois l'argent.

	Rapport français.	Rapport anglais.
Grand talent attique d'or.	57500. » francs.	2280 liv. sterl.
Grande mine —	958. » —	38 —
Didrachme ou stater d'or (chrysous darique) valant 20 drachmes d'argent	19.17 —	15 sch. 2 d.

Après trois siècles, le stater d'or ayant éprouvé une forte diminution de poids, se trouva réduit, au temps d'Alexandre le Grand, à 9/10 de sa valeur.

En calculant l'or 15 ¹/₂ fois la valeur de l'argent, qui est le taux actuel en France, le grand talent attique vaudrait aujourd'hui 64170 francs.

Argent.

Le grand talent d'argent attique se divisait comme les précédents et avait le même poids, soit 25.875 kilogrammes d'argent pur.

	Rapport français.	Rapport anglais.
Grand talent attique d'argent.	5750. » francs.	228 liv. sterl.
Grande mine —	95.83 —	£ 3.16 sch.
Tétradrachme —	3.83 —	3 schillings.
Drachme —	0.96 —	9 ¹/₂ deniers.
Obole = 8 chalques = 56 lepton	0.16 —	1 ¹/₂ —

Cuivre.

Le chalcous (chalque), 1/8 de l'obole d'argent, valait 2 centimes, et la pièce de 2 chalques = 4 centimes.

Il y avait encore d'autres talents :

	Rapport français.	Rapport anglais.
Talent d'Égine d'or	95833. » francs.	3833 liv. sterl.
— — d'argent	9583. » —	383 —
— — de cuivre.	79.86 —	£ 3.3 sch. 1 d.

	Rapport français.	Rapport anglais.
Talent italique ou de la Magna Græcia (Grande Grèce), dit aussi *miriade*, d'or	69000. » francs.	2760 liv. sterl.
Id. d'argent	6900. » —	276 —
Id. de cuivre.	57.50 —	£ 2.6 sch.

Valeur de quelques objets de première nécessité chez les Grecs.

```
1 bœuf pour labourer la terre . . . . . . . .     5 drachmes.
1  —   gras. . . . . . . . . . . . . . . . .      80    —
1 cheval pour les courses . . . . . . . . . .   1200    —
1 porc . . . . . . . . . . . . . . . . . . .       3    —
1 mouton. . . . . . . . . . . . . . . . . . .      1    —
1 agneau . . . . . . . . . . . . . . . . . . .    10    —
1 manteau . . . . . . . . . . . . . . . . . .     20    —
1 métrète de vin, du temps d'Aristophane. . .      2    —
1 journée d'ouvrier, du temps de Démosthène.       3  oboles.
1 medimne de blé,      —            —             5  drachmes.
      —          — (dans la plus grande cherté).  16    —
```

Des ROMAINS.

Depuis la fondation de Rome (754 av. J.-C.) jusqu'à l'an 490 de Rome.

Ire ÉPOQUE.

MONNAIES DE CUIVRE.

As libralis ou aes grave pesant 1 livre romaine de cuivre.

		Rapport français.	Rapport anglais.
As ou aes.		18 centimes.	1 $^8/_{10}$ denier.
Semussis = 1/2 as = 6 onces		9 —	9/10 —
Triens 1/3 d'as 4 —		6 —	6/10 —
Quadrans 1/4 — 3 —		4 —	4/10 —
Sextans 1/6 — 2 —		3 —	3/10 —
Uncia (once) 1/12 —		1 $^1/_2$ —	3/15 —

Multiples.

		Rapport français.	Rapport anglais.
Dupondius = 2 as libralis		36 centimes.	3 $^1/_2$ deniers.
Sextertius 2 $^1/_2$ —		45 —	4 $^1/_2$ —
Quadrussis 4 —		72 —	7 —

MONNAIES D'ARGENT

frappées l'an de Rome 485 (269 av. J.-C.).

		Rapport français.	Rapport anglais.
Denarius nummus argenteus, équivalant à 10 as libralis de cuivre		1.83 francs.	1 sch. 6. d.
Quinarius = 1/2 denarius = 5 as libralis .		0.91 —	9 deniers.
Sextarius 1/4 — 2 $^1/_2$ — .		0.45 —	4 $^1/_2$ —
Libella 1/10 — 1 — .		0.18 —	1 $^8/_{10}$ —
Sembella 1/20 — 1/2 — .		0.09 —	9/10 —
Teruncius 1/40 — 1/4 — .		0.04 —	4/10 —

Depuis l'an de Rome 490 jusqu'à l'an 537 av. J.-C.

IIe ÉPOQUE.

MONNAIES D'ARGENT.

		Rapport français.	Rapport anglais.
Denarius = 10 as sextantarios		86 centimes.	8 $^1/_2$ deniers.
Quinarius = 1/2 denarius		43 —	4 $^1/_2$ —

MONNAIES DE CUIVRE.

	Rapport français.	Rapport anglais.
As sextantarius (pesant 2 onces)	8 centimes.	8/10 denier.
Sextertius (sesterce) = 2 ¹/₂ as sextantarios.	20 —	2 —

Depuis l'an de Rome 537 jusqu'à la promulgation de la loi Papiria, an de Rome 562 (192 av. J.-C.).

IIIᵉ ÉPOQUE.

MONNAIES FRAPPÉES L'AN DE ROME 547.

Or.

Scrupulum auri (scrupule d'or) équivalant à 5 deniers d'argent ou à 20 sextertios (sesterces).

	Rapport français.	Rapport anglais.
Scrupulum (scrupule)	4.31 francs.	3 sch. 5 ¹/₂ d.

Argent.

	Rapport français.	Rapport anglais.
Denarius = 16 as uncialis	86 centimes.	8 ¹/₂ deniers.
Victoriatus = 1/2 denarius.	43 —	4 ¹/₃ —

Cuivre.

	Rapport français.	Rapport anglais.
As uncialis (pesant 1 once).	5 centimes.	1/2 denier.
Sextertius (sesterce) = 4 as uncialis	20 —	2 —

Depuis l'an de Rome 562 jusqu'à l'an 707 (47 av. J.-C.).

IVᵉ ÉPOQUE.

MONNAIES D'OR.

	Rapport français.	Rapport anglais.
Aureus nummus de 5 scrupulos d'or = 25 deniers argent.	20 francs.	16 schillings.
Scrupulum auri (scrupule d'or) de 5 denarios argenteos.	4 —	3 sch. 2 ¹/₂ d.

MONNAIES D'ARGENT.

	Rapport français.	Rapport anglais.
Denarius argenteus = 16 onces semunciales.	80 centimes.	8 deniers.
Victoriatus = 1/2 denarius.	40 —	4 —

MONNAIES DE CUIVRE.

	Rapport français.	Rapport anglais.
As semuncialis ou as papirius (pesᵗ 1/2 once).	5 centimes.	1/2 denier.
Sextertius papirius = 4 as papiries.	20 —	2 —

MONNAIES NOMINALES.

	Rapport français.	Rapport anglais.
Sextertius pondus = 1000 sextertios = 250 de- narios argenteos	200 francs.	8 liv. sterl.
Talentum (talent) = 6000 denarios argenteos.	4800 —	192 —
Talentum atticum (talent attique), évalué par les Romains contenir 80 liv. d'argent pur.	5520 —	220 —

Sous les Empereurs.

SOUS CÉSAR.

	Rapport français.	Rapport anglais.
As, monnaie de cuivre.	7 centimes.	7/10 denier.
Sextertius (sesterce) = 4 asses.	28 —	$2\,^8/_{10}$ —
Denarius argenteus (denier d'argent) = 4 ses- terces	1,12 franc.	11 —
Aureus ou solidus, monnaie d'or = 25 de- narios d'argent	28. » —	£ 1.2 sch. 5 d.

SOUS AUGUSTE.

	Rapport français.	Rapport anglais.
As, monnaie de cuivre.	6.7 centimes.	6/10 denier.
Sextertius (sesterce) = 4 asses.	26.8 —	$2\,^8/_{10}$ —
Denarius argenteus = 4 sesterces	1.07 franc.	$10\,^1/_2$ —
Aureus ou solidus, monnaie d'or = 25 de- narios d'argent	26.80 —	£1.1 sch. 5 $^1/_2$ d.

SOUS TIBÈRE ET CLAUDE.

	Rapport français.	Rapport anglais.
As, monnaie de cuivre.	6.5 centimes.	6/10 denier.
Sextertius (sesterce) = 4 asses.	26 —	$2\,^1/_2$ —
Denarius argenteus = 4 sesterces	1.04 franc.	$10\,^3/_4$ —
Aureus ou solidus, monnaie d'or = 25 de- narios d'argent	26. » —	£ 1.10 d.

SOUS NÉRON.

	Rapport français.	Rapport anglais.
As, monnaie de cuivre.	6.3 centimes.	6/10 denier.
Sextertius (sesterce) = 4 asses	25.2 —	$2\,^1/_2$ —
Denarius argenteus = 4 sesterces	1.08 franc.	$10\,^8/_{10}$ —
Aureus ou solidus, monnaie d'or = 25 de- narios d'argent	25.20 —	£ 1.2 d.

SOUS GALBA ET DOMITIEN.

	Rapport français.	Rapport anglais.
As, monnaie de cuivre.	6.2 centimes.	1/2 denier
Sextertius (sesterce) = 4 asses	24.8 —	$2\,^2/_3$ —
Denarius argenteus = 4 sesterces	99.2 —	$9\,^9/_{10}$ —
Aureus ou solidus, monnaie d'or = 25 de- narios d'argent	24.80 francs.	19 sch. 1 $^1/_2$ d.

Depuis Auguste (an 720 de Rome), le denier diminua successivement de poids et, par conséquent, de valeur.

SOUS CONSTANTIN LE GRAND ET SES SUCCESSEURS.

jusqu'à la fin de l'Empire Romain en Occident (an 476 de l'ère chrétienne).

Cuivre.

	Rapport français.	Rapport anglais.
Assarius	14 millièmes.	1/14 denier.
Tetrassarius de 4 assarios	5.6 centimes.	1/2 —

Argent.

	Rapport français.	Rapport anglais.
As de 12 tetrassarios	65 centimes.	6 1/2 deniers.
Argenteus miliaresion = 2 asses = 24 titrassarios	1.30 franc.	1 sch. 1/2 d.

Or.

	Rapport français.	Rapport anglais.
Solidus aureus = 12 miliaresion	15.60 francs.	12 sch. 6 d.
Aureus de 4 miliaresion	5.20 —	4 — 2 —

Valeur de quelques objets de première nécessité chez les Romains.

1 bœuf.	100 as.
1 brebis.	10 =
1 modius de blé en Sicile, du temps de Cicéron .	3 à 4 sesterces.
40 modii de blé sous Valentinien III (446 de J.-C.).	1 solidus aureus.
200 sextarii ou setiers de vin	1 —

TABLE DES MATIÈRES

PREMIÈRE PARTIE.

PAGES.

Notice historique du système décimal 1

PREMIER TABLEAU. — Mesures linéaires et itinéraires modernes 9
Comparaison de 100 varas de Lisbonne avec les principales places. 25
    —   100 yards anglais   —   — 26
    —   100 varas d'Espagne   —   — 26
    —   100 mètres de France   —   — 27
Mesures anciennes de Paris 32
Comparaison de 100 archines de Russie avec les principales places. 33

DEUXIÈME TABLEAU. — Mesures de superficie, agraires et cubiques. 41
Mesures anciennes de Paris. 54

TROISIÈME TABLEAU. — Mesures de capacité pour les liquides. 61
Comparaison de 100 veltes de Bordeaux avec les principales places. 67
    —   100 litres de France   —   — 84
Mesures anciennes de Paris 85
Poids spécifiques des liquides 94

QUATRIÈME TABLEAU. — Mesures de capacité des grains et matières sèches. 95
Comparaison de 100 ardeb d'Alexandrie avec les principales places. 96
Comparaison de la mesure des grains de Constantinople avec les principales
    places. 105
Rapport de la mesure des grains de Malte avec les principales places. 113
Poids exigible des blés étrangers à Marseille 114
Comparaison de 100 charges de Marseille avec les principales places 115
Poids exigible des blés étrangers à Paris et en France 118
Comparaison de 100 litres de France avec les principales places 119
Mesures anciennes des grains de Paris. 119
Comparaison de 100 cetwerts de Russie avec les principales places. 120

CINQUIÈME TABLEAU. — Poids modernes. 129
Comparaison de 100 kilogrammes avec les principales places 159
Poids anciens de Paris. 160

Origine du carat. 171
Comparaison des carats usités dans les principales villes du monde, avec le poids décimal français et le poids anglais 172
Conversion des anciens titres ou carats, en millièmes pour l'or. 173
Conversion des anciens titres ou deniers, en millièmes pour l'argent. 174
Poids spécifique des métaux, pierres, bois, substances diverses. 175

SIXIÈME TABLEAU. — Monnaies modernes et cours des changes 177
Monnaies anciennes de France. 217
Tarif du kilogramme d'or et d'argent. 233

DEUXIÈME PARTIE.

PREMIER TABLEAU. — Mesures linéaires et itinéraires antiques. 237
Des Égyptiens; mesures primitives. 237
Autres mesures suivant Hérodote 237
Mesures philétériennes sous la domination des Ptolémées. 238
Mesures hébraïques primitives. 238
Mesures depuis la captivité de Babylone. 238
Des Phéniciens, des Chaldéens et des Perses. 238
Des Chinois sous l'empereur Won-Wang (1220 ans avant J.-C.). 239
    —   sous l'empereur Kang-hi (1662 ans avant J.-C.). 239
Des Grecs 239
Mesures linéaires attiques 239
Des Romains. 240
Mesures itinéraires. 240
Des Arabes. 240
Autres mesures des Arabes, mesures itinéraires. 241
Des Hindous orientaux. XIIIe siècle de l'ère chrétienne. 241
Mesures itinéraires antiques comparées au kilomètre. 242

DEUXIÈME TABLEAU. — Mesures de superficie et agraires antiques 243
Des Égyptiens. 243
Mesures philétériennes suivant Héron. 243
Des Hébreux. 243
Des Grecs. 243
Des Romains. 244
Des Arabes. 244
Des Hindous orientaux. 244

TROISIÈME TABLEAU. — Mesures antiques des volumes et de capacité. . . . 245
Des Égyptiens. 245
Mesures philétériennes. 245
Des Hébreux. 245
Après la captivité de Babylone. 246
Des Grecs. 247
Des Romains. 247

		PAGES.
Des ARABES		248
Des HINDOUS ORIENTAUX		248

QUATRIÈME TABLEAU. — Poids antiques. 249
    Des ÉGYPTIENS. 249
      Poids philétériens ou des Ptolomées. 249
    Des HÉBREUX. 250
    Des CHALDÉENS et des GRECS. 250
      Poids attiques sous Périclès. 250
    Des ROMAINS. 251
    Des ARABES. 252
    Des HINDOUS ORIENTAUX. 253

CINQUIÈME TABLEAU. — Monnaies antiques. 254
    Des ÉGYPTIENS et des ASIATIQUES. 254
      Monnaies philétériennes. 254
    Des HÉBREUX et des PERSES. 255
    Des GRECS avant Solon. 255
    Des GRECS depuis Solon (694 ans avant J.-C.). 256
    Des ROMAINS. — Ire et IIe époque. 257
    Des ROMAINS. — IIIe et IVe époque. 258
      Sous les empereurs César, Auguste, Tibère et Claude, Galba et Domitien,
      jusqu'à Constantin. 259
      Sous Constantin jusqu'à la chute de l'Empire romain. 260